天下文化
BELIEVE IN READING

AI霸主

OpenAI、DeepMind與科技巨頭顛覆世界的競賽

帕米・奥森 Parmy Olson 著
吳凱琳 譯

Supremacy

AI, ChatGPT,
and the Race That Will Change the World

目錄

前言

一場AI霸主之爭，勢不可當

當你拿起這本書，閱讀幾行字之後，你可能會懷疑，內容是不是真人寫的。

沒關係，我不會感覺被冒犯。

兩年前，你的腦海裡絕對不會浮現這種想法。但是，現在機器可以生成文章、書籍、插畫與電腦程式，而且看起來與真人創作的成品相差無幾。你是否記得喬治．歐威爾（George Orwell）在《一九八四》書中描繪的反烏托邦未來世界裡，有一台「小說寫作機器」（novel-writing machine），以及會創作流行音樂的作詞器？這些東西現在已經存在，但是變化來得太快，讓所有人措手不及。我們甚至不禁懷疑，現在的上班族在未來一、兩年內是否還能保住工作。數百萬白領階級的職涯瞬間變得岌岌可危；才華洋溢的插畫家也開始思考，是否還有必要去藝術學校進修。

最令人意想不到的是，這一切發展得如此之快。在我撰寫科技產業報導的十五年裡，從沒有看過任何領域像人工智慧一樣，在短短兩年內飛速發展。二〇二二年十一月，

ChatGPT推出之後，隨即引爆一場競賽，目標是創造新型的人工智慧，不僅能夠處理資訊，**還可以生成資訊**。當時的人工智慧工具只能生成古怪的狗狗圖像；但是，現在它可以大量創造寫實的唐納・川普（Donald Trump）圖像，毛孔與皮膚看起來極為逼真，幾乎無法分辨是假造的。

許多人工智慧的開發人員宣稱，這項科技必能引領我們走向烏托邦世界；有些人則說，它有可能導致人類文明的崩壞。事實上，科幻小說描繪的情境分散我們的注意力，讓我們忽略人工智慧能夠以更隱蔽的方式危害社會，例如：助長種族歧視、威脅整個創意產業等。在這股隱形力量背後，是那些掌控人工智慧的開發、爭相強化人工智慧能力的企業。它們受到永遠無法滿足的成長欲望驅使，貪圖走捷徑，誤導大眾對其產品的認知，讓自己成為備受爭議的人工智慧管理者。

歷史上沒有任何組織像當今的科技巨頭一樣，掌握如此龐大的權力，觸及如此大量的人口。全球有九〇%的網路使用者使用Google搜尋引擎，七〇%的人口在電腦上使用微軟的軟體。然而，兩家公司依舊不滿足。微軟想要分食Google高達一千五百億美元的搜尋引擎業務，Google則是覬覦微軟高達一千一百億美元的雲端業務。為了贏得戰爭，兩家公司剽竊對方的創意，所以歸根究柢，人工智慧的未來實際上是由兩個人書寫而成：

山姆・奧特曼（Sam Altman）與德米斯・哈薩比斯（Demis Hassabis）。

前者是接近四十歲的創業家，身形削瘦、個性沉穩，每天穿著運動鞋上班；後者是年屆五十歲的前西洋棋冠軍，對遊戲相當著迷。兩人都是絕頂聰明、魅力十足的領導人，他們描繪的人工智慧願景都非常鼓舞人心，吸引大批狂熱的信眾追隨。兩人之所以有如此成就，是因為他們都抱持非贏不可的信念。因為奧特曼，才有ChatGPT；因為哈薩比斯，ChatGPT才能如此快速問世。兩人的經歷不僅確立當今人工智慧的競爭態勢，也預示未來的挑戰，其中包括：在科技巨頭主導之下，如何確保人工智慧的發展符合倫理？這點將會是一大難題。

哈薩比斯冒著被科學界嘲笑的風險，創辦DeepMind，這是全世界第一家致力於打造與人類同等聰明的人工智慧的公司。他希望在生命起源、現實運作的根本邏輯與疾病治療等領域取得新的科學發現。「解決智慧的奧祕，等於解決一切問題。」他說。

幾年後，奧特曼成立OpenAI，他也想要打造類似的人工智慧，但是他更關注為人類創造經濟繁榮，增加物質財富，幫助「所有人過上更好的生活」。他告訴我：「這可能是到目前為止人類所創造最偉大的工具，讓每個人都有能力做到遠超出可能範圍之外的事情。」

他們的計畫比最瘋狂的矽谷夢想家還要有野心。他們預計打造強大的人工智慧，進而改造社會，讓經濟學與金融學等領域變得過時。奧特曼與哈薩比斯將是這項大禮的唯一賜予者。

這有可能是人類的最後一項發明。兩人在開發過程中苦苦思索，要如何控制這項變革性科技。起初他們相信，類似Google和微軟等科技巨頭不應直接掌控人工智慧，因為這些公司只會優先考慮獲利，而非人類福祉。多年來，位於大西洋兩岸的兩人都在黑暗中摸索，尋找新穎的方法，建構自己的研究實驗室，保護人工智慧，並且以為善當作優先目標。他們承諾，將會謹慎監督人工智慧的發展。

但是兩人都想要搶第一。為了打造史上最強大的軟體，他們需要充足的資金與電腦運算力，最佳來源就是矽谷。奧特曼與哈薩比斯愈來愈確定，他們依舊需要科技巨頭的支持。隨著超級人工智慧的開發逐步獲得成果，再加上來自各方奇特的新意識型態衝擊，他們決定妥協，不再堅持最初設定的崇高目標。他們將掌控權交給那些急於將人工智慧工具出售給一般大眾的企業，這些企業幾乎不受監理機關的監督，進而造成深遠的後果。人工智慧的權力集中將導致市場競爭減少，對於私人生活造成前所未見的侵犯，引發新形式的種族與性別偏見。現在，如果你要求某個流行的人工智慧工具生成一張女性照片，會出現性感、衣著暴露的圖像；如果你要求它生成寫實的執行長照片，可能會生成白人男性的圖像；如果你要求它生成罪犯的圖片，會生成非裔男性的圖像。這些工具充斥於社群媒體動態、智慧型手機與司法體系之中，卻很少有人充分考量這些工具如何形塑我們的輿論。

奧特曼與哈薩比斯的旅程與兩個世紀之前的一段故事頗為類似。兩位創業家湯瑪斯・愛迪生（Thomas Edison）與喬治・威斯丁豪斯（George Westinghouse）發起一場戰爭。兩人都夢想打造主導市場、為數百萬消費者輸送電力的系統。兩人都是從發明家轉型為創業家，他們都明白，有朝一日，他們發明的技術能為現代世界提供需要的電力。問題是：誰的技術版本會勝出？最終，威斯丁豪斯創辦的西屋電氣（Westinghouse）開發的電力標準更有效率，成為全球最受歡迎的電力標準。但是，威斯丁豪斯並未贏得這場電流戰爭；奇異（General Electric）才是這場戰爭的最後贏家。

奧特曼與哈薩比斯基於組織利益必須推出規模更大、功能更強的模型，此時科技巨頭就成為贏家。只不過，這次的競賽目標是複製人類自己的智慧。如今，全世界已經陷入一片混亂。生成式人工智慧承諾透過類似 ChatGPT 的工具，可以提高人類的生產力，將更多資訊帶到人類手上。但是，所有創新都必須付出代價。企業與政府必須適應新的現實：區分真實與「人工生成」的內容變得愈來愈困難。企業大舉投資人工智慧軟體，目的是取代員工，提升獲利率。同時，新一代的個人人工智慧裝置不斷出現，這些裝置擁有前所未見的監控功能。

本書後半部將會探討這些風險。不過，首先要解釋，我們是如何走到這一步，以及試圖打造人工智慧、造福全人類兩位創新者的願景，最終如何被壟斷勢力抹滅。他們的故事充滿理想，但是也過度天真、自我，同時凸顯一項事實：在科技巨頭與矽谷的泡沫中，想要堅守道德原則幾乎是不可能的事。

為了人工智慧的管理問題，奧特曼與哈薩比斯絞盡腦汁，他們清楚知道，必須負責任的管理這項科技，全球才能避免不可逆的傷害。但是，如果無法取得全球科技巨頭的資源，他們就無法打造具有神一般力量的人工智慧。他們原本的目標是提升人類生活，但最終卻是賦予這些公司極大的權力，讓人類的福祉與未來捲入一場企業霸權之爭。事情就是這樣發生的。

第一幕

兩位天才的夢想

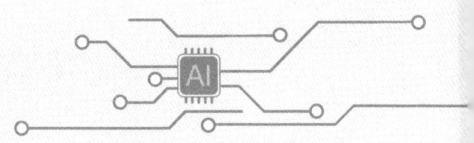

第一章
少年奧特曼的信念

山姆．奧特曼知道他應該要閉嘴。在保守勢力盛行的密蘇里州聖路易斯，人們不會談論自己是同志或是直男。二〇〇〇年代初期，全美各地開始積極擁護同志權利，但是奧特曼的家鄉卻相當落後，與同性發生關係仍屬於犯罪行為。像他這樣隱約感覺自己是同性戀的青少年，多半選擇沉默，明哲保身；然而，奧特曼不一樣。他覺得他必須說出來，不是因為他想要讓其他人知道他的一切，而是談論這件事已經成為他的使命。

在高中時期，奧特曼總是能神奇的擺脫別人試圖貼在他身上的標籤。他像科技怪咖一樣聰明，又如運動健將一般充滿魅力。寫英國文學課作業時，他能模仿高難度的福克納[1]式散文風格；上數學課時，他總能輕鬆搞定微積分。他會跳進泳池，以隊長的身分對著水球隊員發號施令，或是回家與幾位好友一起打電玩遊戲，一玩就是好幾小時。他和弟弟麥克斯（Max）與傑克（Jack）吃晚餐時，會熱中談論太空旅行與太空船等話題；當他們一起玩桌遊時，例如：《侍》（Samurai）[2]，山姆會自稱是領導人。在許多類似的情境下，他總喜歡主導局面。

「幫助他人」的使命萌芽

奧特曼出生於中產階級猶太家庭，他的母親康妮（Connie）是皮膚科醫生，父親傑瑞（Jerry）是律師。傑瑞曾經協助推動聖路易斯的社會住宅與歷史建築重建計畫，他的行動激發兒子熱心公益的世界觀。奧特曼清楚記得，有一天傑瑞帶他去自己的辦公室，當面告訴他，即使沒有時間幫助他人，「還是得想辦法去做」。

奧特曼身為家中四個孩子的老大，具有強大的自信心、令人佩服的膽識。他公開談論自己的性傾向，但是其他同齡的孩子，或者說一九九〇年代末期的多數小孩，會選擇保守祕密。他擅長將中西部居民認為負面的事情變得酷炫，部分原因是他想要幫助其他像他

1 譯注：威廉・福克納（William Faulkner，一八九七～一九六二）是美國小說家、詩人和劇作家，意識流文學的代表性人物之一。
2 編注：遊戲背景設定在日本封建時代，玩家透過布局來影響並統治日本的農民、佛教徒與武士三大勢力，勝利取決於誰能在三大勢力中擁有最多的支持。

一樣的人。

這股召喚來自網路。當奧特曼登入「美國線上」（America Online）聊天室之後，他發現像他一樣的人非常多。登入美國線上的美妙之處，在於你會聽到撥號的聲音，以及代表「握手」的嘟嘟聲，代表你的數據機正在與遠方的全球資訊網建立安全連線；另外，你還會聽到像是故障的民用對講機發出的刺耳音調。然後你順利連上網路，你的心跳開始加速，在你面前有無數的可能性、無數個聊天室。你可以在電腦上與位在世界另一端、另一個有趣的陌生人聊天。聊天室的名字無奇不有，例如：「海灘派對」或「早餐俱樂部」。有些人數龐大的聊天室非常吵雜，而且充斥各種怪咖。但是，如果你去探索更具體的類別，例如：寵物愛好者、X 檔案迷或是同性戀者，你會發現裡面的對話很有條理。

對於像奧特曼這樣的人來說，聊天室成為他們的生命線。你隱藏在網路帳號背後，在其他人討論友善 LGBTQ 的場所時，你可以匿名的方式默默潛水。奧特曼總覺得自己與這個世界格格不入，但是聊天室讓他得到歸屬感。「發現美國線上聊天室之後，改變我的一切。」後來他接受《紐約客》（*New Yorker*）雜誌人物專訪時說：「當你十一、二歲的時候，保有祕密是不好的。」

一九九九年之前，美國線上聊天室對於 LGBTQ 社群來說非常重要。當時奧特曼十四歲，聊天室大約有三分之一的主題與同性戀有關。奧特曼十六歲時向父母承認出櫃。母親感到非常震驚，後來她在同一篇雜誌人物專訪中提到，兒子一直看起來「非常中性，熱愛科技」；不過，他也無法被歸類到某個群體。舉例來說，在人人愛吃烤肉的美國地區，他吃素；他熱愛電腦，卻不封閉，也沒有社交障礙。當所有人都在聆聽九〇年代流行樂時，他卻偏愛古典樂。

奧特曼的父母將這個早熟的青少年轉學到約翰巴勒斯中學（John Burroughs School），這所私立菁英學校位於聖路易斯郊區，擁有廣闊、綠意盎然的校園，致力於培養學生的才能，進而「改善人類社會」。

奧特曼會在能力範圍內，盡可能擔任各種領導角色。除了水球隊隊長之外，他還參與編輯畢業紀念冊，在學校集會上演講。他會與教職員交流，偶爾違反規則，只為了引起轟動。在一年一度的秋季誓師大會上，奧特曼與水球隊隊員在台上脫掉衣服，只剩下緊身泳褲，開心的接受台下的歡呼與喝采。他因此惹惱學校體育組主任，受到責罰，但是他並未就此罷休，也沒有向其他同學或是老師抱怨，而是主動反擊，直接找上校長。他去敲校長安迪·艾伯特（Andy Abbott）的辦公室大門。艾伯特曾經是英語老師，性格溫和。這位年長的教育者被這個身材高瘦、留著一頭黑髮、雙眼瞪大的少年吸引。後來奧特曼經常跑去校長室提出自己的想法，或是抱怨他即將在校刊上揭露的不公平現象。

校長發現，這位年輕人絲毫不畏懼權威。如果艾伯特校長做出任何不受歡迎的決策，影響到其他學生，這個年輕人就會挺身而出，拯救大家。「他會表示反對。」艾伯特校長說：「而且經過深思熟慮。」直到今天，這位說話溫和的教育工作者依然認為，奧特曼是「我認識過最聰明的孩子」。

正是這樣真誠的態度，再加上總是表現得坦率、願意展示脆弱的一面，幫助這位年輕人成功贏得科技界與政界其他權勢人物的青睞，不論是面對投資人、媒體，或是最有影響力的執行長，他總是目光嚴肅的懇求他們支持一項如史詩般的偉大使命。後來他逐漸明白，有權勢的人可以為你的企圖心鋪平道路，就如同高中時期的艾伯特校長為他做的事。

他提出一項大型計畫，打算在學校成立真實版的聊天室，就像他在美國線上發現的聊天室一樣。他克服學校的繁文縟節，獲得校長核准，成立學校第一個LGBTQ支持團體。這個團體就像是地下網路，學生可以來這裡尋求諮詢，或是與其他志同道合的人見面。一年內，大約有十多位學生加入。

但是，奧特曼並不滿足。他開始聯繫自己的老師，要求他們在教室門上張貼貼紙，表明他們的教室是對同性戀學生友善的安全空間，他希望老師成為他的盟友。後來他成立同性戀異性戀聯盟（Gay-Straight Alliance），希望大家能夠更認識同性戀的權利。

他還決定在早晨集會上大出風頭。他領導的新團體提前進入禮堂，在學生入座前將印出來的號碼牌放在每一張座椅上。奧特曼走到麥克風前，他要求拿到特定號碼牌的人站起來，大約有六十個孩子起身。「看看你的周圍。」他告訴大家：「大約是十分之一。這是學校裡認同自己是同性戀的人數比例。」

這是一次大膽的示威。不過，情況似乎不太對勁，有幾個學生缺席，他們恰巧都是學校基督教社團的成員。奧特曼後來才知道，這些學生選擇待在家裡或是教室裡，目的是抵制他的演講。他知道這些學生反對他的目標之後，氣憤難平。他再度走進艾伯特校長的辦公室，要求將這些基督教學生記為曠課。

「讓這些人意識到這一點，不會有什麼壞處。」這個青少年爭辯。他不是那種會拍桌子大罵的人，但是從他的言辭與嚴肅表情，明顯看得出來他很生氣。

「我試圖辯解一會兒。」艾伯特校長回憶：「但是後來我想，或許他說得對。」

奧特曼離開學校時，也學到寶貴的一課。如果你有某個野心勃勃的想法，必定會引發某些人的憎恨。解決方法就是讓那些有權有勢的人物與你站在同一陣線，在你的身邊建立支持網路。

不久之後，奧特曼錄取史丹佛大學，這所大學位於加州矽谷的心臟地帶，孕育出許多天才軟體工程師與科技創業家，他們創辦的科技新創公司遍布在這片陽光普照的土地上。雖然奧特曼喜歡寫程式，也被電腦科學系錄取，但是這位身材高瘦的十八歲年輕人，實在無法忍受必須專心學習單一學科。他對所有事情都很感興趣。後來，他選修一系列人文課程與創意寫作課。

課餘時間他會往南開車二十分鐘去「上課」，這些課程對於他日後成為知名企業家發揮關鍵的作用。他會在聖荷西一家熱門賭場玩幾小時的撲克牌，磨練心理操控與影響力技巧。玩撲克牌的重點就是觀察他人，有時還要刻意引導他人誤判你手中的牌組強弱。奧特曼非常擅長虛張聲勢，解讀對手透露的細微線索。他打牌贏來的錢足以應付大學期間大部分的生活開銷。「就算不給我錢，我也會玩。」後來他在某個播客節目中說：「我太喜歡玩撲克牌。我強烈建議大家透過撲克牌理解這個世界、商業與人類心理。」

踏入人工智慧世界

不過，奧特曼日後全力投入的領域，屬於常規學位課程的一部分，這個領域未來將徹底改變整個世界。奧特曼成為史丹佛大學人工智慧實驗室的研究員。實驗室位於廣闊校園的某個角落，裡面布滿電纜與怪異的機器手臂。前不久人工實驗室才又重新開放，負責人是觀點激進的電腦科學家賽巴斯蒂安・特倫（Sebastian Thrun），他說話聲音輕柔、帶有德國口音，一雙藍眼睛炯炯有神。特倫屬於新世代學者，不滿足於成天撰寫補助提案，被動的等待取得終身教職；相反的，他們選擇與科技巨頭合作。史丹佛大學距離 Google 總部僅有五英里，特倫在 Google X 負責帶領先進的「登月」專案，開發自駕車與擴增實境眼鏡。

在課堂上，特倫主要教授「機器學習」（machine learning），由電腦學習大量資訊，然後推論概念（concept），而不是透過程式編寫執行特定任務。在人工智慧領域，「概念」很重要，**有些人甚至認為「學習」這個說法有誤導的嫌疑**，因為機器其實無法像人類一樣思考與學習。特倫發現，這位來自聖路易斯、態度認真的孩子，對於人工智慧可能產生的意外後果非常感興趣：如果機器學會不對的事情，結果會如何？

特倫解釋，人工智慧系統會以意想不到的方式採取行動，進而實現「適性函數」（fitness function）[3]或目標。特倫說，如果人工智慧被設定的適性函數是生存與繁殖，它有可能會在無意間消滅地球上所有生物。這不是說人工智慧是不好的，它只是不知道自己行為的嚴重性。它的行為動機與我們洗手的原因沒什麼兩樣，也就是說，我們不討厭皮膚上的細菌，也沒有想要摧毀它，我們洗手只是想要保持雙手乾淨。

奧特曼花一些時間思考這個想法。身為科幻小說迷，他很想知道，這是否就是人類從未與外星人接觸的原因。或許其他星球上的生物也曾嘗試創造人工智慧，結果卻被自己的創造物毀滅。如果可以避免這種危險，在其他人開發出危險的人工智慧之前，就應該要有人開發更安全的人工智慧。

這個想法的種子在奧特曼的腦海中沉睡十多年，最後才開花結果，促成OpenAI的誕生。但是現在，這個想法遠大到無法處理。在當時，類似特倫的學術研究人員努力開發人工智慧系統。像是奧特曼這樣的史丹佛大學學生，則是創辦未來像Google、思科與雅虎這樣的公司。這位年輕的科技怪客也想做同樣的事，但他需要一個商業創意。就在他走出教室的時候，突然想到：「如果我打開手機，就能看到一張地圖，顯示我朋友在哪裡，不是很棒嗎？」他詢問他的史丹佛同學與朋友尼可．西沃（Nick Sivo）。

如果他能為手機創造一張數位地圖，找到朋友的所在位置，讓這張地圖成為一家公司的主要產品，結果會如何？可是成立一家公司沒那麼容易，你必須向創投公司募資。雖然在史丹佛大學方圓三英里內就有數十家創投公司，但是奧特曼還很年輕，而且缺乏經驗。他想到的答案來自美國東岸的麻州劍橋市，有位年長的科技界大老正在當地推動他所謂的

「年輕創業家訓練營」。奧特曼和西沃決定加入為期三個月、名為 Y Combinator 的訓練課程；接著，成立一家公司。後來 Y Combinator 成為史上最成功的新創公司加速器，成功孵化總價值達四千億美元的多家科技公司，包括 Airbnb、Stripe 與 Dropbox 在內。

但當然，十九歲的奧特曼那時候一無所知。矽谷多數投資人都把 Y Combinator 看作無聊的駭客夏令營。它的創辦者保羅・格拉漢（Paul Graham）是電腦科學家，四十一歲，喜歡穿著工作短褲。他將自己的電商公司賣給雅虎後變成百萬富翁。擁有大筆財富之後，格拉漢把自己塑造成思想領袖，經常在網站上發表文章，探討一般軟體宅不太關注的主題，涵蓋經濟學到養育孩子，從自由言論談到高中時期的書呆子生活等。

不過，他最受歡迎的文章都是關於如何成立新創公司的主題，許多像奧特曼這樣的年輕人全神貫注的閱讀這些文章，像是對待精神領袖一樣。這些文章反覆強調，新創公司創辦人的素養比其他任何事情都還要重要。你不一定要有聰明的想法，才能創辦一家成功

3 編按：用來評估某個解決方案或個體有多「好」或多「適合」的函數，可以據此調整策略，從而生成更好的解決方案。

的科技公司；你只需要找個聰明的人擔任駕駛就行。

「舉例來說，Google 的計畫很簡單，就是成立一個勉強可用的搜尋網站。」格拉漢寫道。你看，這個想法最終帶來什麼樣的成果。靈光乍現的時代已經過去，真正重要的是創辦人，最優秀的創辦人是駭客，也就是願意打破傳統智慧、創造新事物的程式設計師。身為駭客，「生產力可能比起你在普通辦公室工作高出三十六倍」。

在矽谷創辦科技公司甚至被視為是一種愛國行為，因為它體現美國開國元勳堅韌的個人主義精神。「駭客天性叛逆。」他寫：「這是駭客精神的本質，也是美國精神的本質。難怪矽谷會出現在美國，而不是法國、德國、英國或日本。在這些國家，人們習慣墨守成規。」

格拉漢教導大家，創業這條路其實不難。你可以獨力創辦一家公司，從最小可行產品開始，然後持續優化。你要在封閉的小圈子裡工作，讓十個人熱愛你的產品，會比成千上萬的人喜愛還要好。在這段過程中，不要害怕打破常規。事實上，何不重新改寫社會遊戲規則呢？

格拉漢的想法最終在矽谷引發強烈共鳴，因此催生日益流行的新觀念：新創公司創辦人的願景如此神聖，他們應該能夠像神一樣，不受懲罰的採取任何行動。這正是為何

Google和臉書的創辦人把自己塑造成現代商業界的獨裁者，握有公司多數的投票權，有時甚至把公司帶往令人不解的方向。[4]許多新創公司的創辦人，包括Airbnb與Snapchat在內，均是透過所謂的雙重股權結構（dual-class share structure）[5]取得極大的公司控制權。格拉漢和其他人認為，創辦人擁有這種權力是有充分理由的。當最聰明、最有才華的人擁有一個長期願景，他們就需要充分的自由去實現這個願景。

格拉漢也在奧特曼身上看到這種駭客本能：強烈好奇心、聰明絕頂、富有遠見。另外還有一點：這個頂著一頭蓬鬆黑髮的青少年，很懂得如何與長者相處，他總能輕鬆應對和格拉漢一樣、比他年長二十歲的人。格拉漢建議奧特曼，晚一年再加入他的Y Combinator，因為當時奧特曼只有十九歲。然而，奧特曼回覆，無論如何他都要參加。格拉漢立刻喜歡上他。

報名課程的人大多數是工程師與駭客，其中包括熱門的線上論壇Reddit的創辦人。格

---

4 一個典型例子是，即便馬克・祖克伯（Mark Zuckerberg）做出奇怪且代價高昂的決定，將公司轉型為一家虛擬實境公司，臉書的董事會與股東卻沒有反對。

5 譯注：公司IPO時發行兩種具有不同投票權的普通股。例如，A股為一股一票，B股為一股十票。

拉漢和他太太潔西卡・利文斯頓（Jessica Livingston）為參與新課程的每家新創公司提供六千美元的補助，這個數字主要參考麻省理工學院在夏季給予每位研究生的津貼計算出來的。多數創投公司都會投資新創公司數百萬美元，但是格拉漢告訴創辦人，要用更少的資源做更多事，努力達成「拉麵獲利」（ramen profitability）[6]，他還勸說創辦人不要雇用律師、銀行家和公關，他們可以自己承擔這些工作，這樣就能節省更多成本。

格拉漢做任何事情也是精打細算。每週二晚上他會親自下廚，拿手菜是法式燉雞。他會邀請朋友擔任講者分享創業經驗，利文斯頓則負責為每家新創公司處理法律文書工作。

創業，成為救世主

奧特曼與西沃將他們的公司取名為Loopt。他搬到麻州劍橋，在Y Combinator第一個辦公室工作，地點就在格拉漢住家附近。奧特曼與格拉漢建立緊密的關係，就跟他與高中校長一樣。在這群滿懷希望的年輕創業家眼中，格拉漢是精神領袖，大家都叫他PG。奧特曼非常認真看待格拉漢的指導，他成立Loopt的目的是要讓世界變得更美好，而不是為了讓自己致富。他不斷改進產品原型，靠著泡麵與星巴克咖啡冰淇淋過活。他非常拚命工作，飲食極度不規律，以致缺乏維生素C，罹患壞血病。

雖然奧特曼是相當優秀的程式設計師，不過有著一張娃娃臉的他，在商業領域表現得更是出色。他毫不猶豫的打電話給通訊公司斯普林特（Sprint）、威訊（Verizon）與博世特行動（Boost Mobile）的高階主管，向他們提出遠大的願景：改變人們社交與使用手機的方式。他運用低沉的語調以及從創意寫作課學到的優雅措辭解釋，未來有一天，Loopt會成為手機使用者不可或缺的服務。當時應用程式商店還不存在，他不得不依靠行動網路業者在某些早期的智慧型手機上預先安裝Loopt，這也是為什麼取得電信公司高階主管的支持會是重要關鍵，奧特曼非常擅長推銷自己的公司。斯普林特、威訊、博世特，甚至是黑莓（BlackBerry）等公司，全都同意在它們的手機上安裝他的服務。

為期三個月的Y Combinator訓練課程結束後，奧特曼募集到一些資金，可用來拓展新創公司的業務。他花了十五分鐘向十五位投資人報告公司的願景，其中大多數都是與格拉漢交好的富豪。接著，他聯繫到口袋更深的投資人，也就是矽谷的創投公司。他收到幾

6 譯注：指的是公司獲利剛好能維持創辦人的開銷，創辦人靠吃拉麵（泡麵）等簡單的生活開支就能維持生計。

份報價，最後從兩家頂級創投公司那裡獲得五百萬美元的資金，這兩家公司也曾投資過Google、雅虎與PayPal。

取得資金之後，奧特曼從史丹佛大學休學，全職投入Loopt的工作。他和幾名他雇用的工程師一起搬到加州的帕洛奧圖，入駐創投公司紅杉（Sequoia）的共享工作空間。當時YouTube創辦人也在同一間辦公室，大家常一起熬夜寫程式，後來奧特曼又將整個團隊搬到山景城的黃金地段，這是Loopt的第一間辦公室，與Google只相距幾個街區，可以算是矽谷的核心地帶。

矽谷是瘋狂思想家的天堂。來這裡的人不是為了成立公司，而是要建立商業帝國。或者試圖創造出某些東西，突破科技或科學的極限。如果你想要針對類似阿茲海默症的疾病進行科學研究，你可以去美國東岸或是歐洲的大學；但是，如果你想要逆轉衰老，就得去矽谷。

這個地區的人脈網路是最大賣點。任何一天都有可能在某場活動上碰巧遇到某個能幫忙拓展業務的人。如果去加州伍德賽德的巴克斯（Buck's）餐廳吃早餐，可能會看到雅虎的共同創辦人正在享用水果優格，他坐的那張桌子正好是伊隆．馬斯克（Elon Musk）當年為PayPal召開第一次融資會議時所坐的位置。如果去舊金山巴特里俱樂部（Battery

Club）的慕斯托酒吧（Musto Bar）喝一杯，可能會遇到某位臉書共同創辦人。

奧特曼很快就打進矽谷程式設計師、投資人與高階主管的人脈網路。如果你知道如何融入這個現代版的老男孩圈子，就更有可能搭上那股讓成員躋身億萬富豪的成功浪潮。奧特曼非常擅長拓展人脈，成功建立必要的人際關係，因此得以在二〇〇八年備受矚目的蘋果年度開發者大會上展示 Loopt。那天，奧特曼身穿牛仔褲和兩件 polo 衫，一件綠色、一件桃紅色，看起來就像是兒童節目主持人，這位身材高瘦的年輕創業家告訴台下觀眾，Loopt 是全球最大的社交地圖服務。「我們讓偶然相遇成為可能。」語畢，目光直視人群，臉上幾乎沒有任何笑容。

表面上，所有事情都非常完美。但實際上，Loopt 陷入瓶頸。大家並沒有那麼熱中使用奧特曼的數位地圖尋找朋友。這位目光炯炯有神的創業家曾經以為，年輕的手機使用者就和他一樣，渴望與朋友碰面。但是，當你能夠透過螢幕互動時，利用數位地圖與朋友在酒吧碰面，又或是想要打籃球時少一個人，透過數位地圖找尋陌生人頂替的做法，反而顯得麻煩。

在二〇〇〇年代，愈來愈多人在臉書等社交媒體上與朋友互動。臉書的成長速度遠遠超過 Loopt。臉書累積數億名活躍使用者，但是 Loopt 僅勉強吸引五百萬名使用者註冊。

此外，Loopt還陷入一場爭議。奧特曼成立這家公司一年後，接到以前高中校長安迪·艾伯特的電話。艾伯特說，父母強迫他們的小孩使用Loopt，因為這樣就能追蹤小孩的行蹤。有一次，某位家長在校外活動期間打電話給學校，說小孩乘坐的巴士超速。「看看你幹的好事。」奧特曼以前的導師在電話裡半開玩笑的說。

奧特曼還聽過更糟的回應。「有女性團體向我們表達她們的擔憂。」這位年輕創業家承認，有些男性要求他們的太太安裝Loopt，好讓他們能隨時掌握太太的行蹤。這樣做等於濫用奧特曼的發明，不禁讓人毛骨悚然，而且可能造成危險。「不過，我們正在尋找解決方案。」他立刻補充，Loopt的使用者可以偽造他們的地理位置。一名弱勢女子在雜貨店購物時，可以假裝自己待在家。

許多創業家會否認自己的應用程式遭到誤用，但是奧特曼決定公開面對這個問題。他在十多歲的時候似乎就已明白，保守祕密只會讓事情變得更糟，好一點的做法就是公諸於世。他接到潔西卡·萊辛（Jessica Lessin）的來電，當時她是《華爾街日報》（*Wall Street Journal*）的科技記者，總是鍥而不捨的挖掘真相，她詢問Loopt可能侵犯隱私，以及外界擔憂遭到濫用等問題。萊辛在日後刊登的報導中提到，她萬萬沒想到，奧特曼非常急切的想要談論這些爭議，甚至寄給她一份冗長的文件，詳細列舉使用Loopt應用程式可能引發的風險。

表面上看起來是自斷生涯的舉動，實際上是非常精明的公關操作，後來奧特曼一再利用這種經過精算的反向心理手段。奧特曼只要對於自家產品可能導致的最壞情況表現出高度關切的態度，就能化解批評者，或者像萊辛那樣的記者對他的攻擊。如此一來，其他人便無話可說，因為他承認所有的問題。他似乎看起來太過正直，甚至到對自己不利的程度。不過，面對一個有可能被用來追蹤弱勢族群的應用程式，最正直的做法或許真的是直接關閉應用程式。

最終，使用者替奧特曼做出這個決定。他低估人們對於共享坐標定位、與他人會面的不適感受。「我學到深刻教訓，你不能強迫人們去做他們不想做的事。」後來奧特曼自己這樣說。

失敗經驗是前進的養分

這位身材削瘦的年輕創業家在二十多歲的大部分時間裡，都在瘋狂嘗試如何壯大Loopt，但始終失敗。他利用iPhone新推出的推播通知功能，向使用者的主螢幕發送提醒，吸引人們使用Loopt的聊天功能。他還幫助Loopt的廣告商向使用者發送「限時優惠」。每次升級應用程式，他都會對外吹噓得像是了不起的成就。「反應非常熱烈。」二〇一〇年，他在接受採訪時這樣說；然而，大多是空話。到二〇一二年，全球只有幾千人固定使用Loopt。建立帝國的夢想破滅，Loopt就和多數科技新創公司一樣面臨失敗。

在科技新創領域，創辦人的終極目標是讓自己的創業構想，發展成市值達數十億美元的公司。或是把自己的公司賣給規模更大的企業，賺進數十億美元之後，再退出市場。新創公司愈來愈難維持獨立，大多數公司最終被Google或臉書等科技巨頭併購。如果創辦人能做到這一點，他們通常會利用這筆錢成立新公司，從此成為連續創業家，不斷創業。但是，Loopt的結束不算特別風光。二〇一二年，奧特曼以大約四千三百萬美元的價格，將公司出售給一家禮品卡片公司，這筆錢只能勉強支付積欠投資人與員工的費用。

奧特曼大可就此離開矽谷，但是Loopt的失敗反而更讓他下定決心，要做更有意義的事情。他並非第一個在失敗的灰燼中尋求更大抱負的科技異類。大約十多年前，伊隆・馬斯克被PayPal董事會趕下台，他從這次經驗中汲取教訓，決定不再投入消費支付服務這種膚淺的事業。「我下一個創辦的公司，（應該）要創造長期的正面效益。」他告訴某位採訪者。幾年後，他真的做到了。馬斯克遇到特斯拉汽車的創辦人，開始努力拯救人類免於遭受氣候變遷造成的生存威脅。

如果你去舊金山，走進頂級的巴特里俱樂部，然後朝著人群丟手機，至少會打中三個正在試圖拯救世界的人。許多矽谷創業家相信，他們開發的應用程式能夠改善人類生活。有些創業家的確推出有用的產品，累積數百萬名使用者，但是也有許多創業家因此產生嚴重的救世主情結。在強調創新的矽谷地區，這種救世主文化更是普遍。格拉漢提倡的「創辦人至上」原則，更是助長這股風氣。如果你是頂尖的創業駭客，你不僅能解決工程問題，還能化解困擾人類多年的社會難題。

奧特曼原本希望透過 Loopt 讓人們相聚，人們需要這個程式功能。現在我們已經變得離不開螢幕，在不同社群平台上漫不經心的滾動頁面、隨意按讚，試圖創造出愈來愈量化的人際連結感。奧特曼想嘗試更有意義的事情，或許是提供人們連自己都不知道想要的東西。多年來，蘋果一直能夠成功辦到；在矽谷，這也是每個人努力破解的奧祕。

這位在聖路易斯長大的年輕人，必須重新深入創業的世界，同時更加融入矽谷的人脈網路中，讓自己的名字與那些宣稱要改變世界的企業畫上等號。他將會比過去遇到的導師們更有遠見，他開始深入研究他加入史丹佛大學人工智慧實驗室期間醞釀的想法，最終促使他下定決心追求更遠大的目標：拯救人類免於受到迫在眉睫的生存威脅，同時為人類創造前所未有的大量財富。

第二章

天才哈薩比斯的起點

尖叫聲、雲霄飛車的轟隆聲、遊樂場的風琴聲不絕於耳；這是一九九四年推出的電腦遊戲《主題公園》（*Theme Park*）的開場。像素化的大片草地空無一人，等待被巨型漢堡形狀的美食攤、以及直衝天際的雲霄飛車軌道填滿。這個遊戲的目標是盡可能創造最多的獲利。

從遊戲中學習

《主題公園》並非由一群渴望向孩子傳授商業原則的中年遊戲設計師所製作，而是一位來自倫敦北部、名叫德米斯·哈薩比斯的黑髮少年開發的。他具備矽谷創業家的工作態度，而且熱愛電玩遊戲。多年後，全球競相打造最聰明的人工智慧，哈薩比斯將會成為領先者。不過，在此之前，他就透過模擬遊戲學習如何經營公司，這也成為他未來的工作重心。日後不論是日常工作或是打造比人類更有智慧的機器，他都是透過模擬來學習。

一開始，《主題公園》遊戲玩家會獲得大約二十萬美元，用來興建遊樂設施、支付員工薪資。你可以透過銷售門票、周邊商品、冰淇淋、以及打椰子遊戲[1]賺錢。如果你沒有雇用足夠的機械工程技師，遊樂設施就會故障；如果保安人員不夠多，公園就會被惡霸占領；如果你沒有加糖，遊客就不會買冰淇淋。員工會罷工，薪資需要協商。雖然當時哈薩比斯只有十七歲，卻設計這款高度複雜的商業管理模擬遊戲。玩家必須在成本與報酬之間達成微妙平衡，讓許多玩家對這款遊戲上癮，因此在一九九四年推出後，總共銷售一千五百萬份。

電玩遊戲如潮水般席捲英國與美國，將孩子拉進充滿多巴胺刺激的精采世界。在這個世界裡，忍者龜一路橫向闖關；或者你可以駕駛一台皮卡車，在荒野泥地上馳騁。但是哈薩比斯認為，最好的電玩遊戲是能夠當成現實生活縮影的模擬遊戲。像是「上帝模擬遊戲」讓你同時擁有創造與毀滅的力量，在這類遊戲中，你不是控制像瑪利歐那樣的單一角

1 譯注：遊戲玩法是用球把立在桿子上的椰子擊落下來，就算得到勝利。

色，而是塑造數千個虛擬角色的生活，你還可以設計景觀或是指引文明的進展。你可以建造一座城市，然後讓這座城市遭受天然災害，或是讓主題公園擠滿數百名遊客。

你可以利用這項科技盡情玩樂，或是學習新東西，像是學會如何經營一家公司或是解開宇宙奧祕。雖然遊戲具有娛樂價值，但是哈薩比斯最終是被某種強烈的渴望所驅使：利用遊戲創造人工超級智慧，幫他解開人類意識的祕密。

哈薩比斯想要理解宇宙奧祕的使命感，遠遠超越其他多數科學家的目標。乍看之下似乎有些不合理，但只要你了解哈薩比斯如何成長為謎一樣的存在，就不會這麼覺得。他在充滿波西米亞風格的創意家庭長大，是家中唯一的數學天才。他的母親安琪拉（Angela）是虔誠的浸信會教徒，從新加坡移民到英國，在北倫敦的寄宿家庭遇到她的丈夫柯斯塔斯．哈薩比斯（Costas Hassabis），他是希臘裔塞普勒斯人，性格自由奔放。兩個人就像襪子與涼鞋一樣完全不搭，但他們還是結婚，育有三個孩子，德米斯是老大。柯斯塔斯經常換工作，包括教書、經營玩具店。在哈薩比斯十二歲之前，總共搬過十次家。

那時，德米斯明顯與其他的孩子不同。他四歲時下西洋棋，就能擊敗他的父親和叔叔。六歲時參加地方西洋棋比賽，擊敗多數同齡選手，那時候他還得站在墊子或電話簿上才看得到棋盤。哈薩比斯擁有出色的閱讀理解能力，對所有事情都充滿好奇。不過，他把大部分腦力投入在遊戲中。當父親帶回有缺損的桌遊時，他會利用既有的素材設計新遊戲，和弟弟妹妹一起玩。

但是真正有趣的還在後頭。一九九〇年代，在山姆．奧特曼發現美國線上聊天室的十年前，哈薩比斯就已經開始鑽研更原始的技術：在漆黑螢幕上顯示像素粗糙的圖像。一九八四年，年僅八歲的哈薩比斯利用西洋棋比賽贏得的獎金，買下一台 ZX Spectrum 48 電腦。這是非常早期的個人電腦，由一台厚重的黑色鍵盤構成，可以連接到電視機，透過卡式磁帶在螢幕上播放彩色圖像。

哈薩比斯還買過幾本與程式設計相關的書籍，以自學的方式為 Spectrum 電腦開發遊戲。他會在睡前設定好計算程式，然後上床睡覺，讓電腦運作一整夜。等到第二天早上，電腦就會計算完成。對哈薩比斯來說，這是一項重大發現。他把自己的認知工作轉交給 Spectrum 電腦，電腦如同是他的心智延伸。

他迷上程式設計的小眾世界，將電腦升級為功能更強大、但笨重的全白色 Commodore Amiga 500，配有滑鼠與顯示器。之後，他和學校的朋友成立駭客俱樂部。他們會自己寫程式，在螢幕上呈現色彩斑斕的畫面，全是模仿他們玩過的遊戲場景。哈薩比斯總想要超越朋友，做出更複雜精緻的東西。他會拆解自己的電腦，然後再重新組裝。他還開發過一款數位西洋棋遊戲，送給他弟弟喬治（George）玩。

西洋棋依舊是哈薩比斯的生活重心，他立志要成為世界冠軍。母親全力支持他的願望，讓他在家自學，這樣他就有更多時間研究遊戲。學校放假期間，他奔波各地參加西洋棋比賽，幾乎沒有休息時間。哈薩比斯曾經提到，遊戲如同大腦的健身房，西洋棋就是終極鍛鍊。就好比山姆・奧特曼透過撲克牌學會心理學技巧與商業原理一樣，哈薩比斯透過西洋棋學會如何以終為始，擬定戰略。意思是，你要先設想一個目標，然後往回推論。

然而，這一切在哈薩比斯十一歲時出現變化。哈薩比斯前往列支敦斯登參加一場西洋棋錦標賽。他的對手是丹麥西洋棋冠軍選手，這場比賽後來變成一場馬拉松競賽。歷經十小時的對弈，兩人幾乎耗盡腦力，丹麥人試圖逼和，雖然哈薩比斯手上還有國王與皇后，但是對手還有國王、城堡、主教與騎士，明顯占上風。此時哈薩比斯早已疲累不堪，他以為自己就要被將殺（checkmate），於是認輸。

丹麥冠軍選手覺得不可置信。「你為什麼要放棄？」他問。

他告訴哈薩比斯，他原本可以選擇另一種和棋的走法。不過，哈薩比斯只是雙眼緊盯棋盤。有時候，失敗會激發更強烈的企圖心，如果無法接受失敗，改為追求更大的目標可能是一種慰藉。然而，哈薩比斯在付出巨大的努力之後，就在剛才功虧一簣。環顧四周，他看到其他天才伏案於棋盤前，正在飛快的運轉腦袋。他瞬間領悟，整場比賽根本是在浪費腦力。這些人都是世上最頂尖的戰略思想家，如果他們願意花腦筋解決更重大的問題呢？他現在是十四歲以下全球排名第二的棋手，但是一切終究只是一場遊戲。

哈薩比斯告訴父母，他不想再參加西洋棋錦標賽，他想回學校上課。當時的他是沉默寡言、多愁善感的男孩，喜歡聽恩雅（Enya）的歌，還自學鋼琴彈奏她的單曲〈水印〉（Watermark）。他最愛的電影是《銀翼殺手》（*Blade Runner*），這部科幻電影主要描述一名偵探試圖追捕反叛的人工智慧複製人，這些複製人與人類幾乎沒有區別。他經常沉浸在這部電影某些最動人的片段中，他會反覆播放希臘音樂家范吉利斯（Vangelis）為電影最後一幕創作的激昂配樂，在這一幕，反派角色哀嘆，自己的記憶將會「消失於時間的長河中，就如同雨中的淚水」。

用科學尋找上帝

每個星期天，哈薩比斯的母親會帶他和弟弟妹妹到北倫敦的亨頓浸信會教堂（Hendon Baptist Church）。這是一棟宏偉的灰石建築，座落於山頂，可以俯瞰整個郊區。教會就像是小型的國際社區，信徒來自菲律賓、迦納、法國與印度等不同的國家。對於像是哈薩比斯這種半個塞普勒斯、半個新加坡的小孩來說，很容易就能融入其中。相較於主流的英國國教嚴肅、安靜的禮拜儀式，這裡的主日禮拜顯得活潑許多，人們會舉起雙手讚美，隨著強勁的鼓聲與樂隊的節奏一起歌唱。牧師不會拘泥於教義，而是強調要尊重他人。禱告充滿情感，教會本身則毫不掩飾的大力宣揚福音派的特質。

雖然在美國浸信會是最大的基督教教派之一，但是在英國卻是少數，大約只有十五萬名信徒。相較之下，英國國教大約有一百萬名信徒。但是宗教與上帝的概念非常吸引哈薩比斯，他想知道能否透過科學的方法找到上帝。哈薩比斯在十六歲時自高中畢業，比其他人提前兩年，這一年他讀完諾貝爾獎得主、物理學家史蒂文・溫伯格（Steven Weinberg）的著作《終極理論之夢》（*Dreams of a Final Theory*）。這本書講述一段宏偉、近乎理想性的探索旅程，目的是尋找統一的自然理論。溫伯格相信，或許可以找到某種方法，用一組方程式就能解釋宇宙所有的基本力（fundamental force）[2]，如同愛因斯坦提出的 $E=mc^2$，可以總結能量與質量的關係一樣。在理想情況下，這種「萬有理論」應該可以簡潔到寫在一頁紙上，甚至用一組方程式完整表達。

哈薩比斯對此深感著迷。不過，令他吃驚的是，他發現科學家的研究似乎沒有取得太多進展，沒有人找到類似的框架。他心想，他們需要幫助。他們需要強大的智力。或許他可以伸出援手？哈薩比斯看著自己那台笨重的Commodore Amiga，在晚上睡覺時它能徹夜執行計算任務。如果有另一台更聰明的電腦，或許能有所幫助。如果他可以讓電腦更有智慧、更有能力成為他的大腦延伸，或許能幫助科學家破解關於宇宙的難題，甚至是發現神聖的起源。

「這似乎是相當完美的超級解決方案。」哈薩比斯後來接受《紐約時報》撰稿人艾茲拉·克萊因（Ezra Klein）採訪時表示。他考慮過在大學主修物理學，但是讀完溫伯格的著作之後，他認為自己應該追求更遠大的目標。如果他主修電腦科學以及剛興起的人工智慧，就可以打造出終極科學工具，取得重大發現，改善人類的生存條件。哈薩比斯無法擺脫對遊戲的痴迷，所以他擬定一份長期計畫，結合自身的兩大興趣，關鍵是專注於開發模擬現實世界的遊戲。一九八〇年代末期的遊戲已經能夠模擬整個人類文明的基本特色。如果電腦可以複製世上所有的色彩細節，擁有高度智慧的電腦或許就能找到方法，修復這個世界的漏洞；也就是在模擬過程中找到解決方法，然後應用到現實世界中。

2 譯注：指的是決定物質間相互作用的四種力：電磁力、重力、強核力和弱核力。

哈薩比斯從上帝模擬遊戲中得到靈感，他最喜歡的遊戲是《上帝也瘋狂》（*Populous*）。「我之所以對它們著迷，是因為它們就是活生生的世界。遊戲會隨著你的玩法而改變。」他說：「你可以把一部分的世界模擬成沙盒[3]，然後在其中自由探索。」

這款遊戲採用復古的像素畫面，遊戲內容相當複雜。有幾棟房屋佇立在地勢平坦的綠色山谷中，身為玩家的你是這座山谷的神明，擁有神力，帶領當地居民（也就是你的信徒）與信仰其他神祇的信徒們戰鬥。你可以抬高或降低土地的海拔高度；你可以讓地勢變得平坦，讓你的信徒興建房屋，繁衍更多的後代；你可以引發地震。《上帝也瘋狂》開創上帝模擬遊戲的先河，哈薩比斯非常喜歡這款遊戲，因此他決定加入設計這款遊戲的「牛蛙製作公司」（Bullfrog Productions）。他參加一場比賽，希望能贏得這家公司的工作機會，結果卻敗北。於是他直接拿起電話，打給公司，要求一星期的工作實習機會。沒想到它們竟然同意，而且它們非常喜歡哈薩比斯，所以在他十五歲那年獲得暑期工讀的機會。

電玩設計師也瘋狂

不久之後，哈薩比斯獲得劍橋錄取，但是必須等到十六歲時，才能成為電腦科學系的學生，因為校方說他年紀太小，至少要延後一年。他又回到牛蛙製作公司上班，以現金結算薪資，那段時間他就住在薩里郡吉爾福德的YMCA（基督教青年會）青年旅社，與公司相距不遠。一開始，哈薩比斯擔任電玩遊戲測試員，不久之後就升任為關卡設計師，直接向牛蛙製作公司的創辦人彼得・莫利紐茲（Peter Molyneux）報告。

莫利紐茲頂著光頭，穿著黑色polo衫，看起來更像是酒吧老闆，不像是遊戲界的傳奇人物。多年來，他總是對公司的遊戲內容做出誇大其詞的承諾，被媒體大肆報導，因此在業界備受爭議。他總是誇大遊戲的機制與功能，例如，他說玩家可以在公司開發的遊戲《神鬼寓言》（*Fable*）虛擬世界中種植橡果，過幾天再回來看，會發現它已經長成一棵橡樹。但是，這並不是真的。

不過，莫利紐茲也有一些遠大抱負，希望能推動產業發展。此刻他正沉浸於《上帝也瘋狂》帶來的光環中。在這位年長的創業家眼裡，哈薩比斯顯得特別有好奇心，甚至有些早熟。莫利紐茲記得，這位天才少年連珠炮似的追問他這位老闆；例如，詢問牛蛙製作公司的技術極限，並且質疑公司為何把某些功能稱之為「人工智慧」，但這些功能看起來

3 編按：沙盒提供隔離環境，通常可以為一些來源不可信、具破壞力或無法判定意圖的程式提供實驗之用。

就像是基礎的軟體系統。

「然而，無論是多麼龐大到離譜的任務，在他看來都不是障礙。」當牛蛙製作的創辦人想要開發一款與主題公園有關的模擬遊戲時，其他員工表示不感興趣，他們寧可設計擊劍與格鬥遊戲，但是哈薩比斯卻自告奮勇，打造《主題公園》中逼真的雲霄飛車和美食攤場景。後來莫利紐茲成為哈薩比斯的導師，兩人一起設計新遊戲，另外還有幾位數位藝術家支援他們。在寫程式與設計遊戲的空檔，他們經常討論人工智慧的各種可能性，哈薩比斯告訴老闆，他相信十年內人工智慧就會超越人類，並且具備感知能力。

「人工智慧的未來似乎觸手可及。」這位資深遊戲設計師回憶：「我們經常討論的另一個哲學問題是：『為什麼只有人類才能創造東西？』為什麼不能讓人工智慧承擔創造的重任？」他們設想，人工智慧最終能夠寫曲、寫詩，甚至是設計遊戲。

不過，他們現在使用的系統僅能勉強符合人工智慧的定義，目的只是為了給《主題公園》增添一些現實感。他們透過機器學習技術，賦予背景角色獨特的性格。例如，有些公園的訪客比較衝動、習慣花大錢；有些訪客則會嚴格控管自己的財務。《主題公園》推出之後大受歡迎。雖然《上帝也瘋狂》銷售五百萬份，但是《主題公園》的銷量卻是它的三倍多。

因此，當哈薩比斯最終順利進入劍橋大學就讀時，已經小有名氣。他向莫利紐茲借一台保時捷九一一，在校園內四處兜風，極力想讓其他學生留下深刻印象。以前學校放假時，他必須馬不停蹄的前往各地參加西洋棋錦標賽，因此他把大學第一年當成是在度假，晚上與同學外出，隔天早上躺在床上聆聽超凡樂團（The Prodigy）的音樂，任由陽光穿過窗戶，灑進屋內。如果他沒有在大學酒吧喝紅酒喝到滿臉通紅，他就會玩快棋（speed chess），或是開著借來的保時捷飆車。有天，他不小心把車撞壞，不得不硬著頭皮打電話向他的導師道歉。「那是他第二次把車撞壞。」莫利紐茲皺眉說。但是，他很難對著這位臉上經常掛著笑容的天才發脾氣。「他太有魅力了。」

哈薩比斯在劍橋遇到未來的核心朋友圈，包括另一位電腦系學生班・科平（Ben Coppin），科平後來負責帶領DeepMind的產品開發團隊，哈薩比斯經常與他討論宗教問題，以及人工智慧可以如何解決全球問題。不過，DeepMind的成立要等到十年後。首先，哈薩比斯必須先順利畢業，然後直接回去為莫利紐茲工作。就在那時，他偶然發現他見過最奇特的電腦遊戲工作求職信。他收到一封瓶中信，信紙上沾滿茶漬，邊緣還有燒焦的痕跡，這封長信是用草書寫成，內容描述他們遇到船難，被困在「企業島」（Korporate）。哈薩比斯非常能體會這種感受，他自己也討厭在大型企業裡苦苦掙扎。

這封信的寄件人是喬・麥克唐納（Joe McDonagh），當時他在英國電信集團（British Telecom）裡擔任程式設計師，但他十分熱愛電玩遊戲，非常渴望加入遊戲公司。因此他很高興被通知前往莫利紐茲的住家接受面試。他抵達時，開門的是一位身材矮小的年輕人，長得有點像精靈，下巴留著鬍渣，一頭黑髮就像是一頂頭盔戴在頭上。這名年輕人就是哈薩比斯，他看起來比二十一歲的實際年齡還要年輕許多。麥克唐納回憶：「我心想，『這個小夥子是誰』？」當時哈薩比斯已經是牛蛙製作公司的高階主管，而且是麥克唐納的面試官。

麥克唐納很快就意識到，他面對的是另一個同樣熱愛遊戲、競爭欲望強烈的人。麥克唐納提到，他喜歡摺紙，哈薩比斯立即向他提出挑戰，看看誰能最快折完紙鶴。結果哈薩比斯贏了。接下來一整個下午，兩人都在玩桌遊。後來，麥克唐納打電話詢問面試結果時，對方卻回覆，當天面試他的怪咖年輕人已經離職。

邁向人工智慧公司之路

哈薩比斯之所以離開，是因為他的導師再也跟不上年輕人的技術野心。「對他來說，我們的進展得不夠快。」莫利紐茲回憶。

麥克唐納設法找到電話號碼，直接打給哈薩比斯，問清楚到底怎麼一回事。「我正在成立一家新公司。」哈薩比斯解釋。後來這家公司命名為伊利克斯爾工作室（Elixir Studios），計劃以真正先進的人工智慧為核心，開發一款用於模擬真實世界的上帝模擬遊戲。

這是非常有企圖心的願景，讓麥克唐納決定加入，並成為伊利克斯爾的首席設計師，主要任務是構思非凡的新世界。哈薩比斯從以前的導師身上學會浮誇的行銷手法，當他接受媒體採訪時，總是大膽且自信的談論自己的目標。他登上《尖端》（*Edge*）雜誌封面，這是一九九〇年代引領潮流的電腦遊戲雜誌。哈薩比斯吹噓，他不僅要打造功能強大的遊戲，還要拓展遊戲市場，不再局限於原本的青少年小眾市場。他要打造足夠聰明的遊戲，讓《經濟學人》（*The Economist*）的讀者都想玩。哈薩比斯表示：「我想要證明，遊戲也可以是嚴肅的媒介，就跟書和電影一樣。」他擬定一份長期計畫。一旦伊利克斯爾成功，他就會把公司賣掉，另外成立一家人工智慧公司。

他專心開發一款旗艦遊戲，名為《共和國：革命》（*Republic: The Revolution*），這是一套政治模擬遊戲，玩家必須推翻虛構的東歐極權政府。哈薩比斯希望所有細節盡可能貼近現實生活。麥克唐納因此在大英圖書館花上大量時間研究蘇聯歷史，希望能實現年輕老闔的渴望，創造真實的歷史。哈薩比斯則是專注於技術層面，負責監督某項人工智慧技術的開發。有了這項技術，就能在遊戲中創造近一百萬個虛擬人物，這是非常有企圖心的目標，在此之前，多數上帝模擬遊戲頂多只能有一、兩千名虛擬的背景角色。哈薩比斯希望，玩家能夠從整座城市的衛星影像，逐漸縮放到看得見一棟大樓陽台上的花瓣。

這位前西洋棋冠軍雇用他所能找到最聰明的程式設計師，其中不少人畢業自牛津與劍橋大學。他會創造各種玩遊戲的機會，藉此提振團隊士氣。從電玩遊戲《星海爭霸》（*Starcraft*）到策略桌遊《強權外交》（*Diplomacy*），不論是哪種遊戲類型，他都是箇中翹楚。打桌上足球時，他也是拚盡全力。他會在桌上使用他獨門的「毒蛇射門」手法，以整支手臂旋轉塑料球員，將球射進球門。在真實的球場上，伊利克斯爾球隊是由一群身材走樣的軟體工程師們組成，哈薩比斯擔任前鋒。當他們與北倫敦當地的球隊進行常規五人制比賽時，哈薩比斯就像是一隻憤怒的㹴犬，猛烈發動進攻，或是攻擊身高兩倍的對手球員的小腿，而且還經常能進球。

隨著遊戲上市日期逐漸逼近，頂著一張娃娃臉的創辦人與他的程式設計師團隊，每天從早上十點一直工作到隔天凌晨六點，只在會議室裡偷睡三到四小時。有時甚至直接趴在辦公桌上打鼾，手中還握著遊戲手把。哈薩比斯再也不深夜外出，也下定決心不再喝醉，以免影響大腦運作。

他對於《共和國》的圖像設計與人工智慧技術抱持莫大的期望，簡直到了不可思議的地步。他正在打造的產品比當時的運算能力不知道領先多少光年。他認為，如果無法在虛擬國家中加入成千上萬真實、有生命的人物，創造這個虛擬國家就失去意義。「我不希望人物只是抽象的點，隨意在玩家的螢幕上遊走。」哈薩比斯告訴《尖端》雜誌：「我希望有丈夫、學生、家庭主婦、酒鬼，所有人過著獨立且合理的生活。」

一直贏，為什麼會輸？

遊戲最能夠展現人工智慧的神奇能力。當時，最先進的人工智慧研究都來自遊戲產業，因為愈聰明的軟體愈能夠協助創造栩栩如生的世界，甚至因此出現所謂的自發性遊戲（emergent gameplay）設計。這種遊戲不像《超級瑪利歐兄弟》（*Super Mario Bros*）那樣遵循固定的遊戲路線，你會被放在某個虛擬世界的中心，獲得某些工具，接下來你就得獨自摸索。這正是《俠盜獵車手》（*Grand Theft Auto*）與《當個創世神》（*Minecraft*）等遊戲的精髓，後者更是成為史上最暢銷的電玩遊戲。

哈薩比斯相信，他正在朝向類似的目標邁進。不過，他遇到一個問題：《共和國：

革命》的內容一點也不有趣。對於遊戲設計師來說，最害怕落入這種陷阱。團隊耗費四、五年開發遊戲，但是大家過度專注於技術層面，沒有認真思考如何改善遊戲玩法。要能設計出好玩的電腦遊戲，就必須不斷迭代優化。一般來說，你必須先從粗糙、但勉強可玩的版本開始，然後進行數千次測試。但是，伊利克斯爾的遊戲開發人員無法投入足夠的時間讓遊戲變得更刺激，因為他們的老闆對技術的期望非常高。

「電玩遊戲的精髓是沉浸體驗與感受。」麥克唐納回憶：「《共和國》缺乏這兩大要素。我們陷入技術黑洞。」伊利克斯爾的程式設計師都知道，遊戲還不夠好。遊戲問世之後，評論家的意見也證實他們最擔憂的情況，各方評價褒貶不一，認為遊戲太複雜。整體銷售平平。

「就當時的情況來說，這款遊戲的企圖心太大。」哈薩比斯承認：「我急於展現技術與藝術成果。」

但是這次的挫折沒有打敗哈薩比斯，後來伊利克斯爾再度嘗試推出另一款同樣非常有野心的上帝迷你遊戲《邪惡天才》（*Evil Genius*），玩家會扮演類似詹姆斯・龐德（James Bond）的反派角色，想辦法實現統治世界的目標。這款遊戲添加一些巧妙、帶有諷刺意味的幽默元素，但是仍舊很難在主流市場取得成功。後來哈薩比斯試圖推出《邪惡天才二》，希望能扭轉局面，卻面臨技術投資成本過高的問題。二〇〇五年，一心想要拓展遊戲市場的聰明小子，發現自己不得不收掉這家公司。這次經驗讓他備受打擊。從西洋棋到足球、再到學業，過去的他幾乎在所有領域都是贏家。

英國遊戲市場帶來的衝擊讓他有更強烈的羞恥感。他曾巧妙的將伊利克斯爾塑造成明日之星，並宣稱運用新科技改變傳統的遊戲玩法，引發媒體與遊戲產業的高度期待。麥克唐納記得，有一次他參加一場研討會，提到自己曾在伊利克斯爾工作，在場的一位英國遊戲業大佬無意間聽到之後，只是笑一下，但卻讓麥克唐納的內心很受傷。「面對失敗真的很不好受。」他回憶。

有一次，麥克唐納與哈薩比斯因為公司關門大吉而大吵一架，那是他第一次、也是唯一一次聽到這位向來沉穩的創業家提高音量說話。「太慘了。」他說：「我們都是牛津與劍橋畢業的。你一直贏、一直贏、一直贏。我們從未輸過，這次卻是在大眾面前輸得如此徹底。」

哈薩比斯渴望向人們展示人工智慧的魔力，卻因此犯下重大錯誤：他試圖從自身的熱情出發，去開發一款遊戲。但如果他要打造比人類更聰明的機器，就必須改變原本的策略。他必須更深入研究人工智慧，不應該利用人工智慧設計一款偉大的遊戲，而是利用遊戲建立強大的人工智慧。

幾年後，已經三十多歲的麥克唐納再度接到前老闆的電話，對方向他提出新的工作邀請。「我正要創辦一家名叫 DeepMind 的公司。」這位似乎不怕吃苦的創業家態度熱切的說。

麥克唐納心想，我可不能重蹈覆轍。於是他說：「不。」

然後，他驚訝的看著哈薩比斯又去追求另一個看似不可能實現、又非常有企圖心的目標。但是這次哈薩比斯超越所有人的預期，打造出看似是全世界最先進的人工智慧系統。直到山姆・奧特曼出現。

第三章

奧特曼：創造人類福祉

二〇〇六年某個炎熱的夏日，奧特曼身穿健身短褲，躺在位於加州山景城的單身公寓地板上。他將手臂向外伸展，努力呼吸。那個週末他正為了Loopt進行一場馬拉松式談判，但是過程並不順利，室內溫度飆升到將近攝氏三十五度。根據二〇二二年奧特曼在《成就的藝術》（*Art of Accomplishment*）播客節目中的說法，當時他覺得壓力大到快爆炸。

多年來，他一直告訴自己，這是身為創業家的生活常態。「這是我應有的感受。」他心想，「但還是沒有用。」壓力只會讓情況變得更糟。

保持疏離，東山再起

奧特曼從Loopt的失敗中學到教訓，他不能強迫人們去做他們不想做的事。此外，他也得到另一個人生體悟：面臨困境時，要如何讓自己在情感上抽離。他穿著健身短褲、躺在地上的那一刻成為重要的轉捩點。奧特曼即將邁入另一段完全不同的人生。關鍵是讓自己「疏離」。

奧特曼出售 Loopt，與相戀多年的尼可・西沃分手，然後為收購他公司的企業工作一段時間之後，花一年的時間去做他想做的事。他完全抽離自己。在推崇奮鬥文化的矽谷世界，休息一年似乎不是一件好事，奧特曼隨即明白後果。如果他在派對上與人聊天，提到自己打算休息一年，對方的眼神就會開始尋找其他可以聊天的人。

他擔任 Y Combinator 的兼職合夥人，所以一直與加州灣區保持聯繫。當時創投業者對於這個充滿拚勁的駭客訓練營的看法已經改變，他們把這樣的駭客訓練營視為孕育優質網路公司的孵化器。許多參加訓練營的新創公司後來都發展成知名企業，例如：社交媒體平台 Reddit、文件檔案分享平台 Scribd。對於新創公司的創辦人而言，Y Combinator 在矽谷已經被視為成功的敲門磚。每年有成千上萬的科技公司創辦人提出申請，但是大約只有一百人被錄取。

在奧特曼自行安排的空檔年內，他涉獵各種不同的興趣。讀過數十本書，主題相當廣泛，橫跨核能工程到合成生物學、投資到人工智慧等，無所不包。他造訪其他國家，住青年旅社，到各地參加研討會，利用出售 Loopt 獲得的約五百萬美元資金，投資幾家新創公司。

後來他公開承認，他投資的公司全部失敗，不過他認為這是在鍛鍊自己的能力，學會辨認最有可能成功的計畫。他認為，經常犯錯沒有關係，只要偶爾「大獲全勝」。例如，你投資的新創公司瞬間爆紅，然後再風光退出。

如果把人生比喻為繪畫，奧特曼的做法就是使用最大號的油漆滾筒，盡可能的塗滿最大片的區域。後來他逐漸對人工智慧產生濃厚興趣。他在《紐約客》的人物專訪中曾提到，大約在他出售Loopt的時候，他和幾位科技業朋友一起健行，途中大夥們討論人工智慧研究的未來。奧特曼認為，隨著電腦硬體愈來愈強大，機器學習系統的能力增強，在有生之年，它們或許有能力複製他的大腦。

奧特曼重新思考人類位於地球食物鏈頂端所代表的意義。如果電腦可以模擬人類的智慧，人類還會如此獨特嗎？關於這個問題，奧特曼的回答是否定的。起初，這樣的體悟或許讓人沮喪，不過他卻把它視為可以利用的機會。如果人類沒有那麼獨特，就代表人類可以被電腦複製、甚至是改進。**或許他可以做到這件事**。

從許多方面來說，奧特曼其實是延續矽谷的思維模式，將生命本身視為一項工程難題。你可以嘗試去優化應用程式，藉此解決各種重大難題。這種思維模式部分源於工程師接受的訓練，就是習慣系統化、有邏輯的解決技術問題，這種做事方式透過教育深植於他們的思維之中，開發軟體時也是依循相同的做法。成功標準取決於你開發的軟體是否能有效率的運作。這種備受推崇的做事方法，自然而然的延伸到社會與生活的其他面向。

因此也難怪奧特曼提到人類時，總喜歡使用電腦語言。例如，他在接受雜誌採訪時說過：「我們每秒只能學習兩位元的資訊。」位元是資訊的基本單位，在二進制碼中通常以〇與一表示。奧特曼透過這種說法，凸顯人類處理資訊的能力非常有限。如果你拿大腦的運作機制與電腦的工作模式相比，電腦處理位元的速度快得驚人，每秒可達十億位元或是兆位元。

如果奧特曼要自行打造超越人類智慧的機器，毫無疑問，他必須留在矽谷，這裡的每個人都在努力創造未來。

「這裡的人對未來抱持堅定不移的信念。」他曾這麼說：「在這裡的人會認真看待你的瘋狂想法，而且不會嘲笑你。」矽谷一定能提供豐沛的人脈網路，大家會相互伸出援手。如果你幫助某個人為他的新創公司募集資金，他們會幫你找到才華洋溢的工程師。

就在空檔年接近尾聲時，奧特曼成立一家名為聯氨資本（Hydrazine Capital）的天使創投公司，主要投資包括生命科學與教育軟體在內等新創公司。奧特曼動用自己與矽谷幾位最有影響力的投資人所建立的人脈關係，總共募得兩千一百萬美元，出資者包括保羅・格拉漢與臉書的早期投資人彼得・提爾（Peter Thiel）在內。許多人認為提爾是作風神祕的億萬富翁，他有許多想法非常接近科幻小說，後來甚至成為人工智慧的重要推手，大力支持開發強大的人工智慧，同時資助奧特曼與倫敦的德米斯・哈薩比斯兩個人。此外，他是PayPal黑手黨的成員之一，這是一個由線上支付龍頭的共同創辦人和高階主管們所組成的菁英團體，多年來這群人相互投資彼此的公司，成員包括伊隆・馬斯克與領英（LinkedIn）創辦人里德・霍夫曼（Reid Hoffman）。

奧特曼將聯氨資本七五%的資金，投入Y Combinator校友創辦的公司，這項策略也獲得不錯的報酬。大約四年內，基金價值就成長十倍，主要得益於新創公司的投資，這些新創公司成為奧特曼持續拓展人脈關係的一部分，其中有不少人是矽谷菁英。他投資參加過第一屆Y Combinator訓練課程的新創公司Reddit；另外，也投資阿薩納（Asana），這是由臉書共同創辦人、億萬富豪達斯汀・莫斯科維茨（Dustin Moskovitz）成立的企業軟體公司。事後證明，這兩條人脈至關重要，未來幾年他們將協助奧特曼，打造超級強大的人工智慧。

奧特曼明白，長遠來看，人脈網路比即時的財務報酬更有價值。這也是為何身為創投家的他，對於自己必須以對抗的方式對待其他創業家會感到不自在的原因。創投家必須盡可能用最少的錢，取得最多的股權。此外，奧特曼也發現，矽谷不斷追求巨額財富的做法令人反感，他更感興趣的是創造某個激勵人心的計畫所帶來的榮耀。在投資工作之餘，他開始清點自己的資產，後來只留下位於舊金山的一棟四房房屋、加州大蘇爾的一棟房產和一千萬美元現金。他可以靠利息生活。

成為矽谷創業大師

二〇一四年某日，老創業家格拉漢在自家廚房詢問奧特曼：「你想要接管 Y Combinator嗎？」奧特曼不禁笑出來。格拉漢和他太太潔西卡．利文斯頓育有兩個年幼的孩子，還要忙著管理規模日益龐大的育成計畫，早已身心俱疲。首先，格拉漢在接受採訪時經常口不擇言，進一步加深外界對於矽谷菁英圈早已被白人男性程式設計師把持的質疑。格拉漢曾經在一篇部落格文章中，寫他「不願與有年幼小孩或是即將有小孩的女性一起創業」。

就在格拉漢的獨斷專行逐漸變成公司的累贅，Y Combinator 也變得愈來愈難以管理。過去七年，它已經投資六百三十二家新創公司，每年會收到一萬份申請，但是只會錄取兩百家新創公司。隨著新科技公司不斷湧現，Y Combinator 必須擴大規模，才能滿足需求。

「我實在不擅長經營龐大的組織。」格拉漢當年稍晚參加某場研討會時，解釋領導權轉換的原因：「但是山姆非常擅長經營龐大的組織。」

當時奧特曼只有三十歲，格拉漢將近五十歲，但是奧特曼已經表現得像是新一代的格拉漢。他成為擁有個人風格的創業大師，能夠針對各種主題提供見解與建議，包括自己缺乏經驗的領域。雖然他很年輕，只經營過一家算是失敗的公司，但是他曾經寫過一篇部落格文章，列出九十五項給其他新創公司參考的建議。

儘管奧特曼資歷尚淺，卻給格拉漢和利文斯頓留下非常深刻的印象，以至於他們根本沒有費心列出 Y Combinator 可能的新領導人名單，就一致同意由奧特曼出任。格拉漢不吝於為自己的門徒增添一種近乎救世主的光環，他曾在一篇文章中表示，「薩瑪（奧特曼的電腦暱稱）」是史上最有趣的五位創辦人之一。「如果遇到設計方面的問題，我會問，『史蒂夫（賈伯斯）會怎麼做？』但如果是策略或是企圖心的問題，我會問，『薩瑪會怎麼做？』」

奧特曼開始掌管 Y Combinator 之後，首要之務就是擴大規模，投資領域也更廣泛。他努力將訓練營變得更像是一家機構，並成立監督委員會，成員包括潔西卡·利文斯頓、奧特曼與其他七位 Y Combinator 校友。他將全職合夥人的人數提高為原本的兩倍，增加更多兼職合夥人，包括億萬富翁暨創投家提爾。

奧特曼從小就對先進科學很感興趣，他相信科學進步對於協助人類、建立財富而言至關重要，所以他一直努力引進更多致力於解決複雜科學與工程問題的「硬科技」新創公司。「這是我喜歡做的事。」他回憶：「我不介意為了追求我認為值得的事情而虧錢。我認為，我們必須解決人類面臨最大的挑戰，這件事很重要。雖然需要承擔巨大的風險，但是也會獲得相對應的潛在報酬。」

在此之前，獲得 Y Combinator 錄取的新創公司，主要是消費者應用程式開發商和企業軟體公司，理由是這些公司的營收途徑更容易被預測。但是奧特曼認為，這些公司無法改變世界。所以他說服自駕車新創公司克魯斯（Cruise）的創辦人、以及位於華盛頓雷蒙市的核融合新創公司海利恩能源（Helion Energy），也參加 Y Combinator 的育成計畫。

核融合指的是使用兩個較輕的原子核結合成較重的原子核，並且釋放能量的過程。太陽與恆星的能量便是來自核融合反應；電影《回到未來》（*Back to the Future*）中迪羅倫（DeLorean）時光機的電流電容器，以及東尼．史塔克（Tony Stark）鋼鐵人裝甲上的弧形反應爐，也是運用核融合反應來獲得動力。長期以來，核融合一直是科學家尋找乾淨能源解決方案的聖杯，但是距離實現目標還需要數十年的時間，目前大多數的核融合研究仍停留在理論與概念驗證階段。不過由四位學者創辦的海利恩能源公司表示，他們可以花費數千萬美元、而非數百億美元的成本，就能建造核融合反應爐，為未來人們擺脫石化燃料奠定基礎。

這聽起來似乎很瘋狂，但是奧特曼非常熱中於這種可以改變世界的偉大想法。多年來，他一直希望成立自己的核能公司，不過，現在他可以投資一家這樣的公司。

他知道自己與主流的科技創投背道而馳，後者主要投資採行傳統商業模式、擁有明確獲利途徑的軟體公司。但是他堅信，類似核融合的公司也能夠改善人類生活，同時又能創造可觀的獲利。「矽谷沒有投資這家公司，真是可恥。」他在某次與海利恩有關的採訪中說。

奧特曼展現出道德優越感並不奇怪，只不過，與其他科技巨頭的領導人相比，例如，更明確表達自己的目標是拯救人類的伊隆．馬斯克，奧特曼抱持的理念則有些不同。

「又是另一個行動應用程式？讓人想翻白眼。」奧特曼曾這樣說：「成立另一家火箭公司嗎？所有人都想去外太空。」

在矽谷，每個人都宣稱想要拯救世界。不過，奧特曼和馬斯克一樣，都將自己塑造成真正的科技救世主，認真看待自己的目標。多數科技創業家心知肚明，拯救人類只不過是針對大眾與員工的行銷手段，尤其如果他們的公司正在開發簡化電子郵件管理或是洗衣服務等小工具。但是，奧特曼正努力將 Y Combinator 社團轉型為規模更大、更嚴肅的創業家聯盟，能夠真正改變世界。雖然風險更大，卻吸引更多關注。

談到投資時，奧特曼就是那種雖然手中的牌看起來普通，但還是會押注大部分籌碼，讓牌桌上其他玩家心跳加速的撲克牌玩家。奧特曼將這種行為歸因於他的大腦缺乏某種迴路，讓他不介意他人的想法。所以，他能夠更精準的計算風險，大膽押注看似瘋狂的投資。

不過，奧特曼押注時，憑藉自身累積的財富以及身為創業大師的名聲，可免於遭受失敗的打擊。在矽谷，好的名聲比起任何豪宅或跑車更有價值。如果你像奧特曼一樣支持核融合公司，你獲得的聲望與實際營收一樣有價值。後來奧特曼將大部分資金轉向除了人工智慧之外更有企圖心的兩大目標：延長壽命與創造無限的能源。他投資兩家公司，其中在海利恩投入超過三・七五億美元；另外一・八億美元投入逆齡生物科學公司（Retro Biosciences），這家新創公司的目標是讓人類的平均壽命延長十年。

如果想知道奧特曼從哪裡取得投資資金，不要忘記他曾經投資克魯斯三百萬美元，後來克魯斯以十二・五億美元的價格賣給通用汽車（General Motors），這筆交易為奧特曼帶來巨額收入。他身為Y Combinator的最高領導人，也表示他比起其他創投家更有機會獲得可觀報酬，因為他能近距離觀察數百家經過嚴格篩選的公司，而且當時正處於史上最大的多頭市場之一。聽取這些新創公司的簡報，也能夠幫助他看清未來的趨勢。

就在奧特曼接掌 Y Combinator 的一年後，他幾乎已經確立身為矽谷新一代精神領袖的地位。他每星期收到四百個會議請求，如同磁鐵般吸引眾多投資人與創業家。大家都希望透過他接觸 Y Combinator 的其他創業家與合夥人，或者僅僅是為了與這位更有企圖心、想法更科幻的新一代保羅・格拉漢見面。在 blog.samaltman.com 網站，奧特曼開始針對明顯超出他專業領域的議題發表高論。他寫過關於幽浮與監管的文章，甚至提出建議，教導人們如何在晚宴上成為優秀的談話者。他表示，不要問對方在做什麼，應該要問對方對什麼事情感興趣。

格拉漢每星期都會與 Y Combinator 創辦人舉行「辦公室時間」，討論他們遇到的問題，提供簡潔有力的指導。他的建議多半遵循 Y Combinator 的創業座右銘：「創造人們想要的產品」。奧特曼與新創公司接觸時，都會引導他們設定更遠大的目標。當 Airbnb 的創辦人（當時只是為沙發客開發應用程式的一群年輕人）向奧特曼展示投資計畫時，奧特曼說，把簡報中所有的「百萬」改成「十億」。奧特曼張著一雙藍色大眼睛，目不轉睛的盯著他們，對他們說，要不你們對於自己的提案感到丟臉，要不就是我的數學不好。

奧特曼建議，新創公司必須全力以赴，做好每一件事，就像他一樣充滿幹勁。「要想成功，你對公司的投入程度必須達到近乎瘋狂的地步。」他對他們說。他在自己的部落格寫下，無論你用什麼數字來衡量成功，都一定要「再加一個零」。為了修復這個破碎的世界，創辦人必須對產品的品質有所堅持，努力不懈的尋找資源，解決難題，而且要能夠與團隊「過度溝通」。世界上根本不存在生活與工作平衡這回事。

追求人工智慧烏托邦

奧特曼說的話大部分都正確。人們來到矽谷是為了建立帝國，一星期只工作四十小時是無法建立帝國的。不過身為創業家，奧特曼真正的天賦在於，他有能力說服其他人相信他的權威。他總能贏得導師的讚賞，從以前的高中校長，到Y Combinator的格拉漢與利文斯頓，再到彼得．提爾，數千名創業者同樣對他讚譽有加。但是，奧特曼的內心也存在矛盾：他擁有天才般的聰明頭腦，想要保護這個世界；但是在情感上，卻與他想要拯救的一般群眾極度疏離。

部分原因可能與二〇〇六年那個炎熱的夏日有關。當時奧特曼穿著健身短褲，躺在地板上，因為一筆交易進展不順，覺得心煩氣躁。為了化解自己的焦慮，奧特曼開始冥想，他會閉上眼睛坐著，專注在自己的呼吸上，每次大約一小時。他後來提到，時間久了，他的自我意識愈來愈薄弱。

「透過冥想，我意識到，就算我可以透過任何方式找尋自我認同感，我還是完全找不到。」他在《成就的藝術》播客節目中說：「我聽說，花很多時間思考（強大的人工智慧）的人，也會以不同的方法得到相同的結論。」

正因為這層認知，多年後奧特曼與朋友健行時突然頓悟：有朝一日，電腦必定有能力複製我們的心智。電腦可能具備認知能力，總有一天人類會與電腦結合。

「研究人工智慧會讓你深入思考哲學問題。例如，當我的思維被上傳到電腦之後，會發生什麼事？」他補充：「當它們和我對話時，會發生什麼事？我想要與電腦結合嗎？我想要探索宇宙嗎？到那時候有多少是真正的我？」奧特曼並非獨自一人沉浸於這些科幻本能。他身邊的科技專家都相信，有一天或許能夠將自己的意識上傳到電腦伺服器，在那裡獲得永生。

死亡的想法讓奧特曼感到恐懼。他自稱是「末日準備狂」（prepper），他會花費大量時間與金錢，為應對全球性的災難事件做好準備。例如，合成病毒被釋放到世界各地，或是人類遭受人工智慧攻擊。奧特曼接受《紐約客》雜誌專訪時提到，他曾對一群創業者說：「我盡量不去想太多。不過，我有槍、黃金、碘化鉀、抗生素、電池、水、以色列國防軍的防毒面具；還有一大片大蘇爾的土地，我可以飛到那裡。」

他還支付一萬美元，加入奈克托姆（Nectome）的排隊名單。奈克托姆是Y Combinator育成的新創公司，它們運用高科技防腐流程來保存人類的大腦，以便未來可以將其上傳到雲端，然後由科學家轉換成電腦模擬。

隨著奧特曼投資愈來愈多探索遙遠未來的公司，此時的他似乎正在經歷「總觀效應」（overview effect），當太空人從外太空觀看地球時，也會經歷這種認知轉變，因此產生強烈的敬畏心與自我超越感。奧特曼愈來愈像是從外太空看待這個世界。當你與奧特曼對話時，會經常看到他露出深邃、探尋的目光，或是陷入沉思、停頓，彷彿他只是個冷眼旁觀的人，而不是積極參與的對話者。儘管他大力投資人類的未來，但是在心理與情感層面，仍持續將自己與其他人隔離。為了解決人類的問題，他說，必須保持「冷靜、謹慎與務實」。

奧特曼經常提到美國科幻作家馬克・斯蒂格勒（Marc Stiegler）創作的短篇故事〈溫柔的誘惑〉（The Gentle Seduction），主題是未來科技對於人類生活造成的影響。故事描述一位名叫麗莎（Lisa）的女性，經歷各種科技進步，這些科技進步不斷的「誘惑」她，將科技融入生活之中。在故事的結尾，麗莎和她的先生要將意識上傳到電腦，但這段過程有很高的風險，因為當人類心智與這台先進的機器結合之後，有可能會失去自我，所以麗莎必須仔細權衡利弊。她發現，某些試過的朋友最終「死亡」，或是迷失在數位虛無之中。接著，斯蒂格勒寫：「只有那些行事謹慎、無所畏懼的人，只有那些具備像她那樣深謀遠慮本質的人，才能生存下來。」

奧特曼被這句話深深打動，日後他經常向其他人複述這句話。斯蒂格勒的意思是，如果人類希望與電腦結合之後繼續生存下去，就必須調整心態，同時保持謹慎與勇氣。如果你能小心謹慎，保持冷靜，理性評估各種危險，而不是情緒化的做出回應，陷入恐慌，在未來更有機會生存下去。未來能夠成功的人，必須對科技進步採取超然且明智的態度。

部分科技專家過度擔憂人工智慧未來可能造成的潛在危險，這些擔憂屬於新興研究領域「人工智慧安全」的一部分。雖然這類研究很重要，但是某些恐慌已經變成危言聳聽，這群強調維護人類利益的倡導者似乎被情緒左右。「不幸的是，某些參與人工智慧安全研究的社群，正好是最不冷靜的一群人。」奧特曼說：「這種情況相當危險……這是一個很容易神經緊張的社群。」不過，他也意識到：「我真的很想研究通用人工智慧。」

通用人工智慧一詞出自肖恩・萊格（Shane Legg）。不過，早在幾十年前，就有人提到要創造接近人類智慧的機器，有部分構想源於科幻小說提出的觀點。在過去，通用人工智慧的想法曾被視為「瘋狂言論」，迫使DeepMind共同創辦人只得在一家義大利餐廳裡祕密討論他們的計畫，但是現在通用人工智慧已經逐漸轉為嚴肅的科學目標。

這個世界也需要有人以更平衡的方式開發人工智慧。當斯蒂格勒提到「基本形式的謹慎態度」時，奧特曼認為，指的就是他感性的一面：擁有智慧，能夠駕馭複雜且具有潛在危險的未來，而且「行事謹慎、無所畏懼」。他就像是守望者，站在高樓邊緣，隨時保持警惕，目光緊盯即將到來的人工智慧烏托邦世界，但不太關注底下喧鬧的生活。到後來，他過度沉溺於自己的使命與自信之中，完全沒有意識到，他將自己描繪成態度謹慎的人其實有些諷刺。他身為創業家，卻有強烈競爭意識，急著搶在Google等其他科技公司之前率先推出人工智慧系統。奧特曼默默的開始執著於搶占第一。

這也是為什麼，如果沒有人率先提出建立人工智慧烏托邦的想法，奧特曼可能不會因此被激勵，進而採取建立人工智慧烏托邦的行動。這位矽谷創業家需要一個競爭對手，才能激發他的動力，那個人就位在大西洋對岸的英國。一位才華洋溢的年輕遊戲設計師開發足夠強大的軟體，協助人類取得重大的科學發現，甚至是揭開上帝的奧祕。

第四章

哈薩比斯：開發更聰明的大腦

哈薩比斯關閉伊利克斯爾工作室之後，成為另一位因為夢想過於大膽而失敗的科技創業家。這段經歷雖然痛苦，但是他依舊認為，自己擁有其他多數創業家與人類所缺乏的獨特東西，也就是他的大腦。哈薩比斯竭盡全力保護頭顱內的灰質，不但玩遊戲鍛鍊腦力，也避免飲酒，以保護大腦。他的臉書大頭貼就是一張腦部核磁共振的影像。哈薩比斯不禁為大腦的複雜度感到驚嘆。

投身神經科學研究

就在伊利克斯爾結束營運之後幾年裡，他開始思考，若要創造與人類一樣聰明的軟體，成功的關鍵是否就是人類大腦。畢竟，它是宇宙中唯一能證明通用智慧存在的證據，因此有必要深入理解大腦。究竟純粹是物理生物學的問題，還是牽涉到其他領域呢？答案就在神經科學。

哈薩比斯渴望從確定性得到安全感。例如，遊戲的勝負結果、基督教提供關於是非的道德準則，或是高中時讀到關於宇宙單一框架的追求。當你可以用數字或規則衡量某件事，這正是他最擅長做的事。「大腦的大多數功能，都可以透過某種方式利用電腦進行模擬。」他後來在接受媒體採訪時表示：「神經科學告訴你，可以運用機械語言描述大腦。」換句話說，大腦驚人的複雜性可以被簡化為數字與數據，而且可以運用描述機器的方式描述大腦。

哈薩比斯從艾倫・圖靈（Alan Turing）身上得到靈感。這位二十世紀的英國電腦科學家，在一九三六年提出圖靈機器的概念，基本上這是一項思考實驗，這台「機器」只存在於圖靈的腦中。他設想，有一條無限長的磁帶，被分割成許多格，另外還有一個磁頭，它會根據特定規則讀寫磁帶上的符號，直到收到停止的指令。這個想法聽起來有些粗淺，但在理論上仍具有一定的重要性。這個想法促成一個概念：電腦可以利用演算法或特定規則執行任務。如果擁有足夠的時間與資源，圖靈機器可以像今天任何一台數位電腦一樣強大。對於哈薩比斯而言，它是人類大腦的完美代理人。「**人類大腦就是一台圖靈機器**。」他說。

二〇〇五年，也就是伊利克斯爾結束營運的幾個月後，哈薩比斯進入倫敦大學學院

（University College London），攻讀神經科學博士學位。根據其他電腦科學家的說法，雖然他最終完成的論文篇幅較短，但是科學論述嚴謹。論文主題與記憶有關。在此之前，人們認為大腦的海馬迴主要負責處理記憶，但是哈薩比斯證明（在他的論文中引用其他核磁共振研究的資料），人類在想像時也會激發海馬迴運作。

簡單來說，當我們回憶時，有一部分其實是想像。大腦並非像是從檔案櫃中取出文件那樣「重播」過去的事件，而是像繪畫一樣主動重新建構那些事件。大腦實際上參與更動態、更有創造力的活動，某個程度上來說，正好解釋為何記憶有時候會完全出錯，而且會被其他經驗影響。哈薩比斯認為，大腦在執行其他類型的任務時，例如，思考如何使用導航地圖或是制定計畫時，也是採取這種「場景建構」（scene construction）的方式。

「通用人工智慧」的誕生

一家權威性的同行審查期刊評選哈薩比斯的論文為該年度最重要的科學突破之一；但是，哈薩比斯並不想待在學術界。許多學者渴望取得諾貝爾獎等級的科學突破，他們耗費大半人生撰寫提案，爭取補助，但即使某個研究案幸運獲得補助，多數大學也缺乏足夠的運算能力。如果要進行先進的機器學習研究，就需要使用全球最強大的電腦。這些電腦和最頂尖的人才，大多只能在大型科技公司中找到。如果哈薩比斯想要集結大量腦力，打造現代版的曼哈頓計畫，就必須創辦一家公司。

最初藍圖是哈薩比斯與肖恩・萊格、穆斯塔法・蘇萊曼（Mustafa Suleyman）一起吃午餐聊天時成形的。萊格是少見的人工智慧愛好者，他對於人工智慧未來的看法，幾乎讓哈薩比斯的觀點相形見絀。萊格寫過一篇博士論文，主題是關於「機器超級智慧」。當時他的指導教授就建議，之後要找哈薩比斯談一談。

「我找到志同道合的靈魂。」哈薩比斯回憶：「肖恩是能獨立歸納出這種結論的人，他認為這將是有史以來最重要的一件事。」

萊格提出的觀點已經在關係緊密的「奇點」[1]社群引起轟動。這一群研究人員相信，在未來某個理論時間點，科技發展會非常先進，最終人類無力阻止與控制。最明顯的徵兆就是電腦變得比人類聰明。萊格相信，這件事會在二〇三〇年左右發生。

萊格投入先進科學研究的歷程有些特別。他在紐西蘭長大，九歲時因為在學校適應不良，父母帶他去拜訪一位教育心理學家。這位心理學家讓萊格接受智力測驗，然後有些惱火的告訴他的父母，萊格雖然有閱讀障礙，但是他的智力超乎常人。後來萊格學會使用鍵盤，在校成績突飛猛進，成為數學與電腦程式設計高手。

萊格身材高大，有些駝背，留著一頭超短髮。二十七歲那年某一天，他走進一家書店，看到雷・科茲威爾（Ray Kurzweil）所寫的《心靈機器時代》（*The Age of Spiritual Machines*），這本書預測未來電腦會發展出自由意志，而且擁有情感與精神體驗。

他從頭到尾讀完整本書，反覆推敲科茲威爾的論述，重新思考自己預測強大的人工智慧將會在二〇二〇年代後期出現的說法。電腦運算與數據資料開始呈現爆炸性成長。只要這種趨勢持續發展下去，終有一天電腦會超越人類。這與支撐整個科技業的重要原則有關，也就是摩爾定律（Moore's Law）指出，微晶片上的電晶體數量每兩年會增加一倍，這個預測在過去五十年一直成立[2]。

二〇〇〇年，萊格拜讀科茲威爾的著作，當時網路泡沫的塵埃未定，所以多數人很難相信，電腦的能力會繼續每年增加一倍。但是萊格認為，網路會持續成長。

「各種感測器的成本顯然會降低，所以你可以取得更多數據來訓練模型。」他說。

1 編注：在這個假定的未來時間點，人工智慧將達到甚至超越人類的智慧。

2 編注：英特爾創辦人高登・摩爾（Gordon Earle Moore）指出，電腦的運算速度每隔兩年會變成兩倍；英特爾前執行長大衛・豪斯（David House）則提出十八個月就兩倍的說法。

只要擁有足夠運算力與數據，就能訓練機器變得愈來愈聰明。後來，萊格攻讀人工智慧博士學位，在該領域建立廣泛人脈。某天，奇點的信仰者、人工智慧科學家、留著一頭嬉皮長髮的班・格策爾（Ben Goertzel），寫信給萊格與其他幾位科學家，請大家幫忙想書名。這個書名要能描述具有人類能力的人工智慧。萊格回信建議使用某個詞彙，這個詞彙後來不僅成為哈薩比斯的研究重點，未來更是各大科技巨頭的開發重心，也就是「通用人工智慧」。

多年來，哈薩比斯、萊格與其他探索人工智慧的科學家，會使用「強人工智慧」（strong AI）或「適當的人工智慧」（proper AI）等說法，指稱擁有類似人類智慧的未來人工智慧。**但是「通用」一詞凸顯一個重點：**人類大腦很特別，它可以完成各種不同任務，從計算數字到剝橘子皮，再到寫詩。機器也可以透過程式設計成功執行這些任務，但是沒有任何機器有能力同時執行所有任務。如果一台電腦不僅要能計算，還要能預測、辨識圖像、聊天、生成文本、規劃與想像，等於是相當接近人類。

當時多數的人工智慧科學家並不認為人工智慧能夠到達人類的水準，部分原因是，他們親身經歷人工智慧發展的炒作熱潮與失敗。人們原本對於人工智慧的未來可能性抱持極大期望，隨後又陷入失望。人工智慧的發展經歷多次繁榮與衰退，也就是「寒冬」，在這些低谷期，研究人員眼看資金逐漸減少、科技進展緩慢，痛苦不已。在一九九〇與二〇〇〇年代初期，研究人員成功運用機器學習技術，讓機器執行臉部或語言辨識等狹義型任務（narrow task）。但是在二〇〇九年哈薩比斯取得博士學位之前，幾乎沒有人相信，**機器可以擁有通用智慧**。如果有人提出這個想法，必定會被全場的人嘲笑。在當時，這是非常邊緣的冷門理論。

幸運的是，格策爾屬於邊緣人物，雖然「通用人工智慧」這個詞彙不夠琅琅上口，但是他非常喜歡，並且用在自己的書名上，促使這個詞彙變得普及，也助長通用人工智慧的發展熱潮。

最終，語言和科學術語在人工智慧發展的過程中發揮關鍵的作用，激發人們的興趣，有時甚至到了瘋狂的地步。**「人工智慧」**一詞最早出現在一九五六年達特茅斯學院舉辦的工作坊，這次工作坊的主要目的是彙總「思考機器」（thinking machine）的想法。當時這個新領域還有其他不同名稱，**例如：模控學**（cybernetics）、**複合資訊處理**（complex information processing）**等**，但後來人工智慧的說法一直被沿用下來，不但成為有史以來最成功的行銷術語，還衍生出一系列將機器擬人化的新術語，這些術語深植於我們的集體意識之中，而且往往賦予機器超出其實際能力的特性。例如，暗示機器有能力「思考」

或「學習」，嚴格來說並不精確，但像是**神經網路**（neural network）、**深度學習**（deep learning）**、或訓練**（training）等說法，會讓人們誤以為具備類似人類的特質，即使這些特質只是**間接受到人腦的啟發**。不過，當時大家唯一的共識是，萊格提出的「通用人工智慧」還不存在。

另一個相信通用人工智慧的人是穆斯塔法．蘇萊曼。這位二十五歲的牛津大學輟學生，正在努力研究如何利用科技改變世界。他頭腦精明，但是他的專業領域是政策與哲學，而不是電腦科學。他的父親是敘利亞人、母親是英國人。從小他就具有解決問題的強烈動力，而且不是要解決生活中的小問題，像是修理故障的汽車或是讓某個人的膝蓋康復；他想要解決的是影響全人類的重大議題，例如：貧窮或氣候變遷。

當時他和朋友合夥創辦一家專門協助解決衝突的公司，但是後來他對神經科學研究非常感興趣。哈薩比斯邀請他參加倫敦大學學院舉辦的資訊交流午餐會，他與蘇萊曼早已熟識多年。蘇萊曼在北倫敦長大，是哈薩比斯弟弟喬治的朋友，青少年時期蘇萊曼就經常到哈薩比斯家作客。他們三人在二十多歲時曾經一起前往拉斯維加斯，參加撲克牌錦標賽，相互指導、分享獎金。

當蘇萊曼再次見到哈薩比斯時，得知哈薩比斯期望打造強大的人工智慧來解決問題，相當震撼。萊格堅信通用人工智慧可以解決任何問題，哈薩比斯深受感動，他為人工智慧可能解決社會問題的前景興奮不已。

後來他們在大學附近的義大利連鎖餐廳卡路奇歐（Carluccio's）碰面，主要是為了保密。「我們不希望有人聽到我們討論如何開發通用人工智慧的瘋狂言論。」萊格說。

哈薩比斯說服他們，讓萊格相信他們不太可能在學術機構開發通用人工智慧。「等他們給我們資源去做我們想做的事情時，我們已經是五十多歲的教授。」哈薩比斯說：「我知道如何經營一家公司。」

為了取得必要的規模與資源，他們必須自行創業。蘇萊曼曾經與人合夥開公司，所以他對於企業經營略知一二；哈薩比斯也是。二〇一〇年，Google 與臉書等科技巨頭擁有最大的影響力，因此三人合理的認為，成立一家科技公司最有可能成功模擬世界的複雜性。他們擬定雄心勃勃的計畫，成立一家研究公司，努力打造史上最強大的人工智慧，然後運用人工智慧解決全球問題。

解決「智慧問題」的公司

他們將公司取名為 DeepMind，推舉哈薩比斯擔任執行長，還立即雇用一位曾在伊利克斯爾為哈薩比斯工作過的頂尖程式設計師。他們在哈薩比斯攻讀博士學位的倫敦大學學院對面，租下一間閣樓當成辦公室。三人因為相信共同的使命而充滿幹勁，不過，動機略有不同。萊格所處的圈子期望盡可能的讓更多人與通用人工智慧結合；蘇萊曼的目的是想解決社會問題；哈薩比斯則是希望發現宇宙的基本原理，名垂青史。

不久之後，他們針對不同的目標開始進行辯論。蘇萊曼很希望哈薩比斯去讀一本書，因為這本書塑造他個人的世界觀。書名是《才智缺口》（*The Ingenuity Gap*），二〇〇〇年出版，作者是加拿大學者托馬斯・荷馬・狄克森（Thomas Homer-Dixon）；他認為，從氣候變遷到政治動盪，現代問題的外部複雜性超出人類思考解決方案的能力，因而造成才智缺口，如果人類想要彌補這個缺口，就必須在科技等領域創新。蘇萊曼認為，人工智慧正好可以發揮作用。

但是哈薩比斯不認同這種觀點。根據當時哈薩比斯對蘇萊曼說：「你是見樹不見林。」哈薩比斯似乎認為，蘇萊曼對於人工智慧的看法太過狹隘，過度專注於現在。他相信，通用人工智慧更適合用來協助DeepMind理解人類的起源與生命目的。例如，哈薩比斯認為，氣候變遷是人類的宿命，地球可能無法承載所有人走向長遠的未來；試圖解決當下的問題，就像是在邊緣打轉，因為這類事件是不可避免的。他不相信超級智慧機器會失控或殺害人類，但是已經有人開始擔心會發生這種結果；他反倒認為，一旦成功開發通用人工智慧，就能解決最深層的問題。

哈薩比斯將上述觀點總結為DeepMind的企業標語：解決智慧問題，再用智慧解決其他所有問題。

然而，蘇萊曼不認同這樣的觀點。某天他趁著哈薩比斯不在，告訴其中一位早期加入DeepMind的員工，要求他修改投影片裡的標語。最後改成：解決智慧問題，運用智慧讓世界變得更美好。

哈薩比斯不喜歡這種說法。哈薩比斯回公司後，再度要求那位同事改回來，標語又變成「運用智慧解決其他所有事情」。兩人利用員工對於公司的使命爭辯不休，這樣做最符合英國人避免正面衝突的行事方式。

蘇萊曼希望以奧特曼最終採行的做法開發通用人工智慧，也就是將其推向全世界，立即提供給各地的人們使用。然後，從真實世界獲得回饋意見，並持續改進，這種做法比起閉門造車、試圖打造完美的系統還要好。但是哈薩比斯希望DeepMind的運作有明確目標，就和下棋一樣。最終的報酬不僅是解決現實世界的問題，還包括解開困擾世世代代人類的謎團：人類存在的目的是什麼？我們是否源自某個神聖的存在？

當被問到是否相信上帝時，哈薩比斯的答覆有些含糊其詞。「我的確感覺宇宙存在某種神祕力量。」他說：「但我不會說它就像是傳統定義的上帝。」他認為，愛因斯坦（Albert Einstein）相信「史賓諾沙（Baruch Spinoza）所說的上帝。或許我也會給出類似的答案」。

史賓諾沙是十七世紀哲學家，他認為上帝其實就是大自然以及一切存在的事物，而不是獨立的存在。這是一種泛神論觀點。「史賓諾沙認為，大自然就是神的具體化身。」哈薩比斯指出：「研究科學的目的就是在探索這個奧祕。」

如果按照史賓諾沙的觀點，神就等同於自然法則，那麼打造通用人工智慧，可能會變成類似於發現神聖起源的精神體驗或是準宗教體驗。這樣的說法並不荒謬。當你使用人工智慧探索這些法則、理解宇宙，理論上就能解開造物者的謎團。人工智慧有能力分析龐大數據，可以研究宇宙中最複雜的系統，從量子力學到宇宙現象等，並深入挖掘存在本質的複雜特性。我們可以運用人工智慧建立模擬系統，模仿宇宙的複雜性，揭露模擬系統與宇宙運作的相似之處。

如果通用人工智慧的研究歸納出以下結論：我們的宇宙就是一個模擬遊戲，如同科茲威爾本人提出的理論，最初的程式設計師就是像神一般的存在。同樣的，如果人類創造一台強大的機器，可以獲取與分析關於物理學與宇宙所有可用的資訊，這台機器也可能會提出新理論，暗示有某個更高層的力量存在。它或許有能力回答指向某個神聖實體的深層存在主義問題。當人工智慧具備更強大的能力與智力，就能透過無數種方式，解開人類最深層的祕密。

哈薩比斯的宗教背景讓他更能夠接受人工智慧先知的說法。二〇二三年維吉尼亞大學（University of Virginia）進行一項研究，總共有來自二十一個國家、超過五萬人參與。結果顯示，相信上帝或是比一般人更常思考上帝的人，更有可能相信類似 ChatGPT 等人工智慧系統提出的建議。研究人員表示，這些人之所以更能夠接受人工智慧的指引，原因是他們擁有更強的謙卑感，而且能夠迅速看出人類的缺失。

哈薩比斯的腦海經常會浮現關於人類起源的問題，有時他會和 DeepMind 的早期員工談論上帝。曾和哈薩比斯共事過或是與他有私交的人提到，多年來他一直是虔誠的基督徒；其中有人表示，哈薩比斯之所以開發通用人工智慧，主要原因是為了發現上帝。

「我們經常討論關於上帝的問題。」在哈薩比斯創辦 DeepMind 時曾與他共事的一名同事說：「我們是不是可以打造一台能夠進行反向推論、理解宇宙的機器？通用人工智慧能夠幫助我們洞悉我們來自何處、以及什麼是上帝等問題。」哈薩比斯也相信，他正在推動現代版的曼哈頓計畫。據兩名前DeepMind員工透露，哈薩比斯讀完《原子彈祕史》（*The Making of the Atomic Bomb*）之後深受啟發，他認為應該比照羅伯特・奧本海默（Robert Oppenheimer）的做法，打造DeepMind團隊；也就是讓不同的科學家組隊，專注研究某個重大問題的不同面向。

但是，要取得真正有企圖心的科學發現，哈薩比斯還需要更多的資金，讓DeepMind持續成長。不幸的是，英國投資人只願提供兩萬或五萬英鎊的微薄資金，以取得哈薩比斯的新創公司股權。這個數目不足以支付開發通用人工智慧所需的人力費用，更別說還需要強大的電腦運算力。此外，哈薩比斯想要打造全球最強大的人工智慧系統的創業理念，在保守的英國似乎顯得過於異想天開、太有野心。在英國，新創公司多半會追求能夠迅速賺錢的「合理」創業理念，例如：開發可用來進行股票與債券交易的財務管理應用程式。哈薩比斯和他的共同創辦人別無選擇，只能轉向矽谷，因為那裡的投資人願意投入更可觀的資金給更具有未來性的想法。

幸運的是，萊格剛好有機會前往矽谷。他受邀在二〇一〇年六月的奇點高峰會上發表演講，這是由科茲威爾（也就是萊格年輕時非常喜愛的那位作家）與彼得・提爾（喜歡將資金投入開創性新技術的億萬富豪投資人）共同舉辦的年度研討會。這場研討會匯集許多想法特立獨行的人工智慧科學家，共同談論科技具備的可怕力量與風險。提爾率先為這場研討會定調。他是理想主義者，他不認為奇點，也就是人工智慧將不可逆轉的改變人類的那個時刻到來會出現什麼問題；情況正好相反。他擔心的是，人類必須耗費相當長的時間才能達到奇點，但是全球需要強大的人工智慧來抵抗經濟衰退。

提爾財力雄厚，又熱愛有企圖心的投資計畫，可以說是投資DeepMind的最佳人選。「我們需要有人足夠瘋狂，願意投資通用人工智慧公司。」萊格回憶：「我們需要有人擁有足夠資源，不在乎投資幾百萬，而且熱愛超級有野心的研究。他們還必須勇於唱反調，因為每一位（與哈薩比斯）交談過的教授都會告訴他：『絕對不要想都沒想就去做這件事。』」

提爾確實勇於唱反調。雖然矽谷充滿各種打破傳統的思想家，但是提爾的看法經常與矽谷的其他人背道而馳。多數矽谷人投票支持自由派，提爾卻支持右派，成為美國總統川普的重要捐款人之一。多數創業家相信競爭可以驅動創新，提爾卻在《從〇到一》（*Zero to One*）書中指出，獨占企業更能夠推動創新。他鄙視傳統的成功路徑，鼓勵聰明、有創業精神的孩子從大學休學，參加他成立的提爾獎學金計畫（Thiel Fellowship）。他對於長壽與奇點抱有異於常人的執著，正好符合DeepMind創辦人追求的「瘋狂」標準。

三位創辦人決定在奇點高峰會上向提爾提案。這場研討會是由提爾贊助舉辦的，所以他們認為，他一定會坐在前排。萊格還詢問高峰會的主辦人員，能否讓他跟哈薩比斯一起上台，這樣提爾就能直接聽到前西洋棋冠軍侃侃而談如何以人腦為靈感開發通用人工智慧。

高峰會的地點位在舊金山的一家飯店。當天哈薩比斯穿著酒紅色的毛衣、黑色休閒褲。當他走上講台時，忍不住全身顫抖，因為這是攸關新公司生死的關鍵時刻。但他看著台下幾百名觀眾，卻發現提爾並沒有坐在前排，他甚至根本不在觀眾席裡。

三位共同創辦人頓時以為他們就此錯失機會。幸好，後來萊格獲得獨家邀請，參加提爾在灣區豪宅舉辦的派對。當時哈薩比斯已經知道，提爾很喜歡下西洋棋。提爾曾經是全美十三歲以下最頂尖的西洋棋選手之一，他與哈薩比斯有共同點，這是激發對方興趣的大好機會。根據哈薩比斯多次與媒體分享的說法，哈薩比斯在派對上與提爾攀談，然後不經意的帶到西洋棋的話題。

「我想西洋棋之所以能夠成功傳承這麼多世代，其中一個原因就是騎士與主教之間的完美平衡。」哈薩比斯趁服務生分發小點心時一邊對提爾說：「我認為這種平衡形成所有創造性的不對稱張力（asymmetric tension）。」[3]

哈薩比斯成功激起提爾的興趣。「不如你明天再來正式提案？」他說。這趟旅行最終成功達成目標。提爾投資一百四十萬英鎊以幫助 DeepMind 達到奇點。

AI危險嗎？

當哈薩比斯試圖募集更多資金來發展他的人工智慧事業，卻面臨對創業家來說相當尷尬的局面。他的第一批投資人之所以支持他，不一定是為了賺錢，而是他們對於人工智慧懷抱某種近乎道德的信念。這也表示他在經營公司時將面臨更複雜的壓力：不僅要賺錢，還要以符合各種教條的方式開發人工智慧。

在當時，某種信仰體系正逐漸盛行。某些人認為，人類必須高度謹慎的開發人工智慧，避免人工智慧脫離人類掌控，試圖摧毀它的創造者。另一位富有的贊助人正有此擔憂，他的想法雖然與提爾恰好相反，但是他也想投資 DeepMind。哈薩比斯前往牛津大學

3 編注：西洋棋中的騎士和主教兩個棋子的移動方式截然不同，騎士是日字形移動，主教則是沿對角線移動，可創造出局勢上的多樣性和複雜性，因此產生許多戰略上的可能性與挑戰，促進玩家的創造性思考。

參加「智慧之冬」（Winter Intelligence）研討會時，曾與這位贊助人碰面。在電腦科學研究領域，這場研討會算是相當冷門，與會者多半是該領域最激進的思想家，演講內容主要是控制「超智慧」人工智慧可能面臨的種種挑戰。哈薩比斯結束演講後不久，一位留金色短髮、說話帶北歐口音的男子走向他。

「嗨。」那個人走向哈薩比斯，伸出手來：「我是Skype的雅安。」

雅安・塔林（Jaan Tallinn）來自愛沙尼亞，是電腦程式設計師，開發支援Kazaa的點對點技術；Kazaa是二〇〇〇年代初期用於盜版音樂與電影的早期檔案共享服務之一。他重新將這項技術應用在Skype平台上，取得這家提供免費通話服務的公司股權。二〇〇五年eBay以二十五億美元的價格收購Skype，塔林因此獲得一筆巨額財富。現在他將部分資金投資於其他新創公司，當他聽到哈薩比斯的演講時，立即產生興趣。就在不久前，他開始熱切關注強大的人工智慧可能引發的危險。

兩年前的二〇〇九年春天，塔林發現人工智慧可能有些缺失，當時他正在閱讀LessWrong網站刊登的論文。這個線上論壇多半由軟體工程師組成關係緊密的社群，他們擔心人工智慧會威脅人類的生存。他們的導師、論壇創辦人是名叫艾利澤・尤德考斯基（Eliezer Yudkowsky）的自由意志主義者，臉上蓄著鬍鬚。他雖然高中沒畢業，但是能力超群，透過自學方式學習人工智慧研究與哲學的基礎知識。他撰寫的文章深深吸引網站成員。尤德考斯基就是奧特曼口中所說「神經緊張」的人工智慧安全社群成員，因為尤德考斯基相信，人工智慧毀滅人類的可能性比任何人意識到的都還要高。

舉例來說，當人工智慧的智力達到一定程度，就可以策略性的隱藏自己的能力，直到人類來不及控制它的行為。接下來，它就可以操弄金融市場、控制通訊網路，或是癱瘓電網等重要基礎設施。尤德考斯基指出，開發人工智慧的人通常不知道自己正在一步步將世界推向毀滅。

塔林發現，論壇上某些文章讓他坐立難安。當時他剛讀完羅傑・潘洛斯（Roger Penrose）所寫的《意識的陰影》（*Shadows of the Mind*），正在認真思索書中的結論。這位知名的物理學家與數學家在書中提到，人類的心智可以執行電腦無法完成的任務。哈薩比斯與其他人認為，人類大腦是「機械化的」，可以為開發人工智慧提供有用的靈感，但是這種觀點根本站不住腳。因為人腦是獨一無二的，幾乎無法被複製。

不過，塔林對於這個結論有些不安。如果你**可以開發**有能力模擬人類心智的人工智慧，結果會如何？豈不意謂著，我們正在創造某種具有潛在危險的東西嗎？這位Skype創辦人想要更深入了解尤德考斯基的想法，他迅速列出一份問題清單，試圖找出這種悲觀論調的漏洞。要弄清楚這樣的說法是否屬實，最好的辦法就是親自與LessWrong創辦人碰面。

幸運的是，塔林正計劃飛到舊金山參加會議，所以他寄一封電子郵件給尤德考斯基，詢問他是否願意當面聊一聊，尤德考斯基回信說可以一起喝杯咖啡。他們在密爾布瑞市區的一家咖啡店碰面，距離舊金山國際機場只有幾分鐘車程。塔林逐一提出他的問題：如果人工智慧有潛在危險，為何我們不能在虛擬機器上打造人工智慧，讓它與其他電腦系統隔開？這樣必定可以阻止人工智慧滲透我們的實體基礎設施、關閉電網或是操縱金融市場。

尤德考斯基立即提出回應。「實際上並不是真正虛擬的。」他一邊喝飲料一邊解釋，電子可以朝向不同方向流動，也就是說，強大的人工智慧系統總是有辦法接觸與改變硬體配置。

尤德考斯基的說法正好證實塔林的擔憂。他心想，未來有一天，人工智慧可以發展自己的基礎設施與自己的電腦底層結構。在那之後會出現各種讓人心生恐懼的可能性。

「它可以改造地球，進行地球工程，甚至是改造太陽。」塔林指出，當科學家辯解人工智慧只是數學，沒有必要害怕時，他喜歡拿老虎來比喻。「你可以說，老虎只是一堆生化反應，沒有必要害怕。」但是，老虎也是由許多原子與細胞組成的，如果不加以控制，就會造成嚴重傷害；同樣的，人工智慧或許只是由高等數學與電腦程式組成，但是如果用錯誤的方式組合，就會變得極其危險。

就在塔林前往牛津大學參加研討會、聆聽哈薩比斯演講兩年後，他開始認同人工智慧末日論的說法。自從那次在咖啡店聊過之後，塔林就非常認真的閱讀尤德考斯基的文章，深入鑽研新的研究領域「人工智慧對齊」（AI alignment）；有一群科學家與哲學家正在思考讓人工智慧系統與人類目標一致、對齊的最有效做法。

「我已經被對齊理念洗腦。」塔林回憶。尤德考斯基曾經描繪未來人工智慧可能出現的更極端情境，現在他相信那是真的。

與哈薩比斯初步閒聊之後，塔林想知道，哈薩比斯是否願意與他更密切的合作。「你想找個時間開 Skype 會議嗎？」他詢問這位英國創業家。

後來哈薩比斯與這位愛沙尼亞富豪再次會談，最終塔林與提爾一起成為 DeepMind 的早期投資人。塔林的目標不只是賺錢，最主要的目的是監督哈薩比斯的開發進度，確保他不會無意中創造出可怕的、失控的人工智慧。塔林將自己視為尤德考斯基思想的傳道者，他想利用自己身為資本雄厚的投資人信譽，協助將尤德考斯基的警告傳達給最有發展前途的人工智慧開發者。

「艾利澤（尤德考斯基）是自學成才的，除了他的小圈圈之外沒有什麼影響力。」塔林解釋：「但我想，我可以開始向那些不會聽艾利澤、但是會聽我說話的人，推銷這些觀點。」

塔林成為DeepMind投資人之後，就不斷要求關注安全問題。他知道哈薩比斯不像他那樣擔憂人工智慧的末日風險，所以他向公司施壓，要求組織一支團隊，研究各種人工智慧設計方法，確保人工智慧與人類價值觀一致，防止人工智慧失控。

巧遇馬斯克

就在此時，DeepMind即將獲得另一位資本更雄厚的投資人青睞，這位投資人也希望引導DeepMind朝更安全的方向發展。在矽谷地區，有傳言指出，提爾投資一家神祕、但非常有發展前景的英國新創公司，這家位於倫敦的公司正試圖開發通用人工智慧。某些矽谷科技富翁聽到這則傳言，其中一人就是伊隆．馬斯克。二〇一二年，也就是哈薩比斯與其他人共同創辦DeepMind兩年後，他前往加州參加由提爾主辦的私人研討會，在那裡巧遇馬斯克。

「我們當下聊得很投機。」哈薩比斯知道，這會是募集更多資金、擴大DeepMind研究規模的好時機，而且他真的很想看看馬斯克的火箭公司。當時，在外界眼中馬斯克就是一位特立獨行的富豪，他創辦 SpaceX，努力把人類送上火星。哈薩比斯安排在 SpaceX 洛杉磯總部與馬斯克會面。

後來兩人在公司餐廳面對面，周圍全是火箭零件。他們開始爭論誰的計畫最具有歷史意義：究竟是星際殖民，還是開發超級人工智慧。

《浮華世界》（*Vanity Fair*）刊過一篇文章，描述兩人會面的情形。「如果人工智慧失控，人類必須有能力逃到火星。」馬斯克說。

「我認為人工智慧會跟隨所有人到火星。」哈薩比斯回答，而且覺得兩人的對話很有趣。馬斯克卻不這麼認為。塔林深受尤德考斯基的網站文章的影響，馬斯克則是受到另一個人的影響，那個人是牛津大學哲學家尼克．伯斯特隆姆（Nick Bostrom）。

伯斯特隆姆曾出版《超智慧》（*Superintelligence*）一書，後來在人工智慧與尖端科技研究社群引發不小轟動。伯斯特隆姆在書中警告，開發「通用」或是強大的人工智慧，有可能對人類造成災難性後果，但是他又指出，人工智慧不一定是因為惡意或是渴望權力才毀滅人類。它或許只是想要做好自己的工作。舉例來說，如果它被賦予一項任務，盡可能製造更多的迴紋針，它可能會自己決定，將所有地球上的資源、甚至是人類，全部轉化成迴紋針，因為這是達成目標最有效的方法。人工智慧社群利用他舉出的這個案例，創造一句標語：我們必須避免「被迴紋針化」（paper-clipped）。

馬斯克後來也跟進投資DeepMind。哈薩比斯終於獲得一定程度的財務保障，即使資金並不多。他依然在追求一項高度實驗性的研究計畫，這項計畫實在太瘋狂，即使是全球最有錢的富豪，也不願意投入太多錢押注他成功，更何況這項投資附帶意識型態的限制。塔林與馬斯克抱持強烈的質疑與警惕心看待DeepMind的研究，這在投資人之中相當少見。他們當然希望DeepMind在財務上獲得成功，但是又不希望DeepMind發展太快速，或是導致人類陷入危險。因此，哈薩比斯陷入相當尷尬的局面。他很感謝塔林與馬斯克提供資金，但是他不相信兩人擔憂的末日場景會發生。

不過事實證明，哈薩比斯的財務安全感沒能維持太久。哈薩比斯與蘇萊曼想方設法募集到足夠的資金，才能支付全球最頂尖人工智慧人才的薪資。他們雖然想到一些創造營收的管道，但是看起來像是急病亂投醫。例如，他們曾經試圖架設網站，利用深度學習（DeepMind早期開發的機器學習技術）提供時尚指導與服飾穿搭建議。後來哈薩比斯要求先前在伊利克斯爾擔任他的屬下、現在任職於DeepMind的員工，設計一款電玩遊戲。據前DeepMind員工透露，這些工程師一起合作開發一款太空冒險遊戲，玩家要控制一群太空組員搭乘火箭，競速飛往月球。正當他們準備將遊戲上架到 iPhone 應用程式商店時，哈薩比斯獲得一個新機會可以得到他所需的資金，讓通用人工智慧成為現實。這次是來自臉書的提議。

臉書試圖收購

當時，臉書創辦人馬克．祖克柏（Mark Zuckerberg）正在大舉收購公司。大約一年前，他以十億美元的價格收購Instagram，這筆交易後來被視為是整合社群媒體的一招妙計。過幾個月後，他又支付令人咋舌的一百九十億美元給 WhatsApp 創辦人。他打算不惜一切代價，擴張臉書帝國，人工智慧將是其中重要的一環。臉書大約有九八%的收入來自廣告銷售，為了提升廣告收入、讓公司持續成長，祖克柏必須讓使用者在他的網站上停留更長的時間。DeepMind 內部數十位才華洋溢的人工智慧科學家正好可以幫上忙。如果透過更有智慧的推薦系統蒐集使用者的個人資料，臉書與 Instagram 背後的演算法就能更準確的向使用者展示更適合對方的圖片、貼文與影片，讓使用者投入更多時間瀏覽網站。

據知情人士透露，祖克柏提議以八億美元收購 DeepMind，這個數字不包括新創公司創辦人繼續留在被收購公司四到五年之後所能獲得的獎金。臉書的開價非常大方，比哈薩比斯夢想的還要多。這一刻，他發現自己正站在十字路口。過去，DeepMind 的資金主要來自希望他盡可能謹慎開發人工智慧的投資人；可是現在，資金有可能來自於希望他們加速開發人工智慧的投資人。畢竟，臉書的企業標語就是「快速行動，打破陳規」。

哈薩比斯和蘇萊曼討論要如何因應眼前的局面。通用人工智慧將會比祖克柏以為的還要強大，他們認為有必要採取一些措施，防止大型企業收購方將人工智慧帶往有害的方向發展。他們不能只是要求臉書簽約承諾不濫用通用人工智慧。蘇萊曼想起之前他們跟非營利組織合作的經驗，他告訴哈薩比斯與萊格，必須建立某種治理結構，密切的監督臉書，確保它們謹慎使用 DeepMind 的技術。

一般公開上市的公司通常會有董事會，主要職責是代表股東的利益。董事會成員每季召開一次會議，審查企業的行動，確保企業的作為有助於股價上揚，而不是導致股價下跌。蘇萊曼告訴其他共同創辦人，DeepMind 應該設立不同類型的董事會，負責因應像是人工智慧這種具變革性的科技。這個董事會的工作重點不在於賺錢，而是要確保 DeepMind 能夠盡可能以符合安全與倫理的方式開發人工智慧。起初哈薩比斯與萊格不能認同這種觀點，但是蘇萊曼說的深具說服力，最後他們終於同意蘇萊曼提出的想法。

哈薩比斯後來回覆祖克柏，告訴他說，如果他們要出售 DeepMind，就必須成立倫理與安全委員會，這個委員會必須擁有獨立的法律權力，能夠控制DeepMind往後開發的任何超級人工智慧。祖克柏對於這項要求有些猶豫。他的目的是要拓展臉書的廣告業務，透過旗下不同的社群平台「連結全世界」，而不是經營一家擁有一堆倫理規範與偉大使命的獨立人工智慧公司。最後，雙方談判破局。

表面上，哈薩比斯告訴員工，未來二十年DeepMind仍將維持獨立運作。但是私底下，他早已厭倦四處募資，他發現真正做研究的時間變得非常稀少，讓他十分沮喪。拒絕祖克柏的高額報價之後不久，他忍不住想，如果把公司賣給矽谷的公司，不知道能賺多少錢，尤其人工智慧突然間變成各大科技巨頭垂涎的目標。矽谷科技巨頭的高層中，其中有一、兩位億萬富翁頻繁聯繫DeepMind的研究人員，企圖挖角他們。許多DeepMind員工是深度學習專家，雖然過去深度學習一直被視為冷門領域，但最近的情況有所轉變。

轉捩點發生在二〇一二年。史丹佛大學教授李飛飛為學術界發起一項名為ImageNet的年度挑戰賽，邀請研究人員提交擁有視覺辨識能力的人工智慧模型，模型要可以辨識貓咪、家具與汽車等圖像。同年，科學家傑佛瑞．辛頓（Geoffrey Hinton）的研究團隊運用深度學習技術，開發出一款模型，比過去任何模型都還要精確，他們的研究成果震驚人工智慧界。突然間，所有人都想要雇用這些受大腦識別模式啟發的深度學習人工智慧理論的專家。

萊格表示，這塊領域非常小，只有幾十位專家。「我們已經雇用其中非常多的專家。」哈薩比斯支付的年薪大約是十萬美元，但是Google與臉書等科技巨頭提供的薪資水準是他們的好幾倍。「曾有非常知名的人士主動打電話給我們的研究人員，開出的報價是他們現有薪水的三倍。」萊格回憶。前DeepMind員工表示，其中一位知名人物就是祖克柏。「我們必須賣掉公司，否則早晚會被撕成碎片。」哈薩比斯渴望成為第一個打造通用人工智慧的人，他不能坐等其他資源更充沛的科技公司搶先達陣。

但是，哈薩比斯萬萬沒想到，此時又收到希望收購DeepMind的提議，這次來自它的投資人伊隆·馬斯克。據知情人士透露，這位億萬富翁打算用特斯拉股票支付收購費用。過去五年，馬斯克一直是特斯拉公司的實際經營者。馬斯克身兼DeepMind的投資人，卻從不干涉DeepMind的運作，只會偶爾與哈薩比斯聯繫。雖然他愈來愈擔憂人工智慧可能帶來危險，但是這位億萬富豪最關注的依舊是他自己的商業目標。他希望特斯拉能成為全球第一個成功使用自動駕駛技術的公司，這也代表他需要更多頂尖的人工智慧專家。現在，如果他能收購DeepMind，就能馬上擁有一支菁英部隊。

這次，DeepMind共同創辦人同樣保持警惕。對他們來說，取得特斯拉股權似乎不怎麼有吸引力。一想到是馬斯克這樣的人掌控通用人工智慧，就讓他們忐忑不安。雖然馬斯克逐漸在主流社會建立名聲，成為外界眼中具有前瞻思維的富豪，但是在科技圈，所有人都知道他性格反覆無常，經常無緣無故開除員工，甚至把特斯拉共同創辦人趕出公司。

DeepMind 的共同創辦人很感激馬斯克的投資與人脈，但是對於他的喜怒無常一直存有戒心。他們最後拒絕馬斯克的提議，卻沒有意識到，臉皮薄的馬斯克不喜歡別人對他說不；他們不知道，這個決定會為他們帶來多少麻煩。沒過多久，哈薩比斯又收到另一封電子郵件。這次來自 Google。

第五章

DeepMind 為理想與利益所苦

一封郵件來自五千英里以外、陽光明媚的加州山景城 Google 總部的某位高層。人在倫敦的哈薩比斯在電腦上打開信件，內容是邀請他與 Google 執行長賴瑞・佩吉（Larry Page）會面。

佩吉與史丹佛大學博士班同學謝蓋爾・布林（Sergey Brin）在一九九八年共同創辦 Google。他們試圖改善人們的網路搜尋方式，開發名為「網頁排名」的演算法，依據網頁的相關性與互連性，將網頁分成不同等級。剛開始，他們在加州門洛帕克一位朋友的車庫裡創業，後來創辦全球最大的科技公司之一。

但是，若說現在的 Google 如何賺錢，其實一點也不高科技、不創新。它已經變成一家龐大的廣告公司，就和臉書一樣。Google 絕大多數的利潤與營收來自追蹤使用者的個人資訊，然後透過搜尋、YouTube 與 Gmail，以及使用 Google 多媒體廣告聯播網（Google Display Network）的數百萬個網站與應用程式，向使用者精準的投放廣告。

對於像哈薩比斯這種希望運用人工智慧幫助世界的人來說，Google 的情況讓他有些不安。但是他也明白，如果不接受收購提議，Google 最終可能會挖走他的員工，甚至有可能在沒有他的情況下，建立通用人工智慧。放眼當下，又有數百名工程師投入人工智慧的研究。哈薩比斯決定，他不能拒絕來自加州的會面邀請。

Google 開發人工大腦

當哈薩比斯見到佩吉時，感覺像是在與另一位志同道合的人說話。在他面前的是一位性格內向的數學系畢業生，有著深色濃眉，身穿休閒襯衫與短褲。在創辦 Google 期間，佩吉也曾夢想打造強大的人工智慧。「他告訴我，他一直認為 Google 是一家人工智慧公司，包括一九九八年在車庫創業的時候。」哈薩比斯回憶。

部分原因與佩吉的個人背景有關，佩吉的父親是人工智慧與電腦科學教授，於一九九六年過世，所以佩吉算是人工智慧科學家的第二代。他很欣賞哈薩比斯認真看待通用人工智慧的態度，他認為這個想法一點也不瘋狂。當時，他已經核准 Google 內部的一項計畫，目標同樣是要開發接近人類的人工智慧；這項計畫最終將導致 Google 與哈薩比斯的公司陷入激烈競爭。

佩吉的計畫名為「Google 大腦」（Google Brain），但當時哈薩比斯還不知道計畫內容。這項計畫最早是由史丹佛大學教授吳恩達提出。說話聲音輕柔的他，希望在 Google 內部打造更先進的人工智慧系統。二〇一一年，也就是在 Google 聯繫 DeepMind 多年前，這位教授寄送四頁的文件給佩吉，標題為「神經科學啟發的深度學習」（Neuroscience-Informed Deep Learning）。吳恩達教授希望 Google 能夠為他批准一項「通用」人工智慧系統的開發計畫，這正是哈薩比斯在英國進行的研究。

看起來吳恩達與哈薩比斯是利用類似的方法達成自己的目標。兩人都是從神經科學獲得通用人工智慧的靈感。這位史丹佛大學教授在提案中告訴佩吉，他想要打造「能夠愈來愈精確模擬哺乳類大腦各個部分的模型」。

雖然當時吳恩達已是人工智慧領域的佼佼者，任職於全球的頂尖大學，但是他提出開發通用人工智慧的想法依舊充滿爭議。「我朋友告訴我說，這個想法有點奇怪。他們說，會對我的職涯發展不利。」吳恩達回憶。

就某種程度來說，他們是對的。當我們談到科學層面，吳恩達與哈薩比斯對於人腦的執著確實存在一些問題。理論上，利用大腦灰質做為人工智慧的參考範本是有道理的，但是複製我們在生物學中發現的東西不一定有效。不妨想想早期嘗試建造飛行機器的人們，以及模仿鳥類飛行原理設計飛行裝置的發明家們，他們操縱笨重的翅膀機器，最終直接撞向地面。還有一群電腦科學家試圖高度精確的複製大腦，卻同樣遭遇瓶頸。二〇一三年，神經科學家亨利．馬卡姆（Henry Markham）在TED演講中提到，他找到如何利用超級電腦模擬整個人類大腦的方法，預計十年內實現這個目標。十年後，他的人腦計畫（Human Brain Project）花費超過十億美元，而且大部分都失敗。

未來幾年，吳恩達、哈薩比斯與其他人工智慧科學家將會明白，當我們還沒有清楚理解大腦的運作，包括神經元的功能、大腦各個區域的運作動態等，想要模仿大腦簡直難如登天。雖然我們知道，我們的頭骨中有大約九百億個神經元發出訊號，但是我們還是不知道這些訊息是如何被處理的。

「事後看來，過度精準複製生物機制是一大錯誤。」吳恩達表示。不過，吳恩達在另一個面向的科學研究做得非常正確，也就是擴大他的「神經網路」。

神經網路是一種透過大量資料反覆訓練而建構的軟體。經過訓練後，它就能辨識臉部、預測西洋棋走法，或是推薦你下一部Netflix上的電影。神經網路也被稱為「模型」，通常是由許多不同的層與節點組成，以一種與人類大腦神經元相似的方式處理資訊。模型受過的訓練愈多，這些節點的預測與辨識能力就愈強。

吳恩達發現，這些模型如果擁有愈多節點、層和訓練資料，就能做更多的事。幾年後，OpenAI 也有類似發現，針對關鍵要素「擴大規模」非常重要。吳恩達在史丹佛大學進行實驗時注意到，當他的深度模型規模擴大時會表現得更好。這個結果讓他興奮不已，促使他寄四頁的文件給佩吉，暗示他或許能夠建立「大規模的人腦模擬」，朝向「人類水準人工智慧」（human-level AI）的目標邁進。

佩吉很喜歡這個構想，也批准吳恩達領導 Google 內部最先進的人工智慧研究計畫。但是幾年後，Google 大腦似乎沒有朝向開發通用人工智慧的方向發展。相反的，這個單位一直在協助 Google 改善精準廣告投放業務，也就是更有效的預測人們想要點擊的內容、更高度精準的投放廣告，最終目的就是為了增加公司營收。吳恩達承認，這並非當初他向佩吉提案時設定的目標。「和其他我做過的工作相比，我對這份工作缺乏熱情。」他承認。

吳恩達真正希望的是，他的科學研究能夠讓人類擺脫精神苦役，就好比工業革命讓我們免於持續進行體力勞動一樣。他相信，更強大的人工智慧也能夠幫助專業工作者實現這個目標。「這樣我們所有人就可以追求智力上更有趣、更高層次的任務。」

但是吳恩達實現目標的做法與哈薩比斯不同。英國創業家希望盡可能與廣告巨頭保持距離，維持獨立地位，但是吳恩達卻很樂意成為 Google 巨獸的一份子。就這方面來說，吳恩達反而幫哈薩比斯一個大忙。吳恩達進駐 Google 母公司之後，他的研究已經為公司的廣告業務做出貢獻，所以 DeepMind 沒有必要立即做這件事。

二〇一三年末，Google 第一次聯繫 DeepMind 討論收購事宜時，吳恩達手下的研究人員忙著開發精密的人工智慧模型，但效力於提升 Google 的廣告工具，等於是遠離吳恩達「打造讓人類擺脫精神苦役的全能人工智慧」的遠大目標。這時，佩吉飛往倫敦，談判收購 DeepMind 事宜，他知道他可以將 Google 的部分資金投入更具有前瞻性的研究計畫。

根據《紐約時報》暢銷書作家凱德．梅茲（Cade Metz）在《AI製造商沒說的祕密》（*Genius Makers*）書中的描述，DeepMind 創辦人在倫敦辦公室迎接這位 Google 億萬富翁，向他簡報公司目前的研究進度。哈薩比斯說明他的團隊如何開發一種名為強化學習（reinforcement learning）的技術，訓練人工智慧系統學會復古的雅達利（Atari）遊戲《打磚塊》（*Breakout*），利用可以左右移動的球拍，將球擊向一面磚牆。系統在兩小時內就學會如何把球擊向正確的位置，這樣就能在磚牆頂端的狹窄空間打出一條通道，一次擊落大量磚塊。佩吉聽了之後，覺得很有趣。

就技術本身而言，強化學習好比每當狗兒聽從你的指揮，你就用零食獎勵牠一樣。

在訓練人工智慧時，你也可以運用類似方法獎勵模型，可能是某個數字符號，例如：+1，表明某種結果是好的。系統藉由反覆嘗試錯誤，玩過數百種遊戲，學習什麼是有效、什麼是無效的。雖然電腦程式非常複雜，但是核心的想法非常優雅且簡單。

接著，萊格向佩吉報告，下一步計畫是將這項技術應用於真實世界。就如同他們訓練模型學會精通電玩遊戲一樣，可以運用類似方法，教導機器人如何在家中找到行進路線，或是教導自主代理（autonomous agent）[1]，學會理解英語。這就是 DeepMind 的發現，以及通用人工智慧最能發揮效用的地方。佩吉和他的團隊因此被說服。

商業與倫理間的拉扯

佩吉主導與哈薩比斯及其他共同創辦人的收購談判。他知道，他們之前回絕過臉書的大方報價；不過，他很快就知道原因是什麼。哈薩比斯提出兩個收購條件：第一，他和其他共同創辦人不希望 Google 將 DeepMind 的技術用於軍事目的，不論是引導自動無人機或是武器或是支援戰場上的士兵。他和他的共同創辦人強調，Google 絕對不能跨越這條道德紅線。

第二，他們希望 Google 領導人簽訂所謂的倫理與安全協議，協議內容是由倫敦的律師草擬的，授予哈薩比斯與他的共同創辦人蘇萊曼成立的倫理委員會，控制未來 DeepMind 所開發任何的通用人工智慧技術。他們還沒有想清楚誰該加入這個委員會，不過他們希望委員會擁有完整的法律權力，負責監督最終開發的強大人工智慧。

「如果我們成功，就必須謹慎處理（通用人工智慧）。」哈薩比斯提到他和其他共同創辦人想要成立的委員會時，說：「因為這是一項通用科技，有可能是史上最強大的科技，我們想要確保我們與那些嚴肅看待這份責任的人都有一致的看法。」

不出所料，收購談判困難重重。幾個月後，Google 才點頭答應曾經導致臉書放棄收購的那些條件。收購 DeepMind 表示，佩吉擁有第一家開發通用人工智慧的公司，他明白，如果倫理委員會掌握這項科技的法律控制權，Google 身為一家企業，就很難從中獲利。但是，最終佩吉的理想主義觀點勝出，他認為一定可以找到解決這個問題的方法。他同意 DeepMind 以成立倫理委員會當作收購條件的部分要求。

之所以要謹慎處理通用人工智慧，不只因為未來大型企業有可能會使用這項科技。

1 編注：指不需人類直接控制的情況下，根據環境和自身的目標自主執行任務的人工智慧系統或程式。

此外，它也會成為各種新興意識型態的辯論核心，這些意識型態會將科技帶往不同的發展方向。哈薩比斯從過去的投資人身上學到這一點。例如，希望加速發展人工智慧的彼得・提爾，以及害怕哈薩比斯這位英國年輕創業家引發災難的雅安・塔林。

人工智慧擁有難以置信的潛力，因此對於人工智慧的應用抱持強烈信念的人來說，產生近乎宗教般的吸引力。在接下來的幾年，這股意識型態力量將會與那些爭奪通用人工智慧控制權的創新者、以及企業壟斷勢力發生碰撞，對人工智慧構成難以預測的危險。例如，他們將山姆・奧特曼趕出OpenAI。

但矛盾的是，這也因此促使企業將人工智慧應用於商業活動。他們努力描繪人工智慧可能導致的末日景象，反而讓企業對這套軟體更感興趣。在追求商業成功與利潤的世界裡，愈來愈多人工智慧開發者誠心追隨不同的教條，從盡快開發人工智慧、實現烏托邦理想，到煽動人工智慧可能導致世界末日的恐懼情緒。哈薩比斯習慣未雨綢繆，善於策略思考，根據熟識他的人表示，哈薩比斯發現自己幾乎不受這些相互衝突的教條影響，部分原因是他有獨特的目標，也就是要利用通用人工智慧，取得重大、甚至神聖的發現。蘇萊曼則相當擔憂不久之後人工智慧可能引發社會問題。

關於通用人工智慧的未來發展，在三位共同創辦人當中，肖恩・萊格最認同相對極端的意識型態。他的前同事表示，其中某種意識型態已經醞釀好幾十年。這位同事指的是「超人類主義」（transhumanism），這個概念的起源與發展歷史充滿各種爭議，不過了解這個概念之後，就會知道為何人工智慧開發者有時會忽略這項科技可能引發更危險、更普遍的副作用。

超人類主義的基本前提是現在的人類是二等物種。藉助正確的科學發現與技術，有朝一日人類或許能超越肉體與心理極限，演化為更有智慧的物種。我們會變得更聰明、更有創造力，而且活得更久。我們甚至會設法讓我們的心智與電腦結合，進而探索銀河系。

這個想法的核心概念源於一九五〇與一九六〇年代的演化生物學家朱利安・赫胥黎（Julian Huxley），當時他加入並負責掌管英國優生學學會（British Eugenics Society）。優生學運動強調，人類應透過選擇物種（selective breeding）提升自己，這個想法在英國大學以及知識份子、上層階層都相當受到歡迎。赫胥黎本人出身貴族家庭（他的弟弟阿道斯〔Aldous〕創作小說《美麗新世界》〔*Brave New World*〕），他相信社會上層階級擁有優越的基因，下層階級必須像壞掉的作物一樣被淘汰，並且強制絕育。「他們繁衍得太快。」赫胥黎這樣寫。

當納粹開始利用優生學運動時，赫胥黎決定要重新塑造這個概念。他在一篇論文中創造新名詞：**超人類主義**。他提到，除了選擇物種之外，人類還可以透過科學與科技「超越自我」。這項運動在一九八〇與一九九〇年代達到高峰，隨著人工智慧領域持續發展，出現另一種誘人的新可能性：或許科學家可以將人類心智與智慧機器結合，強化人類的心智。

如果以「奇點」的概念來理解超人類主義就會更具體。奇點指的是在未來某個時刻，人工智慧與科技變得非常先進，人類將經歷不可逆轉的劇烈轉變，與機器結合，利用科技提升自己。萊格之所以被這個想法吸引，是因為他年輕時讀過的《心靈機器時代》這本書，再加上受到DeepMind富豪投資人彼得．提爾的影響。這群科技專家迫不及待的想要體驗這種烏托邦世界，因此奧特曼或提爾等人紛紛與不同公司簽約，運用深低溫技術保存他們的大腦與身體，以防死前無法實現心智與電腦融合的理想。

「我不一定期望它能奏效。」提爾在記者巴莉．維斯（Bari Weiss）主持的播客節目上提到：「不過，我認為，這是我們應該嘗試去做的事情。」

然而，這些論點的問題在於，這些年來它們的追隨者變得愈來愈狂熱。例如，某些所謂的人工智慧加速主義者（AI accelerationist）認為，科學家有道德責任，必須盡快開發通用人工智慧，創造後人類天堂，相當於科技怪咖的「被提」（rapture）[2]。如果能在有生之年開發出通用人工智慧，他們就能長生不老。但是，加速人工智慧開發，可能也表示要走捷徑，開發出傷害某些族群或是失控的科技。

因此，有些人採取相反立場，他們認為人工智慧代表某種未來的惡魔形象，必須加以阻止。那位留著鬍鬚，一邊喝咖啡、一邊說服雅安・塔林接受更激進想法的自由意志主義者艾利澤・尤德考斯基，便是這場意識型態運動的主要領導人物，他透過自己的LessWrong網站加速推動這場運動。

誰能阻止人類被毀滅？

Google在二〇一四年收購DeepMind，當時公司有數百人。公司裡包括人工智慧研究人員在內共同參與網站上的哲學辯論，討論要如何預防未來強大的超級智慧毀滅人類。LessWrong已經成為網路上最具有影響力的人工智慧末日論恐懼中心，某些新聞報導指

2 譯注：：；基督教末世論的概念。當耶穌再臨之前，已死之人將會被復活高升，活著的人也會一起被送到天上與基督相會，身體將昇華為不朽。

出，它具有所有現代末日邪教的特徵。只要有成員提出人工智慧未來有可能毀滅人類的新方法，尤德考斯基就會公開用大寫字母痛罵這些人，並將他們踢出群組。

隨著時間累積，人工智慧末日論者得到夠多科技富豪的支持，紛紛投入資金成立公司，試圖影響政府政策來推動他們的議程。尤德考斯基的網站影響力日增，許多忠實讀者後來選擇加入OpenAI。

不過，在通用人工智慧領域逐漸興起的意識型態當中，最令人感到不安的，或許是專注於創造接近完美的數位人類物種的想法。這種想法之所以盛行，部分原因是伯斯特隆姆的著作《超智慧》造成的。這本書在人工智慧領域引發相互矛盾的影響。一方面，這本書讓人們更加恐懼人工智慧可能「將我們迴紋針化」，毀滅人類；但是另一方面，這本書又預測，如果我們能運用正確的方式打造強大的人工智慧，就能邁向光明的烏托邦世界。

根據伯斯特隆姆的說法，這個烏托邦世界最迷人的特色之一就是「後人類」，他們將擁有「遠超出現代人類的能力」，而且只存在於數位基質中。在這個數位烏托邦裡，人類可以體驗違反物理法則的環境。例如，無需任何幫助而死去，或是探索奇幻世界。他們可以選擇重溫珍貴的回憶，創造新的冒險，甚至是體驗不同的意識形式。與其他人類的互動將會更深刻，因為這些新人類能夠直接分享自己的想法與情緒，建立更深刻的連結。

某些矽谷人很難抗拒這樣的想法，他們相信，只要運用正確的演算法，就能擁有這種奇幻的生活方式。伯斯特隆姆在書中描繪一個像是天堂或地獄的未來，導致某種說法愈來愈盛行，這種說法最終驅使包括山姆．奧特曼在內的矽谷人工智慧開發者，競相搶在倫敦的德米斯．哈薩比斯之前成功開發通用人工智慧：**他們必須率先開發出通用人工智慧，因為只有他們能安全的開發這項科技**。否則，其他人可能會開發出違反人類價值觀的通用人工智慧，不僅會毀滅生活在地球上的幾十億人口，甚至有可能在未來摧毀數兆名完美的新人類。我們將因此失去生活在極樂世界的機會。與此同時，伯斯特隆姆的論點還會導致另一個危險的後果，它會轉移人們的注意力，使人們不再研究人工智慧會如何傷害現在的人類生活。

這些現代科技意識型態的形成，正好與DeepMind和Google的收購談判同時發生，一個殘酷的事實隨之浮現：對科技公司來說，找出負責任的人工智慧管理模式變得困難重重。不同的目標相互衝撞，其中一方是源自於宗教般的狂熱，另一方則是出自於對企業成長的無止境追求。

DeepMind 嫁入豪門

現在，由於哈薩比斯基於個人理由決定開發通用人工智慧，因此他選擇與這些相互衝突的意識型態保持距離。他人在英國，與矽谷泡沫相距數千英里，身邊還有一群絕頂聰明的人工智慧科學家與工程師，而且團隊規模會持續擴大。根據曾與哈薩比斯共事的人透露，他已經下定決心，在未來五年內解決通用人工智慧的難題，而且極有可能因此獲得諾貝爾獎。[3] 他不在意自己是否會被納入大型企業體制內，等到他開發出通用人工智慧，經濟學的概念就會變得過時，屆時 DeepMind 與 Google 無須再擔心賺錢與否的問題。人工智慧能夠解決這個問題。

等到交易終於敲定，倫理委員會也被納入收購協議之後，最終 Google 以六．五億美元的價格收購 DeepMind。雖然比起三位創辦人原本可以從祖克柏那裡得到的資金要少許多，不過對於一家英國科技公司來說，這仍是一筆可觀的數目，而且還附帶至關重要的協議：確保通用人工智慧的控制權不會落入大型企業手中。

Google 的資金挹注，也代表哈薩比斯可以挖角更多有才華的研究人員。雖然有些員工不喜歡公司被賣給 Google，但是因為獲得大幅加薪以及更豐厚的 Google 股票選擇權，許多人感到興奮不已，不太可能跳槽到其他科技公司。現在，哈薩比斯並不擔心臉書或亞馬遜挖角他的員工，反而是他可以利用高得嚇人的薪資水準，**挖角他們的員工或是吸引學術界最優秀的人工智慧人才**。哈薩比斯努力帶領公司開發更先進的科技，同時繼續維持DeepMind的神祕文化，公司的主網站依舊是一片空白，只在中間放置一個圓形標誌。這家人工智慧實驗室實在太過神祕，有人要申請DeepMind倫敦總部的工作時，公司的負責人員甚至不會在電子郵件裡寫上公司地址，他們會在總部附近的國王十字地鐵站與求職者碰面，然後帶著求職者一起步行到辦公室。

根據某位前高階主管透露，面試時創辦人們都非常有說服力，尤其是蘇萊曼：「他很有魅力，會告訴求職者這是千載難逢的機會，可以參與某個改變世界的事業。」

那些在學術界或是在公務員崗位工作十年或是更長時間的人，很容易就能在民間部門找到其他高薪工作，但是只要與蘇萊曼聊二十分鐘，他們就開始相信，應該要協助開發通用人工智慧。「他解釋，這場革命需要更扎實的數學基礎。」另一位前高階主管補充，哈

3 譯注：哈薩比斯在二〇二四年因為開發可預測蛋白質結構的人工智慧模型，與同事約．翰瓊柏（John M. Jumper）獲得諾貝爾化學獎。

薩比斯與蘇萊曼會說，他們正在招募「全球最優秀的數學家與物理學家」。現在公司被併入Google，因此可以使用全球最強大的超級電腦，以及獲得最大量可用於訓練人工智慧的數據資料。

現在大約有五〇%的DeepMind員工來自學術界，他們簡直不敢相信自己這麼好運。原本他們只能擠在檔案櫃旁邊，為了獲得研究經費而苦苦哀求，現在卻能在光鮮亮麗的辦公室工作，周圍不僅有時尚的餐廳與花園，還有超高速電腦、幾乎無限的資源可供使用。最棒的是，DeepMind確保你不會覺得自己是在為一家廣告巨頭工作，而是在一家富有聲望的科學組織從事研究工作，這個組織會在《科學》（*Science*）與《自然》（*Nature*）等同行審查期刊發表論文，解決全球最棘手的問題。如果真有可能的話，確實是最好的兩全之策。

但是長期來看並非如此。六位數薪資和超乎想像的福利，確實讓DeepMind員工忘記一件事：為了讓世界變得更好，就能獲得Google如此優渥的待遇，實在是很奇怪的事。

有時候這種格格不入的時刻會冒出來。例如，來自乏味的學術界或是公家機關的前同事要求來訪時。「每次我都會覺得很尷尬。」一位從學術界跳槽到前DeepMind員工表示，每當以前的同事詢問能否參觀他的新辦公室，這位員工只會說服對方放棄這個想法，然後建議他們在附近的餐廳碰面，即便外面的餐廳比DeepMind的員工餐廳樸實許多。

DeepMind 員工餐廳提供的餐點是你在杜拜飯店才能找到的五星級自助餐。「感覺與現實嚴重脫節。」他們補充：「真的是太荒謬了。」

研究人員被當作搖滾巨星一樣對待，受到無微不至的照顧。某次有位研究人員寄一封電子郵件給 DeepMind 的員工支援服務部門，這個部門的工作主要是協助員工報銷費用或是申請簽證。那位研究人員在信中寫道，如果所有的草莓葉能夠清除乾淨，更能幫他們節省時間。兩天後，自助餐廳就出現一碗碗鮮紅的去葉草莓，沒有半點綠色。

員工會不斷被提醒開發通用人工智慧的願景。哈薩比斯經常告訴他們，以現在的研究與突破速度，再過五年就可達成最終目標。根據前 DeepMind 員工透露，哈薩比斯非常擅長描繪激勵人心的願景，具體指明公司的發展方向。在某次異地團隊會議上，他和蘇萊曼向員工簡報公司未來的策略，簡報內容讓人感覺像是在參加一場激勵大會，而不是在說明公司未來會採取的具體行動。公司創辦人通常不會深入談論策略細節。

「他們非常強調願景，就像在說『讓我們一起投入這個使命』！」前員工表示：「德米斯和穆斯塔法是技巧非常高超、令人刮目相看的說故事高手。兩人配合得天衣無縫。」哈薩比斯是態度認真的知識份子，經常在深夜閱讀科學論文，他會連續好幾個小時與公司的頂尖研究人員探討方法論，而且通常不會和沒有博士學位的低階員工來往。哈薩比斯在 DeepMind 塑造階級分明的文化，主要取決於個人的學術聲望。蘇萊曼則富有魅力、有遠見，擅長描繪值得大家共同努力追求的未來願景；前 DeepMind 員工認為，他就像是 DeepMind 的吹笛手。至於萊格，是三位創辦人當中最具有學術氣息的一位，不常出現在大家面前；「他比較沉默寡言。」那位員工說。

哈薩比斯堅信，通用人工智慧將會帶來變革性影響。前員工透露，哈薩比斯曾告訴 DeepMind 員工，大約未來五年都不需要擔心賺錢的問題，因為通用人工智慧會讓經濟的概念變得過時。高階主管們也普遍接受這種說法。「他們喝了酷愛飲料（Kool- [A]id）[4]。」某位前高層表示，他們都認為自己「正在創造人類有史以來最重要的科技」。

哈薩比斯與蘇萊曼也開始默默籌組倫理與安全委員會，Google 收購 DeepMind 時同意這項條件，因為他們知道需要建立自動保險裝置，當時蘇萊曼是這個想法的主要倡導者。雖然 Google 提供 DeepMind 開發通用人工智慧需要的人才與運算資源，但是這種情況其實是一把雙面刃。Google 對其股東仍負有信託責任，必須每年增加獲利，Google 也持續達成目標。幾乎可以確定的是，當 DeepMind **真的**開發出通用人工智慧，Google 就會希望變現與控制這項科技。他們不太確定 Google 究竟會怎麼做，但是有了委員會，至少能確保接近人類智慧水準的人工智慧不會遭到濫用。

DeepMind 被 Google 收購一年後，倫理與安全委員會第一次召開會議，地點位在 SpaceX 加州總部的會議室。哈薩比斯、蘇萊曼與萊格都有加入委員會，另外還有伊隆・馬斯克，以及領英共同創辦人、後來成為創投投資人的里德・霍夫曼。據知情人士透露，其他委員還包括：賴瑞・佩吉、Google 高階主管桑德・皮蔡（Sundar Pichai）、Google 法務長肯特・沃克（Kent Walker）、哈薩比斯的博士後指導教授彼得・達揚（Peter Dayan）與牛津大學哲學家托比・奧德（Toby Ord）。

原本會議進行得非常順利。但緊接著，創辦人就從 Google 那裡得到意外的消息：Google 不希望新的倫理委員會繼續運作下去。蘇萊曼非常憤怒，因為是他促成委員會的成立。Google 當時的部分解釋是，某些核心委員有利益衝突，例如，馬斯克可能同時支持 DeepMind 以外的人工智慧計畫；此外，成立委員會在法律上是不可行的。但對於某些短期委員來說，這些話聽起來根本胡說八道，他們懷疑，事實上 Google 只是不願意受制於一小撮人，而且這群人有可能會奪走這項有利可圖的科技控制權。

---

4 譯注：英文俚語，意思是盲目相信別人說的話，像是被灌迷魂湯。

哈薩比斯與蘇萊曼感覺被 Google 背叛，怒氣難消，向公司領導層抱怨委員會被迫停止運作的情況。這些高階主管為了哄 DeepMind 的創辦人開心，好讓他們持續突破人工智慧研究的極限，於是想出一個辦法，提供這些創辦人更大的獎勵。一位資深的 Google 高階主管聯繫哈薩比斯與他的共同創辦人，告訴他們，或許可以用更好的架構保護他們的人工智慧科技。當時 DeepMind 創辦人還不知道，Google 正準備將公司轉型為「字母」（Alphabet）控股公司，讓不同的部門變得更獨立。這位高階主管告訴 DeepMind 創辦人，新部門將被稱為「自治單位」（autonomous unit），等於是 DeepMind 有機會再度成為一家獨立公司。他們可以擁有自己的預算、資產負債表、董事會，甚至是外部投資人。這個想法聽起來很不錯。

Google 背後的真正目的，是為了拉抬停滯已久的股價。多年來，華爾街分析師一直在努力評估，Google 除了 YouTube、Android 以及利潤豐厚的搜尋引擎之外其他業務的財務表現。Google 旗下還有許多業務，例如，智慧溫控設備公司 Nest、生物科技研究公司 Calico、創投事業單位、「登月」X 實驗室。多數業務都還沒有賺錢，但是如果這些業務成為母公司旗下的獨立公司，公司財務操作就可以更加靈活，有助於提升 Google 最關心的業務，也就是廣告業務的價值。Google 的廣告業務占全公司年度營收的九成。雖然 Google

給大眾的印象是一家創新的科技公司，擁有全球最頂尖的工程師，但是Google的領導階層關注焦點依舊是非常傳統的業務，就是讓人們購買他們不一定需要的東西。

哈薩比斯、蘇萊曼與萊格投注龐大心力開發通用人工智慧，很少停下腳步，認真思考Google真正的動機是什麼；或者是他們沒有意識到，Google從沒想過要讓他們自主，因為人工智慧研究對於Google業務的發展非常有用。相反的，「變得更獨立」這樣的說法，對他們來說猶如天籟之音，表示Google不會控制他們未來開發的人工智慧，**他們可以謹慎的管理這項科技**。「如果即將出現非常強大的人工智慧，我們希望擁有足夠的獨立性，能夠應對可能出現的狀況。」萊格回憶：「我們想要確保，我們對於事情的未來發展擁有足夠的控制權。」

接下來，DeepMind創辦人花費一年半時間，與佩吉、其他高階主管一起討論他們在新公司架構之下的存在形式，以及「自治單位」真正的意義是什麼。但後來，Google宣布公司重組為「字母」公司，卻沒有同時確認或是宣布其他計畫，更沒有賦予DeepMind更多合法自治權。Google的其他投資，例如，維樂利生命科學公司（Verily Life Sciences）分拆為獨立公司，但是DeepMind的分拆計畫卻毫無進展。Google似乎再度遺忘自己的承諾。

哈薩比斯沒有太多時間去想Google是不是在敷衍他，因為發生另一個更棘手的問題。在舊金山，幾位新創公司創辦人正著手成立另一個研究實驗室，目標與DeepMind相同。他們在鼓吹另一個重要的新概念：安全的開發通用人工智慧，造福全人類。這種說法聽起來有點刺耳，似乎是在暗示另一種開發人工智慧的方法（也就是哈薩比斯的做法）並沒有幫助人類，只是在幫助Google。更糟的是，這個新組織是由哈薩比斯之前的投資人伊隆．馬斯克催生的，名為OpenAI。

第六章

OpenAI 為使命而戰

時間是二〇一五年。過去五年間，德米斯．哈薩比斯穩步帶領他的團隊達成研究里程碑，持續邁進通用人工智慧的目標，當時這個領域沒有什麼競爭對手，幾乎沒有其他人嘗試做同樣的事。DeepMind 的目標非常激進，因此實際上它可以像獨占企業一樣運作。全球沒有其他成熟公司嘗試開發超越人類的通用人工智慧，哈薩比斯可以依照自己的步調進行研究。這也使得 DeepMind 的創辦人與員工，更容易將自己視為以使命為導向的實驗室，而非一家企業。他們在心理上可以接受公司被 Google 收購，但是他們仍舊認為自己是在「解決智慧問題」，目標是克服人類最重要的難題，他們不像其他公司那樣被迫陷入無止境的競爭輪迴中。他們追求的是獨一無二。然而，現在矽谷有可能出現改變整個局面的競爭對手。開發通用人工智慧的追求，即將變成一場競賽。

AI大戰一觸即發

哈薩比斯知道愈多關於OpenAI的事情，就愈是火大。他是全球第一位認真嘗試開發通用人工智慧的人，五年前，這還是非常少數派的想法，他等於冒著得罪科學界的風險在做這件事。但現在糟糕的是，這個新的競爭者有可能會利用他的想法。OpenAI在網站上列出七位共同創辦人，哈薩比斯仔細看名單之後才意識到，其中有五個人過去幾個月曾在DeepMind擔任顧問或是實習生。據與他共事過的人透露，哈薩比斯簡直氣瘋。哈薩比斯曾與員工公開討論要如何採取不同策略，才能成功開發通用人工智慧，例如，打造自主代理或是教導人工智慧模型熟練西洋棋或是圍棋等遊戲。可是現在，卻有五位熟知所有細節的科學家要成立另一個組織，和他打對台。

嚴格來說，哈薩比斯其實不需要擔心這麼多。在DeepMind之外，還有許多研究人員正在進行自主代理、虛擬環境與遊戲等類似的研究。五位曾待過DeepMind的研究人員當中，有一位是知名的人工智慧科學家伊爾亞・蘇茨克維（Ilya Sutskever），他的專長是深度學習，而不是DeepMind的核心技術「強化學習」。蘇茨克維在OpenAI擔任首席科學家，和其他共同創辦人一樣，對於通用人工智慧的可能性深信不疑。

但是哈薩比斯依舊怒氣難消，尤其夜深人靜之時，焦慮感便向他襲來。山姆・奧特曼竟然厚顏無恥的雇用熟知 DeepMind 機密的專家！

哈薩比斯結束一天的工作後，通常會回家與家人共進晚餐，然後再開始第二階段的工作，大約持續到凌晨三、四點，他會閱讀科學論文或是發送電子郵件。知情人士透露，哈薩比斯會在某些電子郵件或是深夜會議中強烈表達他的憂慮，他擔心奧特曼複製 DeepMind 的策略，並且試圖挖角他的研究人員。

奧特曼承諾，會將科技開放給一般大眾使用，對此哈薩比斯表示質疑。「我當時認為，把開源當成是萬靈丹，其實有點天真。」他後來說：「當你開發出愈來愈強大的雙用途科技，如果壞人利用這個科技做壞事怎麼辦？……你其實不太能控制一個人如何使用科技。」雖然 DeepMind 在許多知名期刊上發表數篇研究論文，但是對於程式與人工智慧科技的所有細節仍是守口如瓶。例如，他們沒有公布精通《打磚塊》遊戲的人工智慧模型。

根據曾經在 DeepMind 與 OpenAI 工作的人士透露，DeepMind 高層後來得知，馬斯克在矽谷逢人便詆毀哈薩比斯，更讓哈薩比斯覺得難堪。例如，這位億萬富翁在 OpenAI 辦公室與所有新員工談話時，鄭重警告他們要注意 DeepMind 在英國的研究，並暗示哈薩比斯這個人不可靠。他對於哈薩比斯設計《邪惡天才》這款遊戲的動機表示懷疑；在這款遊戲中，玩家扮演反派角色，試圖製造某種末日裝置來統治世界。他認為創造這種遊戲的人本身可能就有點瘋狂。OpenAI的員工把這則笑話發揚光大，拿《邪惡天才》的遊戲截圖做成哏圖，在聊天服務平台Slack上相互分享。根據知情的前OpenAI員工的說法，馬斯克曾說哈薩比斯是「人工智慧界的希特勒」。

不論馬斯克為何轉向攻擊DeepMind，其實都在煽動兩個組織一步一步陷入激烈的競爭。他對人工智慧的看法也變得愈來愈偏執與悲觀。不過，這正好符合他總是把事情推向極端的性格。例如，面對氣候變遷的問題，他原本只需要與石油公司對抗就好，他偏偏要把人類變成星際物種；當他認為推特過於「政治正確」時，原本只需要買下部分股權就能解決問題，他卻決定買下整間公司。或許馬斯克習慣採取戲劇化的行動，喜歡誇大，相信自己是人類救星。但是在投資DeepMind幾年後，這位大亨深陷於人工智慧末日論的教條中。

根據《紐約時報》報導，馬斯克曾在深夜與妻子聊到這個話題，他擔心沉默寡言的Google共同創辦人賴瑞・佩吉收購他之前投資的DeepMind之後，開發出更先進的人工智慧系統。

馬斯克與佩吉原本是很要好的朋友。他們會參加同一場私人晚宴與研討會，對未來懷抱奇幻的夢想。根據彭博社記者艾胥黎・范思（Ashlee Vance）撰寫的馬斯克傳記，如果馬斯克待在舊金山期間沒有安排住宿，他會打電話給佩吉，詢問能否睡在他家沙發上。他們會一起打電玩遊戲，討論未來的飛機或是其他科技。馬斯克開始擔心，變得愈來愈隱遁的佩吉太過善良。在馬斯克的傳記中提到，Google 共同創辦人可能會意外製造出某種邪惡的東西，例如「有能力毀滅人類的人工智慧強化機器人戰隊」。馬斯克聽起來像是在開玩笑，但事實上他是認真的。

就在佩吉以六・五億美元收購 DeepMind 的幾個月後，馬斯克在某個探討人工智慧的網路論壇上張貼一則訊息，隨後又立即刪除。他說，沒有人知道人工智慧的發展究竟有多快速。「除非你直接接觸像是 DeepMind 這樣的團隊，否則你根本不知道發展得有多快。」他很懷疑某些「領先的人工智慧公司」能否阻止數位超級智慧逃進網路，造成嚴重破壞。

馬斯克繼續陷入人工智慧末日論的兔子洞裡，同時投入更多金錢與時間在這個議題上。他捐贈一千萬美元給生命未來研究所（The Future of Life Institute），這家非營利組織致力於推動更多研究，以防止人工智慧毀滅人類。後來，這個團體在波多黎各舉辦一場研討會，馬斯克也參加，同時與會的還包括賴瑞・佩吉、哈薩比斯，以及其他所有認真看待通用人工智慧開發的人。

研討會晚宴結束後，馬斯克與佩吉發生口角，而且兩人愈吵愈兇，愈來愈多與會者開始圍觀他們在吵什麼。佩吉說，馬斯克對於人工智慧的看法太過偏執，他必須記住，人類逐漸朝向數位烏托邦演化，我們的心智將變得數位化、有機化。如果他繼續對於人工智慧的發展大驚小怪，就會拖累接下來的所有行動。

「但是，你怎麼能確定，超級智慧不會毀滅人類？」馬斯克質問。

根據《紐約時報》報導，佩吉當場大聲吼回去：「你這是物種歧視。」他顯然是在為未來的後人類辯護。在佩吉看來，馬斯克過度關注人工智慧可能引發的災難，忽略那些未來將由矽所構成的生命體的需求。

開發給全體人類的AI

一方面，馬斯克持續關注DeepMind的發展，同時也頻繁與其他財力雄厚的未來預言家交流，他的想法變得愈來愈偏激。但是，另一方面，他開始出現「錯失恐懼症」，這種令人困擾的恐懼心理影響矽谷某些重大決策與資金流向。隨著人工智慧不斷創造新的里程碑，各大科技公司開始正視且關注這個領域；例如，二〇一二年ImageNet人工智慧比賽的勝利。除了Google收購DeepMind之外，馬克・祖克伯也成立新部門，稱為「臉書人工智慧研究」（Facebook AI Research），並聘請全球頂尖的深度學習專家楊立昆掌管這個部門。或許正是這種想要參與新一波研究淘金熱的渴望，導致馬斯克做出與他的恐懼相違背的事情：他著手開發更多的人工智慧。

後來，馬斯克在推特上發文表示，他之所以成立 OpenAI，是因為他想要創造「與 Google 相抗衡的力量」，他希望能夠以更安全的方式開發人工智慧。不過可以確定的是，不論特斯拉汽車的自動駕駛功能、SpaceX 無人火箭的導航系統，或是他即將成立的腦機介面公司 Neuralink 的底層模型，人工智慧對於他公司的財務成功至關重要。

儘管馬斯克基於末日論觀點與道德信念，認為自己應該要搶在哈薩比斯之前開發出通用人工智慧，但如果他能開發與 Google 的人工智慧一樣強大的人工智慧，同樣有助於他的公司成長。這樣做絕對有利可圖。唯有如此，才能解釋為何他同意與矽谷人脈最廣的創業家之一山姆・奧特曼合作。山姆・奧特曼曾要求 Airbnb 的創辦人把投影片裡的「百萬」改成「十億」，邀請許多具未來性的新創公司加入 Y Combinator，而且對於人工智慧的企圖心與賴瑞・佩吉一樣遠大。

二〇一五年五月二十五日，奧特曼寄一封電子郵件給馬斯克，內容提到應該「由 Google 以外的人」率先開發通用人工智慧。他建議成立一個人工智慧專案，「讓這個技術屬於全體人類」。

「或許值得談一談。」馬斯克回信。一個月後，奧特曼又寄出一封信，提議成立一個實驗室，開發「第一個通用人工智慧……以『安全』為第一要求」。這個人工智慧應交由某個非營利組織所有，而且只會用於「造福世界」。馬斯克回信說：「完全同意。」

對於奧特曼來說，開發全能人工智慧系統，就好比把所有Y Combinator輔導過的科技新創公司全部放入一把瑞士軍刀中。這個強大的機器智慧擁有無限能力。誰知道一旦新的超級智慧能夠創造足夠的財富，確保地球上所有人生活無虞，我們是否還需要企業或是新創公司？哈薩比斯相信，通用人工智慧可以解開科學與上帝的奧祕；但是奧特曼認為，通用人工智慧是實現全球金融富裕的途徑。他和馬斯克討論成立一間研究實驗室實現他們的目標，同時當作制衡DeepMind與Google的另一股力量。

馬斯克與奧特曼決定以另一種方式，讓他們的新組織與大型科技公司有所區隔。為了開發對人類有益的通用人工智慧，新組織將會與其他機構合作，並向大眾公開研究成果。所以他們把新組織取名為OpenAI。

奧特曼著手建立最初的創業團隊。二〇一五年夏天，他邀請大約十多位頂尖的人工智慧研究人員在瑰麗酒店（Rosewood）的私人包廂共進晚餐，這家精品飯店距離矽谷最有錢的創投公司僅有幾步之遙。受邀人員包括曾在 DeepMind 工作幾個月的科學家伊爾亞．蘇茨克維，以及來自北達科他州、畢業於哈佛大學數學系的格雷格．布羅克曼（Greg Brockman），他是創業奇才，曾擔任 Stripe 技術長。

奧特曼在晚餐時解釋，這個新研究組織的目標是開發通用人工智慧，然後將它帶來的好處分享給全世界。這群人花了很長的時間詢問是否可行，他們指的不是如何將人工智慧的財富分配給全人類，而是多數大型科技公司早已挖走全球大部分頂尖的人工智慧人才，他們如何成立這樣的實驗室？現在才要開始招募該領域最優秀的研究人員，會不會太晚？

「我們也知道，相較於『大型科技公司』，我們的資源少得可憐。」布羅克曼後來在利克斯．佛里德曼（Lex Fridman）的播客節目上回憶。但如果他們真的成立這個組織，應該選擇什麼樣的組織結構，確保它所開發的人工智慧屬於全人類？「顯然必須是『非營利組織』，才不會因為相互競爭的誘因而稀釋自身的使命。」

後來布羅克曼搭奧特曼的車回家，途中他宣布，儘管這聽起來非常不切實際，但是他願意加入。畢竟這裡是矽谷，即使是最瘋狂的想法，也能找到成功的路徑。

奧特曼自己就是工作狂，當他看到布羅克曼立即規劃建立 OpenAI 需要的所有後勤工作，也覺得非常欽佩。這個人平均回覆電子郵件的時間是五分鐘，代表他可以像奧特曼一樣瘋狂的投入這項事業。「他真的是全心全意投入。」奧特曼後來表示，在創辦 OpenAI 的過程中，布羅克曼主導所有事務。

布羅克曼負責從 Google 和臉書挖走一批非常有才華的科學家，他還聯繫蒙特婁大學教授約書亞．班吉歐（Yoshua Bengio），這位教授被譽為深度學習運動的「教父」之一。但布羅克曼並不想雇用班吉歐，他只是希望教授告訴他，心裡能想到最有前途的人工智慧科學家是誰。班吉歐於是列出一份名單，寄給布羅克曼。

要雇用這些人並不容易。有些人在 Google 和臉書的薪資高達七位數，奧特曼與布羅克曼根本無法提供接近這個水準的薪資。他們有的只是改變世界的神聖使命，以及兩位聲望顯赫的掌舵人：伊隆．馬斯克現在是受全世界尊敬的大亨，奧特曼管理 Y Combinator 的經歷大大提升他在矽谷的地位，成為人人都想結識的一號人物。對於人工智慧研究者來說，即使只是在這個非營利組織短暫工作一段時間，也能獲得寶貴的人脈關係及潛在的職涯晉升機會，足以彌補薪資的短少。

布羅克曼名單上的幾位頂尖科學家決定與他見面討論工作事宜。除了幾位大咖人物與組織願景之外，他們也很喜歡這個組織的「開放」文化，**他們終於有機會發表自己的研究**，而不是祕密研究企業產品。此外，前 OpenAI 員工表示，有些人很認同這樣的說法：

Google與DeepMind為了獲利開發通用人工智慧，這個組織可以成為一股制衡力量。

為了達成協議，布羅克曼帶幾位科學家到一家釀酒廠。如果蘇茨克維同意加入，將成為他最大的收穫。這群人深入討論如何建立一個完全不受企業壓力影響的人工智慧實驗室，所有研究成果都是「開源」的，實際上是免費提供給大眾；他們還討論，隨著人工智慧愈來愈強大，要如何阻止Google與臉書等大型科技公司控制人工智慧。幾乎所有科學家都同意加入新組織，包括很少露出微笑、才華洋溢的科學家蘇茨克維在內。他在俄羅斯與以色列長大，曾與聲譽卓著的深度學習先驅傑佛瑞．辛頓共事過，現在他準備離開Google大腦，加入OpenAI。

大約有十多人加入OpenAI。二〇一五年十二月，團隊前往加拿大蒙特婁，參加年度人工智慧研討會NIPS（現在稱為NeurIPS，神經資訊處理系統大會），宣布成立新的研究實驗室。場館外的積雪愈堆愈厚。團隊成員在場館內忙著向其他與會者介紹他們的新實驗室，並且在網路上發布正式的公告，新網站OpenAI.com隨之上線，刊登一篇由布羅克曼與蘇茨克維撰寫的部落格文章來介紹他們的實驗室。「我們的目標是透過最有可能造福全人類的方式，推動數位智慧的發展，不會受制於創造財務報酬的需求。」他們寫道。

這個組織由馬斯克與奧特曼主導，已經獲得來自馬斯克、提爾、奧特曼、霍夫曼與潔西卡・利文斯頓等人高達十億美元的投資承諾。另外，亞馬遜允諾提供雲端運算額度。知情人士表示，馬斯克計劃運用特斯拉股票支持OpenAI，就如同多年前他提供給DeepMind的收購條件一樣。

數百名參加NeurIPS的學者看到新聞之後大吃一驚。他們認為，開發通用人工智慧根本是在做白日夢，但是有些人卻覺得羨慕不已。過去十年，大型科技公司一直從大學裡吸收頂尖的電腦科學人才，全球最頂尖的人工智慧人才都在為企業利益服務。事實上，現在已經形成一條人工智慧生產線，起點是頂尖大學，終點是Google、臉書與亞馬遜。這個問題早已存在多年。

「任何人都不可能對相當於現有薪資二到三倍的待遇說『不』。」倫敦帝國學院的資訊工程教授瑪雅・潘迪奇（Maja Pantic）表示，她在二〇一八年加入三星電子，擔任人工智慧中心研究總監，後來跳槽到Meta（二〇二一年後臉書公司的名稱）。「這就是我的經歷，也是我每位同事的經歷。」

知名學者也不例外。辛頓現在為Google工作；李飛飛離開史丹佛大學，加入Google；楊立昆加入臉書。吳恩達離開史丹佛大學，加入Google，之後跳槽中國百度。甚至是像史丹佛、牛津與麻省理工學院等頂尖大學，也很難留住明星學者，導致原本應該培育下一代教育工作者的地方出現真空。人工智慧研究愈來愈要求保密，而且逐漸導向營利目的。這也是為何馬斯克與奧特曼推動開放研究成果的做法，讓研究人員感到耳目一新。終於有人要解決人工智慧知識過度集中於大型企業的問題。

大學之所以出現人才流失，主要原因有二。首先，最明顯的原因是薪資。「人工智慧教父」傑佛瑞·辛頓曾經任教的多倫多大學，電腦科學系教授的年薪大約是十萬美元，該大學收入最高的學者大約可拿到五十五萬美元的薪資。這已經是最高上限。辛頓的明星學生蘇茨克維甚至沒有想過要投身學術界。他曾在辛頓成立的新創公司短暫工作過，之後就直接加入 Google 大腦。根據《AI 製造商沒說的祕密》書中描述，當 OpenAI 開出兩百萬美元年薪邀請蘇茨克維加入時，Google 大腦開出三倍的金額。

第二個原因是，進行人工智慧研究的相關實驗需要大量資料與運算力。大學只有少量的圖形處理器（GPUs），這是由輝達（Nvidia）設計的強大半導體，大多數用來訓練人工智慧模型的伺服器都需要使用圖形處理器。潘迪奇還在學術界工作時，就曾設法為她的三十人研究團隊購買十六台圖形處理器，但由於數量太少，光是訓練一個人工智慧模型就要花費好幾個月；她加入三星後不久，就有兩千台圖形處理器可用。「這太荒謬了。」她說明有了更強大的資訊處理能力之後，訓練演算法只需要幾天就可以完成，研究也可以加速進行。

對於留在學術界的科學家來說，愈來愈難逃離大型科技公司的影響力。二〇二二年的研究顯示，過去十年，與大型科技公司有關聯的學術論文數量成長三倍多，占比高達六六%。這項研究是由多所大學的研究人員合力完成，包括史丹佛大學與都柏林大學學院（University College Dublin）。該項研究的作者指出，大型科技公司的影響力與日俱增，「與大型菸草公司採取的策略非常類似。」這也影響大學衡量人工智慧研究的成功標準。負責主持這項研究、現任摩茲基金會（Mozilla Foundation）資深研究員阿比巴・比爾哈尼（Abeba Birhane）表示，學術界不再關注造福人類、公平正義、包容等價值觀，而是傾向於追求更好的性能表現。

比爾哈尼認為，人類福祉與公平正義不只是空洞的概念而已，它們完全可以被衡量。「它們可能很抽象，但是效率與績效也一樣抽象。」她補充：「人們已經找到方法衡量公平、隱私與其他概念。」此外，比爾哈尼提到，她在二〇二三年共同參與的另一項研究顯示，不論是大學或科技公司，當各地研究人員只想著如何讓自己的人工智慧模型變得更大、能力更強，反而會增加模型偶爾生成種族主義或性別歧視等內容的風險，讓情況更加惡化。「我們發現，隨著資料集的規模不斷擴大，仇恨內容也隨之增加。」

大型公司若要持續累積在人工智慧領域的影響力，規模是相當關鍵的因素。Google與Meta擁有數兆個資料點可用來訓練人工智慧模型，還有占地數十萬平方英尺的伺服器農場。Google目前在奧勒岡達爾斯設立的資料中心，面積比六個足球場還要大。相較之下，多數大學只能提供一小部分的資源。

如果要讓人工智慧變得更聰明，資料就要愈多愈好。蘇茨克維在OpenAI內部開始進行研究時，他和他的團隊一心想著盡可能讓人工智慧變得強大，至於公平、公正或隱私等問題，不一定是他們的關注焦點。

簡單來說，當有一個公式可循：使用愈多的資料訓練人工智慧模型，增加模型的參數數量，同時提高用於訓練的運算力，人工智慧模型就會變得更加熟練。這正是吳恩達教授在史丹佛大學進行實驗時發現的特殊相關性。無論你的模型是為了何種用途，都一樣，只要你把所有參數調高，它的翻譯就會更準確，或是生成的文本聽起來會更人性化。

蘇茨克維在某場人工智慧研討會上說過：「如果你有非常大量的資料集、非常大規模的神經網路，成功是必然的。」這句話的後半段變成他的口頭禪，許多人工智慧科學家也經常複述這句口頭禪，尤其是在OpenAI盛大啟動之後，出現一個全新的非營利組織，而且由一位傑出的科學家及矽谷最有影響力的人物領導，整個人工智慧社群都為此興奮不已。

但是沒過多久，問題開始浮現。OpenAI曾經在十二月宣布，馬斯克、提爾與其他投資人承諾投資十億美元，但是OpenAI沒有立即得到這筆資金。科技新聞網站TechCrunch深入調查OpenAI的聯邦報稅資料之後發現，接下來幾年內OpenAI實際上只獲得略多於一．三億美元的捐款。

OpenAI不僅缺乏資金，發展方向也不明確。由三十位研究人員組成的創業團隊起初在布羅克曼位於舊金山教會區的公寓裡工作，大夥坐在廚房餐桌前，或是懶散的坐在沙發上，把筆電放在膝蓋上。OpenAI成立幾個月後，另一位備受尊敬的Google大腦研究人員達里奧．阿莫迪（Dario Amodei）來訪。他提出一些深入的問題。例如，OpenAI希望打造友善的人工智慧，並向全球公布原始碼，究竟是為了什麼？根據《紐約客》的專訪內容，奧特曼當場反駁，他們沒有打算公開所有的原始碼。

「這樣一來你們的目標是什麼？」阿莫迪再度詢問。

布羅克曼總算承認「有點模糊」。他們的目標是確保人工智慧發展順利。

愈來愈多科學家像馬斯克與艾利澤．尤德考斯基一樣，擔心人工智慧可能導致世界末日，包括阿莫迪在內。不到一年前，他還在Google工作時，因為照片應用程式的視覺辨識系統被發現將有色人種歸類為大猩猩而飽受抨擊。Google對此表示「震驚」，並從照片應用程式中刪除大猩猩的標籤。「系統出現不可預測的故障不是一件好事。」阿莫迪在某個播客節目中談到這個事件時這樣說。

阿莫迪不僅擔心演算法會導致種族歧視與冒犯行為，他還擔心，DeepMind擅長的人工智慧技術「強化學習」會被用來控制實體系統，例如：機器人、自駕車或Google資料中心。「當你實際與這個世界直接互動，並且直接控制實體事物，我認為事情出錯的可能性……就會開始增加。」二〇一六年，他在接受雅安・塔林創辦的生命未來研究所採訪時表示。

阿莫迪深入研究人工智慧的危害之後，發現更多人工智慧可能引發的災難。他後來向媒體提出警告，失控的人工智慧有二五％的可能性會對人類構成滅絕風險。如果他繼續留在Google大腦，將無法化解這個風險。因此，在OpenAI辦公室進行深入交談幾個月後，阿莫迪決定加入OpenAI。

為了開發通用人工智慧，OpenAI的創業團隊需要吸引更多資金與人才，所以他們試著將重點放在能夠獲得媒體正面報導的專案。早期加入公司的研究人員後來開發一款電腦，能夠在3D戰略遊戲《遺跡保衛戰》（*Dota*）中擊敗頂尖的電玩冠軍。他們還打造由神經網路驅動、擁有五根手指的機器手掌，能夠解開魔術方塊。執行這些專案的目的是為了超越大西洋彼岸、神祕的 DeepMind 辦公室正在進行的研究工作，好讓伊隆．馬斯克滿意。

馬斯克從不隱瞞自己對於 DeepMind 的不信任。起初，馬斯克每星期會拜訪 OpenAI 辦公室，後來則是每隔幾星期去一次。二〇一七年，OpenAI 的員工前往 SpaceX 總部參加異地會議。馬斯克帶領他們參觀工廠設施，然後與大約四十位新加入的人工智慧研究人員進行對談。馬斯克曾談到，他創辦 OpenAI 的主要原因就是德米斯．哈薩比斯。

根據當時在場的人透露，馬斯克對大家說：「我曾是 DeepMind 的投資人之一，我非常擔心賴瑞（佩吉）會以為德米斯是在為他工作。事實上，德米斯只為自己工作。而且我不信任德米斯。」

研究人員聽完都非常驚訝。對許多人來說，聽起來比較像是馬斯克與哈薩比斯之間有過節，不是真的特別擔心人工智慧的未來發展方向。當他被問到為何對哈薩比斯懷有敵意時，馬斯克又提到這位英國創意家過去曾經設計一款以統治世界為主題的電腦遊戲。

在同一場會議上，馬斯克回憶他與另一位 DeepMind 投資人的對話內容。這位投資人提到，早前與哈薩比斯開會時：「我感覺就像是電影中某個時刻，應該要有人起身，開槍射殺那個傢伙。」意思是，需要有人阻止哈薩比斯開發無所不能的人工智慧。

不過，雖然馬斯克看起來很不喜歡哈薩比斯，但是他仍舊提醒 OpenAI 員工，DeepMind 處於領先地位，他會將這家公司的研究成果視為標竿，所以他們必須以此標竿做為目標。據前 OpenAI 員工表示，隨著時間累積，馬斯克愈來愈擔心 OpenAI 的科技不如 DeepMind 強大。

為了留住最大的金主，奧特曼與布羅克曼開始指導部分研究人員，模仿 DeepMind 正在進行的研究。例如，參與《遺跡保衛戰》專案的研究人員起初無法理解，如果他們的終極目標是開發能夠改善人類生活的通用人工智慧，為何還要花時間投入遊戲模擬。當然原因正是他們需要馬斯克的投資。「如果我們不這麼做，未來幾年、甚至是明年，OpenAI 可能就不存在。」布羅克曼對研究人員表表明。

雖然 OpenAI 最終在聊天機器人與大型語言模型方面取得重大成就，獲得全球讚譽。不過在最初幾年，他們一直努力鑽研多重代理人模擬（multiagent simulation）與強化學習，而且當時 DeepMind 已經在這些領域取得主導地位。OpenAI 愈是在這些領域努力追趕 DeepMind，奧特曼與他的領導團隊就愈清楚意識到，透過這些方法開發人工智慧，並不會對現實世界造成多大的影響。

也就是在這時候，OpenAI 開始發展成與 DeepMind 完全不同的組織。DeepMind 塑造重視博士學歷的員工、講求階級的學術文化；OpenAI 則是由工程師主導，許多頂尖研究人員都是程式設計師、駭客或是曾經參加 Y Combinator 育成計畫的新創公司創辦人。他們更感興趣的是創造事物和賺錢，而不是在科學界取得重大發現、建立聲望。

與此同時，馬斯克愈來愈焦慮。他向奧特曼抱怨，他招募一批頂尖的科學家，卻沒看到他們徹底擊垮 DeepMind。這個非營利組織成立後第三年，馬斯克告訴奧特曼，他們已經落後 Google 與 DeepMind 太多。於是，他提供一個快速解方：他要掌控 OpenAI，讓它與特斯拉合併。二〇一八年十二月，馬斯克寄出一封電子郵件給奧特曼與他的團隊，信中寫道，如果 OpenAI 不做出重大改變，永遠追趕不上 DeepMind。後來 OpenAI 公布信件內容，並獲得親眼看過未經編輯版本的人士的證實。「很不幸的，人類的未來掌握在德米斯手裡。」馬斯克寫道。換句話說，如果馬斯克不採取行動，就會讓壞人德米斯・哈薩比斯得逞。但是，奧特曼與其他共同創辦人想要繼續控制 OpenAI，他們拒絕馬斯克的提議。

馬斯克退出 OpenAI

二〇一八年二月，OpenAI 公開發表一份聲明，宣布新捐款人名單，並簡短提到馬斯克即將離開，他們將離開的原因描述成良性的：馬斯克是基於道德理由而離開。他在人工智慧領域具有太多利益衝突。這家非營利組織在部落格上表示：「伊隆・馬斯克將退出OpenAI董事會，但仍會持續捐款給該組織並提供建議。」「特斯拉將會更專注於人工智慧領域，此舉可避免馬斯克在未來與OpenAI發生潛在的利益衝突。」

許多OpenAI員工都知道，這個說法根本是睜眼說瞎話。他們懷疑，雖然馬斯克一再宣稱，他很關心開發更安全的人工智慧，但是他也想要成為打造最強大人工智慧的那個人。他已經是全球首富，而且對於美國的基礎建設擁有前所未見的巨大影響力：美國國家航空暨太空總署（NASA）正與SpaceX合作，將太空人送入太空；特斯拉正主導電動車充電標準的制定；馬斯克的衛星網路公司Starlink正試圖影響烏克蘭戰爭的結果。

長遠看來，馬斯克顯然也不可靠。他曾承諾，未來幾年將捐款十億美元給OpenAI，但後來只捐款五千到一億美元之間。對於世上最富有、總是擔憂人工智慧未來發展的人來說，這筆金額根本微不足道。對他來說，投入那筆錢相對容易，特別是如果他打算用特斯拉股票資助OpenAI。事實上，二〇一五到二〇二三年間，特斯拉股價飆漲超過一百八十倍，意謂著OpenAI可以輕鬆達到十億美元的募資目標。雖然馬斯克對於人類的未來有諸多擔憂，但是他似乎更在意如何在競爭中保持領先地位。

馬斯克離開 OpenAI 之後，也切斷 OpenAI 的主要資金來源。對奧特曼來說，真是一場災難。全球最頂尖的人工智慧科學家自願降薪加入，只為了和他一起工作。他將自己的名聲全部押注在 OpenAI 上，但他原本承諾造福人類的遠大願景，如今顯得有些可笑。在這個人工智慧發展的新年代，一個簡單的道理是：你需要更多資源才能成功，從支付研究人員的薪水、到訓練模型的數據、再到人工智慧模型運作需要的電腦運算力。沒有了馬斯克，取得這些資源的可能性立即大減。

奧特曼處於關鍵時刻。他在 OpenAI 舊金山辦公室工作時，不斷思考如何在極為有限的資源下讓這個非營利組織持續運作，但可能開發出略遜於其他模型的人工智慧；另一個選項則是結束這一切，關閉 OpenAI。為非營利組織募資要比為新創公司募資困難許多。奧特曼必須努力說服富豪，基於善意捐款支持通用人工智慧事業，同時不要期望能獲得直接的財務回報。他需要數千萬美元的資金，馬斯克是最後一位大金主。

不過還有另一個選項。除了為人類建立人工智慧烏托邦所帶來的榮耀感之外，或許 OpenAI 可以提供某種直接的經濟報酬給它的支持者。這將是雙贏局面。支持者與其說是「捐贈」，不如說是「投資」。無論如何，這是奧特曼比較習慣的用語。但是他發現，實際上能夠提供 OpenAI 開發通用人工智慧所需資金以及電腦運算力的潛在支持者寥寥無幾。他只能聯繫那些科技巨頭，例如：Google、亞馬遜、臉書與微軟。其他公司沒有數十億美元的現金，也不需要在面積相當於足球場大小的建築物裡擺放強大電腦。

過去幾年，OpenAI與DeepMind努力設下各種障礙，避免它們開發的超級強大人工智慧系統遭到誤用。DeepMind試圖改變治理結構，如此一來即使是Google這種以營利為目的的獨占企業，也無法隨意利用通用人工智慧獲利。相反的，將會由專家顧問組成的理事會負責監督所有事情。奧特曼和馬斯克則是將OpenAI設定為一家非營利組織，承諾如果他們看似接近超級智慧機器的門檻，就會將研究成果、甚至是專利分享給其他組織。這麼做的目的，是為了優先考慮人類的利益。

但現在，奧特曼必須努力求生存，他得要打破某些防護措施。原本行事謹慎的他，要嘗試採取相對魯莽的手段，這將使得他與DeepMind投入研究的人工智慧領域，從原本速度緩慢的學術性追求，變成更像是在「蠻荒西部」探險的旅程。奧特曼將憑藉自身才能，編織令人信服的故事，為他即將背離OpenAI的創業原則進行辯護。他是科技公司創辦人，科技公司創辦人有時必須做出調整。這就是矽谷的運作方式，他只需要稍微調整OpenAI的某些創業原則即可。

第二幕

失控？巨靈現身

第七章
AlphaGo 擊敗世界冠軍

在倫敦國王十字車站步行不遠處擠滿遊客，大家爭相目睹哈利・波特（Harry Potter）出發前往霍格華茲的魔法火車站月台。同一時間，在數棟光鮮亮麗的摩天大樓內工作的人們，正在創造另一種魔法。摩天大樓高聳直入灰色天際，外牆由玻璃與金屬飾板組合而成。大樓之間有一條美麗的長廊步道，來往的行人熙熙攘攘。其中有些人是 DeepMind 的工程師與人工智慧科學家，他們穿越已經正式屬於 Google 的辦公大樓玻璃門，從口袋裡掏出他們的識別證；其中有兩層樓屬於機密的人工智慧實驗室。

DeepMind 被 Google 收購之後，員工獲得許多福利，包括午睡包廂、按摩室與室內健身房，但是它的創辦人仍試圖要擺脫母公司「字母」的控制。公司被收購至今已過兩年，這家科技巨頭的高層向德米斯・哈薩比斯與穆斯塔法・蘇萊曼提出新的可能性。DeepMind 可以變成一家「字母公司」，擁有獨立的損益表，而非成為一個「自治單位」。

DeepMind的「自由夢」

DeepMind 的創辦人身處英國，因此遠離矽谷追求無止境成長的價值觀，他們基於善意接受 Google 的提議。蘇萊曼想要證明，DeepMind 以一家企業來說也能夠獨立自主，因此他深入研究他們的人工智慧系統在真實世界的價值。他重新將重心放在他口中的「應用」部門，隸屬該部門的研究人員運用強化學習技術，解決健康醫療、能源與機器人等領域的問題，期望未來能夠轉化為商業機會。另一個大約二十人的研究團隊，自稱是 Google 專屬 DeepMind，負責執行有助於直接提升 Google 業務的專案，例如，提高 YouTube 推薦的精準度，或是改善 Google 廣告定位的演算法。知情人士透露，Google 同意，如果新功能有助於增加價值，就會將其創造的五〇％收益分給 DeepMind。另一位員工表示，大約有三分之二的專案最終證明對 Google 是有用的。

如此一來，其他數百位 DeepMind 研究人員就能自由的搜尋開發通用人工智慧的方法。每隔幾星期，創辦人會在倫敦的酒吧聚會討論工作，每次討論總會回到類似的爭議點：蘇萊曼想要解決真實世界的問題，但是他也擔心可能會無意間打造出未來可能造成傷害的超級智慧系統。如果人工智慧逃脫它的限制，反過來操縱人類，該怎麼辦？平時在辦公室，他也會警告其他員工與主管，通用人工智慧對經濟造成的衝擊可能導致數百萬的工作消失、收入縮水。如果引發暴動又該怎麼辦？據前員工表示，蘇萊曼當場回答：「如果我們不去思考平等的問題，人們就會拿著乾草叉，走到國王十字車站。」

哈薩比斯絞盡腦汁的思考解決方案，但是有些方案聽起來有點異想天開。舉例來說，他會建議，當DeepMind的人工智慧愈來愈強大到可能造成潛在危險時，他們可以聘請加州大學洛杉磯分校教授陶哲軒，他被外界認為是當今世上最偉大的數學家之一。陶哲軒從小就是神童，九歲讀大學。據《新科學家》（*New Scientist*）雜誌報導，在那些深感挫敗的研究人員眼中，陶哲軒就是「解題大師」。

陶哲軒在接受訪談時提過，大多數人工智慧都是聰明的數學家，而且這個世界恐怕永遠不會出現真正的人工智慧。他和哈薩比斯一樣，也是採取機械性、近乎非黑即白的方式看待這項科技。言下之意是，如果人工智慧失控，可以利用數學控制它。哈薩比斯並非唯一一位相信這種觀點的人。在尤德考斯基的LessWrong論壇上，有許多成員投入一項長期專案，共同討論要如何說服陶哲軒與其他頂尖數學家參與人工智慧的對齊研究，也就是為了防止人工智慧失控，讓它「更對齊」人類的價值觀。他們估算，這些數學菁英應該獲得五百萬到一千萬美元之間的獎勵。

哈薩比斯設想，當他的模型接近通用人工智慧時，就會停止對模型提升性能，然後邀請全球最頂尖的專家來公司深入分析模型的所有細節，協助計算出控制人工智慧的最佳方法。「或許我們應該發出號召令，召集數學家與科學家，組成類似『復仇者聯盟』的團隊。」哈薩比斯現在依然這麼說。

但是，蘇萊曼不認同這位共同創辦人的做法，他覺得這太強調數字與理論。他認為，人工智慧應該交由人類來管理，而不只是透過精密的數學計算，這樣才能確保人工智慧的安全。就在他和哈薩比斯辯論控制人工智慧的最佳策略時，他們收到來自 Google 領導階層的最新消息，是關於 DeepMind 成為「字母旗下公司」的計畫。Google 高層告訴他們，這個計畫終究不可行。分拆並非一件簡單的事，因為人工智慧對 Google 的業務愈來愈重要，Google 比以前更需要 DeepMind。

DeepMind 創辦人感覺這一切似曾相識，Google 再度改變方向。但是，Google 高層要他們別擔心，還是可以找到折衷辦法。Google 提出第三個選項：DeepMind 可以部分分拆，擁有自己的信託董事會，指導超級智慧的人工智慧開發；但是字母公司可以保留這家人工智慧公司的部分所有權。為了證明他們是認真的，字母公司以書面形式做出承諾。根據某位直接獲悉該協議內容的人士透露，字母公司的高層簽署一份投資條件書（term sheet），其中包括 Google 承諾在未來十年內向 DeepMind 提供一百五十億美元的捐贈基金，讓 DeepMind 能夠獨立運作。哈薩比斯告訴幾位 DeepMind 員工，Google 的高階主管桑德‧皮蔡已經簽署這份投資條件書；幾年後，皮蔡將升任為字母公司執行長，代表 Google 這次的承諾是認真的。

投資條件書概述潛在商業協議的條款與條件，通常是當作進一步協商的基礎，不具有法律效力。不過，書面協議還是比口頭承諾要有份量，DeepMind 創辦人相信，Google 這次是真的承諾放他們自由。他們決定全力投入，將 DeepMind 重塑成另一種不同形式的企業，類似 OpenAI，他們將採取某種讓 DeepMind 看起來更像慈善機構、而非營利事業的正式組織架構。

哈薩比斯與蘇萊曼聘請投資銀行家，開始規劃分拆公司的財務機制。同時，雇用兩家倫敦法律事務所，制定重組為獨立機構的相關法律方案。另外，他們也向英國頂尖企業訴訟律師取經，這名律師曾協助殼牌（Shell）、沃達豐（Vodafone）、礦業巨頭必和必拓（BHP Billiton）等大型公司完成交易。

他們重新規劃新的領導架構：哈薩比斯、萊格與蘇萊曼將加入營運委員會，其他成員包括字母公司執行長賴瑞‧佩吉、他的共同創辦人謝爾蓋‧布林、時任 Google 產品長的桑德‧皮蔡、以及三位獨立企業董事。決策將交由多數決。重要的是，他們還將設立由六名董事組成、完全獨立的信託董事會，負責監督 DeepMind 是否遵守它的社會與道德使命。信託董事會成員的名字以及他們做出的任何決定都將對外公布。由於六位董事將掌控全世界最強大、可能造成潛在危險的科技，所以必須是才能卓越、值得信賴的人選。於是 DeepMind 鎖定最高層的領導人物，他們邀請美國前總統巴拉克・歐巴馬（Barack Obama）加入信託董事會，其他邀請名單還包括美國前副總統與前中情局局長。據知情人士透露，其中有些人已經點頭答應。

DeepMind 諮詢過法律專家的意見後，決定不採行山姆・奧特曼最初選擇的非營利組織路線。DeepMind 創辦人設計全新的法律結構，他們稱之為「全球利益公司」（global interest company）。他們的想法是，DeepMind 將轉為更像是聯合國分支機構的組織，它將成為資訊透明、負責任的人工智慧管理者，為全人類的利益著想。字母公司將可取得獨家授權，未來 DeepMind 在人工智慧領域取得的任何技術突破，只要有助於提升 Google 搜尋引擎業務，都將提供給這家大型科技公司使用。不過，DeepMind 會將大部分資金、人才與研究用於推動自身的社會使命，致力於發現新藥物、改善醫療保險、或是應對氣候變遷危機。在內部，他們將這個專案簡稱為ＧＩＣ。

Google的「中國夢」

雖然DeepMind一直想辦法脫離Google，但是在此同時，他們仍持續協助強化Google的業務。就在Google的賴瑞．佩吉承諾協助DeepMind取得獨立地位的同時，也將中國市場視為拓展Google版圖的大好機會。Google的業務在美國及其他西方市場已經趨近飽和，中國將提供獨一無二的機會。這是全球人口最多的國家，有超過六．五億的網路使用者，相當於美國總人口的兩倍。能夠上網的中國人口當中，只有一半真正在上網，表示中國仍有相當龐大、尚未開發的市場。中國的中產階級不斷壯大，消費者支出持續增加，國內生產毛額大約是十一兆美元，是全球第二大經濟體。對任何一家網路公司來說，中國都是潛在的金礦。

但是，Google不能就這麼大搖大擺的進入中國。事實上，Google曾在二〇一〇年指控中國攻擊它的智慧財產權與中國維權人士的Gmail帳號，隨後Google宣布退出中國市場。中國政府曾要求Google，審查有關天安門廣場以及中國共產黨認定的爭議性話題的搜尋內容。之後，中國封鎖臉書與推特，建立大家熟知的「防火長城」（Great Firewall）。但是Google高層相當有自信，他們認為這些政策只是暫時的，不久之後，中國民眾就會過於渴望獲得矽谷網路巨頭提供酷炫、強大的服務。

「如果拉長時間跨度來看，我是否認為這種體制會走向終結？」時任Google董事長的艾瑞克．施密特（Eric Schmidt）在二〇一二年接受《外交政策》（*Foreign Policy*）採訪時問自己。「我認為絕對會。」

但是，施密特錯了。中國的網路產業不僅沒有衰退，反而蓬勃發展。包括美團、百度與阿里巴巴等網路公司迅速崛起，成為中國的科技巨頭。曾在矽谷工作與創業的中國工程師紛紛回國，建立自己的科技帝國。以前在微軟亞洲研究院（Microsoft Research Asia）工作的大批工程師，後來在阿里巴巴和騰訊等中國網路公司擔任管理要職。Google離開中國五年後，發現這個市場變得更吸引人，但是中國的審查制度依舊沒有改變。它們不知道如何重返中國，卻渴望進入持續成長的中國消費市場，挖掘在中國不斷湧現的創新工程理念。「我們必須了解那裡發生的事情，才能獲得啟發，」Google搜尋業務主管班．戈梅斯（Ben Gomes）當時告訴《攔截報》（*The Intercept*）：「中國將教會我們一些我們不知道的事。」

大約在此同時，Google的領導階層發生異動。二〇一五年，佩吉與布林退出他們創辦的公司，追求Google以外的個人興趣，包括慈善事業，或是飛行器、太空探險。他們任命皮蔡為新任執行長。皮蔡之前是備受尊敬的產品長，DeepMind曾經打算在公司分拆之後，邀請他加入營運委員會。但是，他和佩吉不一樣，他沒有太多時間，也沒有太大意願讓 Google 收購最有價值的企業之一脫離掌控。他和施密特忙著在思索，如何透過有創意的方法重回中國市場。當年他們一度看似有可能獲得北京當局的允許，讓 Google 的應用程式重新在中國上架；但是，後來什麼事也沒發生。

人機大戰

終於出現難得的公關機會，讓 DeepMind 成為眾人矚目的焦點。DeepMind 一直在利用遊戲訓練它的人工智慧模型，它們最新開發的軟體 AlphaGo 能夠下圍棋。圍棋起源於兩千五百年前的中國，是一種兩人對弈的抽象策略遊戲，玩家在十九乘十九的網格棋盤上，使用黑白兩色棋子進行對弈。玩家輪流將一枚棋子放在格線的交叉點上，目標是使用自己的棋子圍住空點，占據棋盤上的領地，同時吃掉對方的棋子。表面上看起來很簡單，但這是現存最複雜的策略遊戲之一，因為棋局有大約 10^{170} 種可能性，遠遠超過宇宙中可觀測的原子估計數量，後者大約是 10^{80}。

多年前，佩吉在史丹佛大學創辦 Google 時，曾與他的共同創辦人謝爾蓋·布林一起下圍棋。Google 收購 DeepMind 的幾星期後，佩吉向哈薩比斯提到，自己對於圍棋很有興趣，於是哈薩比斯說，他的團隊可以開發出能夠擊敗人類冠軍的人工智慧系統。

哈薩比斯的目的不只是要讓他的新老闆留下深刻印象。哈薩比斯不但是才華洋溢的科學家，也是出色的行銷高手。他明白，如果AlphaGo擊敗圍棋世界冠軍，就像一九九七年IBM的深藍（Deep Blue）電腦擊敗西洋棋世界冠軍加里・卡斯帕羅夫（Garry Kasparov）那樣，將可為人工智慧創造真正鼓舞人心的新里程碑，同時進一步鞏固DeepMind在該領域的領導地位。DeepMind將對手目標鎖定為南韓的李世乭，並在二〇一六年三月向他下挑戰書，進行五局對弈。

當天有超過兩億人透過網路或電視觀看李世乭與AlphaGo的五局大戰。負責操作軟體的DeepMind科學家在比賽的幾個小時前禁止飲水，以免比賽過程中需要上廁所。比賽開始後，哈薩比斯在AlphaGo控制室與私人觀賽區之間來回走動，他完全吃不下，即使他的團隊已經讓AlphaGo的神經網路學會三千萬種可能的棋步。

要在圍棋中取勝，棋手必須完全包圍對手的棋子，然後吃掉這些棋子，這需要非常細膩的策略思考，意思是要在進攻與防守之間取得平衡，同時兼顧長期與短期目標，並預測對手接下來可能的棋步。你必須謹慎的在棋盤上選擇落子位置，例如，最靠近棋盤邊緣的第一路通常很少被使用，因為在這條位置上很難包圍對手的棋子來占領領地。這也是為什麼與李世乭進行第二局比賽時，AlphaGo 在第三十七手時犯下看似非比尋常的錯誤，它把棋子落在棋盤右側的第五路。一般來說，在五路落子比較沒什麼用處，這會讓對手在四路取得地利優勢，五路的落子會被認為是浪費。這一步棋實在太出乎意料、太不按常理出牌，李世乭花了十五分鐘思考對策，甚至一度走出比賽房間。

「這一手真的讓人意想不到。」其中一位評論員這樣說，他們相信可能是 AlphaGo 的人類操作員點錯棋盤上的位置。

然而，大約一百手之後，原本奇怪的策略開始變得合理。AlphaGo 在棋盤左下角的兩顆黑子最終蔓延到另一邊，與它之前落在五路的棋子完美的連接在一起。經過四個多小時的對弈，李世乭認輸。他和評論員紛紛表示，第三十七手「太漂亮了」。哈薩比斯認為，這顯示人工智慧具備創造力。結果，AlphaGo 在與李世乭的五局對弈中贏下四局。

這是人工智慧發展的歷史性一刻，DeepMind 獲得前所未有的媒體關注，Netflix 一部關於 AlphaGo 的紀錄片也獲得多個獎項。哈薩比斯原本準備見好就收，讓這個專案功成身退，以便他能夠繼續轉向下一個專案。但是 Google 也看到了機會。他們希望藉此向北京展示 Google 的科技實力，開闢重回中國市場的新途徑。

Google 高層認為，他們可以利用 AlphaGo，與中國建立新型的乒乓外交模式，好比一九七一年美國與中國透過乒乓球員交流，協助緩和冷戰後的外交關係。如果在韓國比賽是為了打響 DeepMind 的名號，下一場在中國的比賽，就應該是為了 Google 而戰。

Google 希望 DeepMind 能讓 AlphaGo 與更高段的棋手對弈，這個人就是當時世界排名第一、來自中國的十九歲圍棋手柯潔。柯潔與李世乭是完全不同類型的棋手，柯潔總愛挑釁對手、喜歡自我吹噓；但是 Google 同樣非常傲慢，它們認為可以藉由這場比賽炫耀自己的科技實力，贏得重返中國的機會。

根據前 DeepMind 員工透露，哈薩比斯對於眼前的情況相當憂心。如果 AlphaGo 獲勝了，看起來就像是邪惡的大型人工智慧再次擊敗人類；如果他們敗北，在韓國累積的熱度將會瞬間化為烏有。無論結果如何，看起來都將是不利的局面。

不過，哈薩比斯也知道，Google 急於在中國市場占有一席之地。於是他運用自己的策略思考長才，與皮蔡共同想出折衷辦法：他們可以進行下一場比賽，但是，這次他們使用新版的 AlphaGo，名為 AlphaGo 大師（AlphaGo Master）。這套軟體不是在數百台電腦上運行，而是在一台搭載 Google 晶片的機器上運行。如此一來，他們可以將這次的比賽定位為人工智慧系統測試，而不是為了試圖再次擊敗人類冠軍。如果系統輸了，他們可以說新系統無法與原始版本相提並論，藉此挽回顏面；如果系統贏了，他們可以宣告，更強大的新系統就此誕生。Google 可以推廣新開發的機器學習平台 TensorFlow，爭取某些中國大型企業客戶為其規模雖小、但是正在成長的雲端業務付費。皮蔡同意這個提議。

比賽於二〇一七年五月的中國烏鎮舉行。一年以來，Google 高層不斷遊說中國政府官員在全中國電視與網路服務平台播放這場比賽，然而中國多數地方屏蔽這場比賽。AlphaGo 大師與柯潔對弈三局全勝，但是在中國幾乎沒有人知道這件事。

Google 領導團隊試圖對整個局面保持樂觀。施密特在比賽活動現場接受採訪時，抓住機會大力讚揚 TensorFlow，並表示阿里巴巴、百度和騰訊等大型中國網路公司都應該試用。他表示：「如果他們使用 TensorFlow，會獲益更多。」但幕後的真相是，Google 太想要重返中國，甚至因此推翻先前抵制北京審查與監控要求的某些決定。根據二〇一八年洩露給《攔截報》的一份備忘錄顯示，Google 高層要求工程師團隊專門為中國開發代號為蜻蜓的搜尋引擎原型，它可以屏蔽特定搜尋關鍵字，同時將使用者的搜尋紀錄與行動電話號碼綁定在一起。這完全背離 Google 的原則，等於是幫助高壓政權監控自己的人民。

Google 太想要拓展新業務，完全看不清重返中國市場的愚蠢之處。中國在地的科技公司在人工智慧領域已經取得重大進展，根本不需要借助 TensorFlow 或 Google 來開發。中國網路巨頭百度甚至早在一年前就從 Google 挖走史丹佛大學教授吳恩達。中國政府認為，即使沒有這家搜尋巨頭的服務，中國人民與新興的科技業依舊能夠生存。

AlphaGo大師與柯潔比賽的兩個月後，北京公布最新的國家長期計畫，要在二〇三〇年超越美國，成為全球人工智慧的領導者。政府將資助多家人工智慧新創公司及有企圖心的計畫，整體看來像是中國版的阿波羅計畫。但是，計畫中沒有提到與Google或是矽谷其他科技公司合作。

Google高層很快就意識到，想進入廣大的中國網路市場，藉此讓公司獲利飆升，根本是痴人說夢。對公司來說，確實是極度失望。另一方面，AlphaGo的成功也讓哈薩比斯陷入尷尬處境。雖然DeepMind因此獲得大量正面宣傳的機會，向外界展示他們開發的先進人工智慧科技，但同時也讓他的實驗室在字母公司眼中顯得更有價值。然而，即使如此，哈薩比斯仍舊堅定推動他與蘇萊曼制定的分拆計畫。

分手，必須付出代價

哈薩比斯非常確信不久之後就能實現分拆計畫。他在二〇一七年中國比賽結束後幾星期，帶著多數DeepMind員工（此時總員工數已經超過三百人）飛往蘇格蘭鄉間，召開度假會議。在那裡，他和蘇萊曼向員工說明他們的分拆計畫。他們租下的酒店與會議中心，宣布DeepMind將轉型為全球利益公司。他們告訴員工，DeepMind最終會成為非營利組織，Google則是利害關係人，新公司就和其他以公共利益為導向的組織一樣，例如：聯合國、比爾與梅琳達・蓋茲基金會（Bill & Melinda Gates Foundation）。他們解釋，公司最終目標是成為一家造福社會的組織，引導人工智慧朝向有利於世界的方向發展。DeepMind將不再是Google的金融資產，公司將與Google簽訂獨家授權協議，同時繼續追求「解決世界問題」的使命。

根據當時參與會議的人士透露，DeepMind員工聽到之後都非常興奮。如果你是人工智慧研究人員，突然間擁有最完美的兩全之策：你為一家科技公司工作，享有優渥的待遇與福利；同時你也在「解決智慧問題，再用智慧解決其他所有問題」。創辦人說會在二〇一七年的九月完成分拆。

哈薩比斯與蘇萊曼要求員工對全球利益公司的計畫保密，這個要求並不奇怪。多數DeepMind員工都有簽訂嚴格的保密協議，防止他們討論公司的計畫與科技。然而，這次的情況是，他們也被告知在公司內部不得討論關於分拆的話題。例如，一些人被告知必須使用代號來討論，有時候他們會用「西瓜」代稱分拆計畫；他們還會使用像是Signal的加密通訊軟體討論分拆計畫。前員工透露，有些DeepMind領導人建議員工，不要在公司設備或是 Gmail 等應用程式上討論分拆計畫。

DeepMind 研究人員相信，公司之所以要求保密，是因為擔心 Google 可能會對通用人工智慧做些什麼事。隨著時間過去，後來 Google 參與一項軍事計畫，他們的擔憂終於獲得證實。二〇一七年，美國國防部啟動「專家計畫」（Project Maven），試圖在國防戰略層面強化人工智慧與機器學習應用，例如，為無人機配備電腦視覺以提高武器的瞄準能力。根據一封洩露給《攔截報》的電子郵件顯示，Google 參與這項計畫時，原本期望每年可以透過這項合作計畫創造二・五億美元的營收，結果引發內部大規模抗議，促使 Google 終止這項計畫，並拒絕與國防部續簽合約。這件事也證實，先前 DeepMind 擔憂人工智慧遭到誤用是有道理的。

另一方面，分拆計畫進行得相當緩慢。哈薩比斯與其他高層向員工保證，「還有六個月」就能完成分拆，然而接下來幾個月他們只是一直重複這句話。過一段時間後，工程師開始懷疑計畫是否真的會實現。再加上分拆計畫的輪廓始終模糊不清，無法消除工程師的疑慮。例如，蘇萊曼告訴員工，他希望 DeepMind 與 Google 合作的新規則具有法律效力，但是他和其他主管卻無法清楚說明，在實務上要如何做到這一點。假使 Google 未來將 DeepMind 開發的人工智慧用於軍事目的，DeepMind 能起訴 Google 嗎？這一點沒人知道。DeepMind員工被告知，必須制定一些準則，禁止他們開發的人工智慧被用來侵犯人權或是造成「總體傷害」。但什麼是「總體傷害」？也沒人知道。

部分問題在於DeepMind沒有雇用足夠的人力協助回答這類問題。公司一直在招募大量科學家與程式設計師，改善人工智慧模型的性能，但是只有少數人力負責研究如何以符合倫理的方式設計人工智慧。例如，在二〇二〇年，大約一千名的DeepMind員工當中，絕大多數是研究科學家與工程師，研究倫理問題的不到十幾人，其中只有兩個人針對這項議題進行博士等級的學術研究。幾乎沒有人認真思考，人工智慧系統如何導致偏見、種族歧視或是傷害人權。「當我們說實際上只有兩個人負責研究的時候，你就不能說你有一個倫理團隊。」某位DeepMind員工當時表示。

在人工智慧領域，「倫理」與「安全」指向不同的研究目標。但是近年來，兩大議題的倡導者彼此之間也存在矛盾。研究人工智慧安全的人多半與尤德考斯基和雅安・塔林有著相似的社交圈，他們想要確保，擁有超級智慧的通用人工智慧系統在未來不會對人類造成災難性傷害，比如利用新發現的藥物製造化學武器、毀滅人類，或是在網路上散播錯誤資訊，破壞社會穩定。

另一方面，研究人工智慧倫理的人比較關注現今的人工智慧系統如何被設計、如何被使用，他們研究科技有可能已經以何種方式對人類造成傷害。像是Google的相片應用程式將非裔標記為「大猩猩」，其實並非單一個案。在人工智慧領域，偏見問題相當嚴重，美國刑事司法系統使用的演算法，同樣會不成比例的將非裔錯誤標記為更有可能再次犯罪的族群。許多開發人員也使用人工智慧工具達到某些違背道德的目的；例如，史丹佛大學研究人員推出一套臉部辨識系統，宣稱可以辨識人們的性取向。

開發上述三大系統的人都應該認真思考，在設計模型時必須考量公平性、透明度與人權等議題。但是，這些議題往往很難定義，而且這些議題通常不會影響到經營人工智慧公司的高層，因為高層大多是男性白人。現在，每當人工智慧出錯時，受傷害的多半是有色人種、女性和其他弱勢族群。

讓人不解的是，二〇一七年，DeepMind曾在新聞媒體和網站上，談到倫理問題對其使命的重要性。他們的使命是：解決智慧問題，推動科學發展，造福人群。DeepMind對《連線》（*Wired*）雜誌表示，公司內部的小型倫理團隊會在未來一年內擴大到二十五人。但事實上，團隊只擴大到約十五人。根據某位前高層透露，大部分原因是DeepMind的領導人過度專注於分拆計畫。「他們一直有在談這件事，但是公司只有少數幾位倫理研究人員，所以很難做到。」另一位員工解釋倫理小組缺乏支援團隊，資源非常有限。「根本不合理，**這可是一家市值數十億美元的公司**。」

如果DeepMind在倫理問題上言行不一，不免讓人懷疑，為何當初創辦人如此渴望脫離Google。他們真的關心他們開發的科技如何造成傷害，抑或只是滿足個人想要掌控一切的本能欲望？分拆計畫中，DeepMind打算與Google簽訂獨家授權協議，但是創辦人似乎無法明確定義，他們的人工智慧科技應用於軍事武器的界限在哪裡，也無法說清楚協議是否具有法律效力。他們看起來企圖心很大，卻沒有想清楚細節。有些員工甚至懷疑，哈薩比斯、蘇萊曼與萊格是否太天真，想要魚與熊掌兼得：一方面得到Google的資金，開發通用人工智慧；另一方面又想要保住控制權，脫離Google。

DeepMind被併入Google之後，創辦人懷抱善意，開啟新的生涯，如同Google的創業座右銘「不作惡」一樣。他們曾經為了保留倫理委員會，放棄臉書所提議一．五億美元的交易。然而，多年後，他們似乎將科技性能與聲望置於倫理與安全之上。關於要如何控制通用人工智慧的問題，除了雇用像是陶哲軒這種頂尖數學家之外，並沒有明確的答案，也不知道要如何防止這項科技被惡意使用。

以上引發一個更重要的問題：在大型企業內部是否有可能進行有意義的人工智慧倫理研究？從Google內部已經得到解答，很明顯答案是「不可能」。

第八章

看似完美的背後

為了了解為何在Google內部設計符合倫理的人工智慧系統、或是將創新的想法轉化為產品會比登天還難，必須先後退一步，看看數字。在撰寫本書期間，Google母公司「字母」市值達到一．八兆美元。二〇二〇年，蘋果成為美國第一家市值達到兩兆美元的公開上市公司，二〇二四年亞馬遜與微軟的市值分別徘徊在一．七兆美元與驚人的三兆美元左右。二〇一八年在蘋果成為第一家市值上兆的企業之前，從來沒有任何一家公司的規模如此龐大。不過，全球最有價值企業的共同點，就是全部是科技公司。

超越國界的大國

事實上，我們一般認為規模龐大的公司，其規模只有矽谷科技公司的四分之一而已。石油巨頭艾克森美孚（Exxon Mobil）的市值大約是四千五百億美元，相較之下顯得微不足道；沃爾瑪（Wal-Mart）的市值則為四千三百五十億美元。如果將這些科技巨頭的市值加總，金額甚至超出全球多數國家（除了美國與中國以外）的國內生產毛額。

回顧歷史，過去我們曾經認為規模龐大的公司，與現今科技巨頭相較，同樣顯得小巫見大巫。美國電話電報公司（AT&T）被迫分拆之前，公司市值在一九八四年達到六百億美元的高峰，以今天的幣值換算，大約是一千五百億美元；奇異（General Electric）的市值則是在二〇〇〇年達到六千億美元的高點。

就連科技巨頭在市場上的主導地位，也是空前未見。標準石油（Standard Oil）在一九一一年被監理機關強迫分拆之前，掌握美國九〇%的石油市場。現在，Google在全球搜尋引擎市場的市占率大約是九二%，將近十億人每天使用Google搜尋引擎。有超過二十億人滑臉書。全球大約十五億人擁有iPhone手機。歷史上沒有任何政府或帝國，可以一次觸及到這麼多人。

自從網路熱潮興起與泡沫化之後，這些企業花了二十多年才發展到如此龐大的規模。它們如何做到？它們採用的策略包括收購DeepMind、YouTube與Instagram等公司，大量蒐集消費者資料，讓某些企業可以針對消費者精準投放有可能大規模影響人類行為的廣告與推薦內容。Google透過搜尋行為與YouTube互動來蒐集資料，亞馬遜會追蹤我們的購買與瀏覽行為。這些企業蒐集的資料數量極為龐大，遠遠超出一般人想像，其中包括個人的細部資料、瀏覽紀錄、定位資料。在某些情況下，甚至包含語音資料在內。這些資料不僅數量龐大，而且包羅萬象，可以幫助科技公司深入了解消費者的行為樣貌。

臉書與Google等公司會利用這些資料精準投放廣告，展示能夠引起使用者興趣的廣告，強化複雜精密的推薦演算法。這些軟體決定我們每天可以瀏覽哪些「動態消息」，確保呈現的內容最有可能讓我們繼續滑不停。這些公司想盡辦法讓我們沉迷於他們的平台，這樣才可以創造更多廣告收入。然而，負面影響也很多。根據一項研究顯示，美國人極度沉迷臉書、Instagram和其他社群媒體應用程式，二〇二三年平均每天會查看手機一百四十四次。

所有個人化的「內容推播」，也加深數百萬人之間世代與政治的分歧，因為最能吸引使用者互動的內容，往往是容易激發憤怒情緒的內容。例如，在二〇一六年美國總統大選期間，臉書經常在使用者的動態牆上推薦最具煽動性的政治內容，讓許多使用者持續接收到強化既有信仰、產生同溫層效應的新聞與內容。同樣的現象也發生在英國脫歐公投之前幾個月，進一步加深民眾對移民的反感；或是二〇一七年，加深一般人對於緬甸羅興亞人的敵意。根據國際特赦組織公布的報告，臉書演算法大幅加速針對羅興亞人的仇恨內容傳播，助長緬甸軍方的大規模種族屠殺行動，導致數千名穆斯林少數民族遭到殺害、虐待、性侵與驅離。臉書在媒體報告中承認，它們做得不夠多，無法阻擋那些煽動人們對羅興亞人採取暴力行為的內容。

儘管臉書加深各種分化，但是它的商業模式卻驚人的成功。數十億使用者與他們的資料被視為產品，廣告商才是它們真正的客戶。臉書能取得愈多資料，就愈能從廣告商那裡賺到錢。這種以互動為導向的模式對社會有害，也鼓勵臉書盡可能的去擴大規模。

這些公司之所以變得如此龐大，另一個原因是網路效應，每位新創公司的創辦人都渴望創造這種看似神奇的現象。網路效應的基本概念是，一家公司擁有愈多使用者與消費者，演算法會更精準，競爭對手愈難追趕，也就愈能鞏固市占率。例如，以臉書而言，人們之所以開始加入臉書，是因為其他人都在臉書上，而且基於相同原因，許多人在多年後依舊繼續留在網站上，或者至少克制住刪除帳號的衝動。如果你是蘋果迷，你就知道嘗試使用三星等其他廠商的產品，或是讓它們的配件與蘋果相容，究竟有多麼困難。這些產品與服務相互關聯，使得轉換品牌變得困難，更進一步鞏固蘋果的主導地位。

我們找不到任何歷史參考點可以幫助我們理解，當企業規模變得如此龐大時會發生什麼事。Google、亞馬遜、微軟目前的市值規模可說是前所未見。這些企業的股東們（包括退休基金在內）賺進巨額財富，同時也導致權力過度其中，數十億人的隱私、公共言論與愈來愈多的工作機會，全都掌握在少數幾家大公司手中，這些公司又是由極少數富可敵國的富豪掌控。

所以，對於任職於科技巨頭、而且早就看出問題的人來說，提出警告根本徒勞無功，就如同在鐵達尼號撞上冰山的幾分鐘前試圖扭轉航行方向一樣。然而，儘管如此，人工智慧科學家蒂姆妮特．格布魯（Timnit Gebru）仍決定嘗試這麼做。

偏見暗藏其中

二〇一五年十二月，山姆．奧特曼與伊隆．馬斯克在神經資訊處理系統大會現場，宣布他們「為了造福人類」，決定開發人工智慧，格布魯在台下環顧四周與其他數千名與會者，不禁打個寒顫。格布魯是非裔美國人，當時三十歲出頭；她的成長經歷與眾不同，無法像許多同齡者那樣擁有完善的成長後盾。現場幾乎沒有人長得像她。

她的父親來自非洲的厄利垂亞，是電子工程師，在她五歲時過世，十多歲時她飛離被戰火蹂躪的厄利垂亞。在麻州的高中老師不看好她這位新移民的抱負，勸阻她不必參加大學先修課程，因為她可能會覺得課程太難。根據《連線》雜誌專訪格布魯的文章，她回想起有位老師曾經說：「我遇過很多像你這樣的人，他們以為自己可以從其他國家來到這裡，就能選擇最難的課。」不過，格布魯還是選修這些課程，最後就讀史丹佛大學電子工程學系。

後來，她在偶然間接觸人工智慧與電腦視覺，後者是一種能夠「看到」並分析真實世界的軟體。這項科技令人著迷，但是格布魯卻看到一些危險信號。人工智慧在生活中扮演愈來愈重要的角色，從給予某人信用評分，到核准抵押貸款；從為警察標記某個人的臉部，到協助法官決定刑事判決。雖然這些系統看起來像是完美的中立仲裁者，但事實往往並非如此。如果用於訓練系統的資料存在偏見，系統本身也會存在偏見。格布魯對於偏見問題有深刻體會。

例如，她年輕時住在舊金山期間，有一次和另一位非裔女性在一間酒吧遭到一群男子襲擊、勒脖子。她們尋求幫助，警察卻指控她們撒謊，把她們送進牢裡。此外，格布魯在史丹佛大學撰寫論文時才得知，全校只有另一名非裔學生取得電腦科學博士學位。二〇一五年，奧特曼與馬斯克在規模最大的國際人工智慧研討會現場宣布成立OpenAI，當時五千名與會者當中，只有五人是非裔。

格布魯知道，這不是單一事件。在她的世界，偏見是系統性問題。自從二十世紀民權運動取得成功，數十年後，在文化層面，種族主義依舊深植於全球各地的機構與集體意識之中。人工智慧有可能會讓情況更加惡化。首先，它多半是由沒有經歷過種族歧視的人所設計的，這也是為什麼用於訓練人工智慧模型的資料，常常無法公正的代表少數族群與女性的原因之一。

格布魯在進行學術研究的過程中，親眼觀察到偏見所導致的後果。某次她意外發現一份調查報告，主題是關於美國刑事司法系統使用的軟體：COMPAS（Correctional Offender Management Profiling for Alternative Sanctions，替代性制裁的罪犯矯正管理分析系統），法官與假釋辦公室都使用這套軟體協助做出保釋、刑期與假釋等決定。

COMPAS使用機器學習技術，給予每位被告風險評分。分數愈高，代表他們愈有可能再次犯罪。這個工具給予非裔被告的分數高於白人被告，但是它的預測經常出錯。根據《ProPublica》在二〇一六的調查，COMPAS錯誤預測非裔被告未來犯罪行為的可能性，是白人被告的兩倍。這項調查的目的是研究佛羅里達州七千份被捕者的風險評分，查核他們在隨後兩年內是否被指控新的罪行。此外，COMPAS這項工具對於白人被告未來繼續犯下其他罪行的機率，更有可能誤判為低風險。美國的刑事司法系統原本就對非裔被告存有偏見，使用這些難以理解的人工智慧工具，似乎只會讓偏見繼續存在下去。

格布魯在史丹佛大學撰寫博士論文期間，又看到另一個案例，顯示有關當局如何以令人不安的方式使用人工智慧。她訓練一個電腦視覺模型，用來識別Google街景上顯示的兩千兩百萬台汽車，然後深入分析這些車輛的資料，或許可以藉此了解特定地區的人口結構。但是當她將汽車與人口普查和犯罪資料進行關聯分析時，發現擁有較多福斯汽車與皮卡車的地區，白人居民也較多；擁有較多奧茲摩比與別克汽車[1]的地區，非裔居民較多。擁有較多廂型貨車的地區，犯罪報告的案件也多。這樣的相關性有可能被不當利用。如果警察使用這些資料，試圖預測可能發生犯罪的地點，就像《關鍵報告》（*Minority Report*）的劇情一樣，會發生什麼事？

這個想法一點也不荒謬。過去幾年，全美各地的警察局一直利用電腦在建議警察應該巡邏哪些區域，這項科技被稱為「預測性警察活動」（predictive policing）。但是，這個軟體依據歷史資料進行訓練，也就是說，軟體經常會引導警察特別針對少數族群社區進行巡邏。假使資料顯示某個社區被過度執法，這個軟體會導致該地區繼續被過度執法，讓原本存在的問題更加惡化。

人工智慧也會以某種微妙、但陰險的方式，在網路上傳播其他刻板印象。Google翻譯與微軟的必應翻譯軟體，將某些職業翻譯成其他語言時，有時會將這些職業設定為男性。在土耳其文，**o bir muhendis**使用的是性別中立的代名詞，但是人工智慧軟體翻譯成英文時，會變成「他是工程師」；如果是翻譯 o bir hemsire，就會變成「她是護理師」。軟體之所以做出這些假設，主要原因是它採用一種常見的技術，被稱作「詞嵌入」（word embedding）。軟體會觀察哪些字詞經常與其他字詞（例如：工程師）一起出現，然後模型會決定最匹配的字詞（例如：他）。儘管詞嵌入技術會將真實生活中的性別失衡帶進軟體中，但是Google、臉書、Netflix、Spotify仍舊繼續使用，驅動它們的線上推薦系統。

很明顯的，人工智慧存在某些問題，而且這些問題早該被解決，所以當山姆．奧特曼在二〇一五年宣布成立OpenAI時，格布魯氣炸。她發表一封公開信，提到馬斯克與提爾等自我中心的億萬富翁，砸大錢打造如神一般的人工智慧簡直浪費；她還抱怨，外界對於新成立的非營利組織的唯一擔憂，居然是它們的研究人員過度專注於研究深度學習。

「在南非種族隔離時期出生與長大的白人科技大亨，以及一群全為白人男性的投資人與研究人員，正在試圖阻止人工智慧『統治世界』。我們看到唯一的潛在問題竟然是

1 譯注：兩者皆為美國通用汽車旗下的品牌，適合注重舒適性、可靠性和高品質，但又不希望支付豪華車高價的中高收入群體。

『所有研究人員都投入研究深度學習？』」她寫道：「最近Google推出一套電腦視覺演算法，將非裔歸類為猩猩。**是猩猩**。有些人試圖辯解，之所以出現這個錯誤，一定是因為演算法利用膚色當作區分人類的標準。如果團隊裡有一位非裔成員，或是有人想到種族問題，就不會推出將非裔歸類為猩猩的產品……不妨想像一下，有沒有一套演算法會固定將白人歸類為非人類？絕對不會有美國公司宣稱它是可投入使用的人員檢測系統。」

格布魯的一位同事曾經提醒她不要發表那封公開信。因為內容太直白，她可能會被指認出來，於是格布魯拖延幾年之後才公開。但是她仍然忍不住要問，為什麼矽谷某些最有權勢的人，如此擔心人工智慧可能導致世界末日，但事實上，人工智慧現在就已經對人類造成實質傷害。

原因有二。首先，OpenAI與DeepMind的領導人幾乎未曾經歷種族或性別歧視，未來可能也不會有；其次，矛盾的是，大聲疾呼超級有智慧的人工智慧有可能帶來風險，正好符合他們的企業利益。警告人們留意你試圖銷售的產品可能會有危險，這種行為或許不太符合常理，不過，的確是相當精明的行銷策略。人們往往會更關注此時此地，而非長遠的未來。如果人工智慧看起來有可能在未來毀滅人類，反而更增添它的光環，彷彿它擁有強大的能力。

這個策略可以巧妙的轉移人們的注意力，不再關心那些企業原本可以立即行動、解決的棘手問題，因為若要解決這些問題，企業就必須放慢開發的速度，甚至限制人工智慧模型的能力。要避免人工智慧模型做出有偏見的決策，其中一個方法是花費更多的時間去分析訓練時所使用的資料；另一個方法則是縮小人工智慧模型的應用範圍，但是如此一來會破壞原本的目標，也就是讓人工智慧系統廣泛應用它們的知識。

這不是大型企業第一次在擴張業務的同時，還要分散大眾的注意力。在一九七〇年代初期，石油企業支持的塑膠產業開始向大眾推廣，資源回收可以解決日益嚴重的塑膠浪費問題。例如，「讓美國保持美麗」（Keep America Beautiful）是成立於一九五三年的組織，專門舉辦各種公共服務活動，鼓勵人們回收，它們的資金有部分來自飲料與包裝公司。一九七一年地球日，它們播出著名的「哭泣印地安人」廣告[2]，鼓勵人們回收空瓶與報紙，協助防止汙染。如果人們不這麼做，等於是犯下公然漠視環境的罪行。

2 編按：這支廣告自一九七一年問世，已經播放半個世紀。廣告中，一名印第安裔男子坐在獨木舟上，看到美麗的家園被煙囪和垃圾占領而哭泣。

資源回收本身不是一件壞事。但是透過推廣回收活動，整個業界就可以辯稱，塑膠只要妥善回收，就不會造成危害，這種做法等於是將責任從生產者轉移到消費者身上。塑膠公司心知肚明，大規模回收不僅成本昂貴，而且往往缺乏效率。全國公共廣播電台（NPR）與美國公共電視台（PBS）的《前線》節目（*Frontline*）在二〇二〇年進行的調查發現，儘管過去數十年來各種宣傳活動提升大眾意識，但是僅有不到一〇%的塑膠被回收。

然而，這些宣傳活動成功轉移大眾的注意力，不再質疑塑膠生產規模快速擴張以及它對環境造成的傷害。資源回收變成公共言論的一部分。新聞出版業者、消費者與華府的政策制定者，花更多的時間談論如何提高回收率，而不是討論如何監管企業實際上生產多少塑膠。

如同石油巨頭成功轉移全球注意力，減少關注它們造成的重大環境衝擊，人工智慧的主要開發者也利用人工智慧究竟是未來的「終結者」或是「天網」（Skynet）[3]等爭議，讓人們不再關注機器學習演算法在現今社會已經引發的問題。責任的重擔不在於創造者，產業也無須現在就採取行動。彷彿這是一個抽象問題，可留待日後再解決。

二〇一七年一月，也就是DeepMind利用AlphaGo努力協助Google重返中國市場之前的幾個月，格布魯向一群來自矽谷的創投家與高階主管簡報她的論文新發現。她一邊切換投影片，一邊解釋，人工智慧系統可以將其識別汽車的能力與預測能力結合，預測投票模式與家庭收入等。

其中一位創投家是特斯拉的投資人、也是伊隆・馬斯克的朋友，名叫史蒂夫・尤爾韋松（Steve Jurvetson）。他聽完簡報之後大為震驚，但不是出於格布魯期望的原因。他覺得非常有趣，這類資料讓Google變得如此強大，而且可以針對不同社區與城鎮提供各種洞見。因此，尤爾韋松將格布魯演講的照片發到臉書上。

然而，這反映出人工智慧領域持續存在的矛盾：有些人看到賺錢機會，但是包括格布魯在內的其他人，卻是看到必須遏制的危險。每當人工智慧的能力增強，就會出現意想不到的後果，對少數族群造成傷害。臉部辨識系統幾乎可以精準無誤的辨識白人男性的臉部，但是辨識非裔女性時卻經常出錯。二〇一八年，畢業於麻省理工學院的學者喬伊・布蘭維尼（Joy Buolamwini）的研究發現，IBM、微軟與中國曠視的臉部辨識系統，更有

3 譯注：《魔鬼終結者》電影系列中挑戰人類的人工智慧超級電腦。

可能錯誤識別深色肌膚與女性的性別，她在使用類似程式時也注意到，她的臉部沒有被正確辨識。許多類似系統的訓練資料庫多半是以白人男性的照片為主，或是從網路上抓取的照片。在這些資料庫裡，白人男性的占比過高，因為網路反映的是更容易接觸網路的西方人口結構。

但是格布魯沒有完全放棄。她知道其中一個解決方法，就是要求人工智慧系統開發者在訓練模型時應當遵循更嚴格的標準。格布魯加入微軟之後寫下一套規則，名為「資料集規格說明書」（Datasheets for Datasets）。她制定出訓練人工智慧模型時，程式設計師應該建立的規格說明書，裡面詳細說明人工智慧如何被創造、內容為何、如何使用、有哪些局限性、以及其他倫理考量等。這些要求肯定會因為增加額外的文書工作而惹怒人工智慧開發人員，但是這些要求有其目的。如果模型最終存在偏見，將更容易找出原因。

追求完美，為何會出錯？

事實上，找出人工智慧系統出錯的原因，比人們以為的還要困難許多，特別是現在的人工智慧系統變得愈來愈複雜。二〇一八年亞馬遜發現，公司內部用來篩選求職申請的人工智慧工具，一直推薦更多的男性應徵者，而非女性。原因是，這個工具的開發人員利用過去十年寄給該公司的履歷資料來訓練模型，其中大多數是男性求職者的履歷。因此這個模型學到，擁有男性特質的履歷更受歡迎。但是，亞馬遜沒有、也無法修正這個工具。最後它們決定完全停用這個工具。

當Google的照片工具將非裔標記為「大猩猩」時，公司也是採取類似粗暴的做法，也就是不再讓應用程式辨識大猩猩，但是仍可繼續辨識其他動物。最初令人痛心的錯誤之所以發生，是因為Google在訓練工具時，沒有使用夠多的深膚色人種圖像，也沒有在夠多的員工身上進行測試。但是，即便到了二〇二三年末，這家公司依舊缺乏足夠信心去修正人工智慧模型，既然無法解決問題，他們乾脆決定停用這個功能。

某些人工智慧研究人員表示，解決這些偏見簡直難上加難。他們指出，現代的人工智慧模型相當複雜，就連它們的開發人員也不了解模型為何會做出某些決定。像是神經網路這樣的深度學習模型，是由數百萬或數十億個參數構成，這些參數被稱為「權重」，主要是在連接層（connected layer）之間的複雜數學函數中發揮調節作用。你可以把神經網路的連接層想像成一座有生產線的工廠，生產線上的每位工作者負責特定工作，例如，為玩具車上漆或是安裝輪子。到了生產線盡頭，你就能得到一台完整的玩具車。神經網路的每一層就好比生產線上的工作站，會針對數據資料自行微調。問題是，當這麼多微小的變化依序發生時，就很難準確追溯到每個工作站（或說神經網路的每一層）究竟在做些什麼，最後才打造出一台完整的玩具車；也就是說，我們無法得知模型究竟如何做出決定，才會將非裔被告標記為再犯的風險高。

就在Google陷入大猩猩新聞爭議之際，另一位電腦科學家瑪格麗特・米契爾（Margaret Mitchell）加入這家搜尋巨頭，試圖避免類似的錯誤再度發生。米契爾在洛杉磯出生，因其在機器學習公平性方面的研究，在人工智慧社群中享有一定的知名度，她投入的研究雖然在人工智慧領域仍屬小眾，但是有愈來愈多人加入。她希望可以更謹慎的思考，機器學習系統對於真實世界造成的影響。米契爾和格布魯一樣，擔心人工智慧系統正在犯下一些奇怪的錯誤。她在研究所的研究大部分以計算語言學為主，後來則是研究自然語言生成，也就是研究電腦如何運用各種方法描述物體，或是分析文本中的情感。

當她在微軟開發一款盲人使用的應用程式時，她發現應用程式會將像她的白人描述為「人」（person），卻將深膚色的人描述為「黑人」（Black person），令她非常不安。

還有一次，她針對某個描述影像的神經網路進行測試，她輸入幾張英國工廠爆炸的照片，其中有一張照片是從附近公寓的高處拍攝，可以看到滾滾濃煙竄出，前景則是某家電視頻道記者在現場報導該起意外事件。結果人工智慧系統告訴米契爾，這張照片「太棒了」、「真美」、「風景真好」，她簡直驚呆了。

「這套系統的問題在於『一切都很棒』。」米契爾指出。她想起《樂高玩電影》（*The Lego Movie*）中那首著名歌曲，歌詞描述在一個由積木組成的世界裡，所有生活中的麻煩事都被掩蓋。「它沒有死亡的概念，也沒有意識到死亡是件壞事。」

因為人工智慧從訓練用的照片資料中真正學到的是：落日很美，站在高處可以看到很棒的景色。米契爾在那一刻恍然大悟，對人工智慧系統而言，數據就是一切。她在訓練自己的系統時，如果數據資料出現缺口，就會促使系統生成各種偏見，包括對於人命傷亡無動於衷。

米契爾在Google處理這些議題時也注意到，在大型科技公司工作，有另一件事讓她感到沮喪。她陷入令人窒息的官僚體系中，每天有開不完的會，還得不斷應付總是擔心公司聲譽受損的管理高層。

二〇一八年，米契爾寄一封電子郵件給格布魯，邀請格布魯加入Google，與她一起共事。人工智慧倫理的圈子很小，她們早已熟識彼此。但問題是，格布魯是否願意共同帶領Google的人工智慧倫理研究團隊？

格布魯有些猶豫。她從小道消息得知，Google的工作環境有毒，特別是對於女性與少數族群而言。Google的高階主管安迪・魯賓（Andy Rubin）就是最好的例子。魯賓曾是Google的明星人物，與朋友共同創辦廣受歡迎的安卓作業系統；但是在二〇一四年，他被指控「性的不當行為」（sexual misconduct），悄悄離開公司。幾年後，《紐約時報》發現，Google管理階層調查過這些不當行為的指控，也認定這些指控屬實，但是他們沒有將魯賓掃地出門，反而為他舉辦如英雄般的歡送儀式，還給他九千萬美元的離職金。

不過，在Google工作也並非都是壞事。當Google員工發現公司做錯事情時，會勇敢挺身而出，這點讓格布魯印象深刻。為了抗議魯賓領取數千萬美元的離職金，數千名員工發起全球大罷工；在她加入Google前幾個月，超過三千名員工簽署一封致執行長桑德・皮蔡的公開信，要求公司退出「專家計畫」，公司也真的照做。更令人欣喜的是，這些抗議活動是由名叫梅雷迪斯・惠特克（Meredith Whittaker）的人工智慧倫理專家負責協調，她清晰闡述問題所在，迫使Google重新考慮「專家計畫」。或許，格布魯可以在Google推廣更負責任的做法，比方她先前提出的「資料集規格說明書」標準。

但當她知道新的倫理團隊的規模之後就清楚了解，Google等大型科技公司在投資人工智慧時優先要務是「能力開發」。儘管倫理問題很重要，但是團隊僅由少數幾位電腦科學家組成。在公司的其他部門，數千名工程師與研究人員仍持續努力讓公司的人工智慧系統變得更快、更強大，不斷創造新的能力標準，格布魯與米契爾則是不斷追趕新進度，努力審查可能引發的意外後果。

米契爾在Google感到心力交瘁。每當她在會議上警告主管，他們開發的人工智慧系統可能產生某些問題，就會接到人資部門的電子郵件，告訴她要合群一點。在矽谷，像是Google、蘋果與臉書等公司裡，從事電腦相關工作的女性只占四分之一。二〇二〇年，男性每賺一美元，女性只能賺到八十六美分。女性在招募與升遷時，經常會遭遇不公平待遇、騷擾、或是歧視，尤其是對於非裔女性來說，情況更加嚴峻。在典型的矽谷研討會或酒會現場，出席的女性多半從事行銷或公關工作，而非工程或研究。因此，女性切身經歷過被歧視的感覺，也更有可能一開始就從事人工智慧倫理的工作；但是這也表示，她們很難成為房間裡最響亮的聲音。

儘管如此，米契爾還是對於格布魯的表現感到驚訝，最後更是敬佩不已。格布魯性格大膽，當她需要資源或是發現不當行為時，會毫無顧忌的站出來對抗權威。某天，米契爾與格布魯兩人坐在Google園區四十一號大樓的格布魯辦公室，討論某位主管寄來的電子郵件，內容讓人不安，這封郵件正好反映兩人在公司感受到的歧視。米契爾眼眶泛淚，但格布魯卻有不一樣的看法。

「別沮喪。」她告訴米契爾：「要憤怒。」

格布魯把她的筆電移到自己面前，開始回信給那位主管。她一邊寫信，一邊大聲朗讀，逐條駁斥那位主管的觀點。後來當米契爾和格布魯被Google解雇時，這位主管還曾公開為她們發聲；儘管這位主管也隨後辭職。

過沒多久，米契爾與格布爾終於讓兩人的工作得到應有的關注，即便這也意謂她們即將因為一場公開醜聞被踢出公司。但是，她們仍然繼續與Google的核心業務賽跑。至於規模龐大許多、一直努力讓Google的人工智慧變得更聰明的科學家團隊，也即將邁出歷史性的一大步。他們能做到這一點，簡直就是奇蹟。

第九章
科技巨頭的詛咒

二〇一七年，Google大約擁有八萬名受薪員工。但是，並非所有員工都是工程師。有人負責每天出現在首頁搜尋欄上方的Google塗鴉，還有專門的策展人。辦公室裡還有脊椎按摩師與按摩經理、確保員工在三餐之間獲得足夠能量的零食專家、照料植物的園藝師、以及擦拭桌上足球台的清潔人員。

Google的商業模式就像是一隻金雞母。那年Google的廣告業務創造將近一千億美元的年營收，到二〇二四年將會成長兩倍多，因此很自然的會將大部分資金用於招募人才。在矽谷，通常依照兩大指標來衡量成功：從投資人那裡募集到多少資金，以及雇用多少人。龐大的員工人數反映賴瑞．佩吉與謝蓋爾．布林等執行長渴望建立科技帝國的夢想，雖然他們不一定清楚許多中階主管究竟在做什麼。

Google的組織膨脹並非特例。當時臉書擁有大約四萬名員工，微軟有十二．四萬名員工，許多新創公司的創辦人也夢想興建自己的企業園區，配備有健身房與免費的冰淇淋攤位。但是德米斯．哈薩比斯是其中的例外，或許是因為他位在遙遠的大西洋彼岸。他不希望 DeepMind 被矽谷那種追求優渥福利與規模成長的文化干擾。

當公司規模變得如此龐大，將會面臨一個問題是，如果有人在 Google 內部發明真正具有開創性的產品，這個產品恐怕很難見到曙光。Google 的數位廣告業務神聖不可侵犯，除非萬不得已，否則你不可能干擾它背後的演算法。儘管矽谷因為成為全球的創新中心而獲得許多讚譽，但是規模最大的幾家公司其實沒有那麼創新。比如 Google 首頁過去十年來幾乎沒有什麼變化；iPhone 依舊維持原本的矩形金屬外殼設計；臉書幾乎每項功能都是直接複製競爭對手，例如：Snapchat 或是 TikTok。當這些公司的營收達到數百億美元，任意更動它們的成功方程式都會非常危險。

這就是為什麼當 Google 內部一群研究人員在人工智慧領域取得十年來最重大的發現時，這家搜尋引擎公司決定擱置這項新發現。總之，這些案例顯示當科技巨頭取得壟斷性規模時，也同時限制它們的創新能力，迫使它們後來必須透過模仿或是直接併購的方式，去回應其他人的創新。但是對 Google 來說，這種特殊的疏忽行為更加嚴重。後來，OpenAI 不僅利用 Google 的重大發明，還藉由這項發明推出多年來第一次對這家搜尋引擎巨頭造成實質性威脅的產品，就是 ChatGPT。

機器如何生成文本

ChatGPT的T代表「轉換器」（transformer），與那些可以變形為十八輪大卡車的怪異機器人無關，這是一種能讓機器生成類似人類文本的系統。轉換器已經成為新一波生成式人工智慧不可或缺的關鍵，這種人工智慧可以生成逼真的文本、圖片、影像、DNA序列和其他各種資料。二〇一七年，轉換器的發明對於人工智慧領域的影響，如同智慧型手機對於消費者的影響一樣具有重大意義。在智慧型手機出現之前，行動電話頂多只能用來打電話、傳簡訊，或是玩奇怪的貪吃蛇遊戲。擁有觸控螢幕的智慧型手機問世之後，突然間使用者可以瀏覽網站、利用全球定位系統、拍攝高畫素照片、運用數百萬個應用程式。

轉換器使人工智慧工程師能做的事情增加，它可以應付更大量的資料、更快速的處理人類語言。在轉換器發明之前，與聊天機器人對話感覺像是和一台笨拙的機器對話，因為舊系統是依據特定的規則與決策樹運作的。如果你詢問聊天機器人某個沒有寫在程式裡的問題（通常很常發生這種情況），它就會感到困惑或是犯下奇怪的錯誤。蘋果的Siri、亞馬遜的Alexa、甚至是Google助理等數位助理，就是依照這種方式設計的。它們將每次提問視為單一、獨立的要求，也就代表它們無法理解上下文脈絡，無法像人們在對話中那樣記住對方之前的提問。例如：

「Alexa，印第安納波利斯現在的天氣如何？」

「印第安納波利斯現在的氣溫是華氏二十四度，多雲。」

「我從倫敦飛到那裡需要幾小時？」

「從倫敦飛到你現在的地點，大概要四十五分鐘。」

我寫這段文字時，人在英國東南部的薩里郡，從倫敦希斯洛機場飛到這個地方大概要四十五分鐘。**Alexa**如何想出複雜的飛行計畫並不重要，重點是它無法理解所說的「那裡」，指的是我兩秒前提問時提到的印第安納波利斯，而不是我現在的位置。大多數傳統數位助理背後的系統仍然非常局限，而且主要是依靠關鍵字。這就是為什麼它們只能給出制式的答案。

然而，轉換器的出現讓聊天機器人能夠擺脫這些限制。它們可以理解語言的細微差異與俚語，也可以回溯你在幾句話之前說過的內容。它們幾乎可以處理任何隨機的提問，然後提供個人化回答。這次的升級能以「**更通用**」來做為總結。對許多人工智慧研究人員而言，等於朝向通用人工智慧又邁進一大步。但是它也引發新的爭論，電腦是否開始像人類一樣「理解」語言，或者它們仍舊是透過數學預測的方式處理語言。

從某層意義上來說，這項發明竟然源於 Google 內部，實在讓人難以置信。儘管 Google 擁有大量人才與資源，但是臃腫的組織以及擔憂廣告業務受傷的心態，阻礙試圖推動創新的員工。根據前員工表示，Google 大腦擁有全公司最頂尖的深度學習研究人員，但是管理階層的目標與策略模糊不清，讓他們無所適從。

這種自滿文化的形成，有部分原因是許多員工是才華洋溢的科學家，就像傑佛瑞・辛頓。Google 的標準很高，而且 Google 已經開始使用最先進的人工智慧技術，例如，循環神經網路（recurrent neural networks），每天處理數十億字的文本。如果你是像伊利亞・波洛蘇辛（Illia Polosukhin）這樣的年輕人工智慧研究人員，你會發現，發明這些技術的人就坐在你的旁邊。

二〇一七年初，波洛蘇辛準備離開 Google，而且願意承擔風險。因為某天，這位二十五歲的烏克蘭人在賴瑞・佩吉辦公室下面兩層樓的 Google 員工餐廳裡，與阿希什・瓦斯瓦尼（Ashish Vaswani）和雅各・烏斯科瑞特（Jakob Uszkoreit）兩位研究人員隨意交換想法。波洛蘇辛的午餐飯友們同樣不喜歡遵循大樓內其他研究人員的常規。瓦斯瓦尼想要投入大型專案；烏斯科瑞特在 Google 工作十多年，眼看 Google 大腦的激勵制度變成像是被過度美化的學術體制，不免心生警惕。在雇用幾十名應屆畢業生與學者之後，他發現身邊許多人最關心的是如何成為論文的第一作者，或是在研討會上發表論文。製造優秀產品的初衷到哪裡去了？

每當烏斯科瑞特在派對上提到自己在哪裡工作時，其他人都會露出羨慕的表情。但是當他補充，自己是負責開發 Google 翻譯軟體時，大家就忍不住笑出來。因為這個翻譯軟體相當笨拙，而且不夠準確，特別是在翻譯非拉丁語系的語言時，例如：中文。波洛蘇辛也同意，Google 翻譯簡直爛透。他在中國的朋友抱怨過這項服務。烏斯科瑞特也時常詢問其他人是否有更好的做法，但 Google 工程師多半相信，他們已經使用最先進的技術，他們的座右銘就是：「沒壞就不必修。」但是，烏斯科瑞特的想法不一樣：如果沒壞，就去破壞它。

「如果我們刪除機器翻譯解碼器中的循環神經網路（recurrent neural network），只在解碼器中使用注意力機制，這樣能加快推理嗎？」其中一人詢問。

以人工智慧的語言來說，研究人員問的是：如何更有效的運用超級強大的電腦晶片。直到那時，Google 一直使用循環神經網路來分析字詞。這套系統會依序查看每個字詞，就好比你在閱讀時會從上到下、從左到右一樣。這在當時是相當先進的技術，但是它沒有充分利用像輝達這樣的公司所設計的晶片，這些晶片能夠同時處理大量任務。你的家用筆電使用的晶片可能有四個「核心」處理指令，但是處理人工智慧系統的伺服器所使用的圖形處理器晶片擁有數千個核心。意思是，單一人工智慧模型可以同時「讀取」單一句子中的許多字詞，而不只是按照順序而已。如果沒有使用這些晶片，就好比關掉電鋸，改用手工切割木材一樣。想像一下，拔掉圓鋸機的電源，然後一遍又一遍的拖著鋸子在木板上劃過，不僅過程緩慢、費力，而且沒有充分發揮機器的潛力。處理語言的人工智慧系統也出現同樣的問題，它們並沒有充分運用驅動晶片的潛能。

像是瓦斯瓦尼這樣的研究人員一直在研究人工智慧的「注意力」概念，這是指電腦能夠從資料庫中挑選最重要的資訊。他們三人一邊吃沙拉和三明治，一邊思考能否使用相同技術，進而更快速且準確的翻譯字詞。

接下來幾個月，研究人員開始進行實驗。烏斯科瑞特會在辦公室各處的白板上，潦草的畫出新架構的圖表，路過的同事常常帶著懷疑的目光，默默注視這些圖表。在當時，烏斯科瑞特的團隊正在進行的研究看起來沒有多大意義。他們竟然在討論如何移除循環神經網路中的「循環」元素，聽起來實在太荒謬。而且瓦斯瓦尼另外建立的架構，也沒有比現狀好到哪裡去。但隨著他們的研究計畫傳開，也有人想要加入。

其中一人是諾姆・沙澤（Noam Shazeer），當時他已經是Google的傳奇人物。他曾經與其他人共同發明一套系統，協助Google的廣告計畫Adsense判斷哪些廣告要出現在哪些網頁上。他總是帶著燦爛的笑容，說話聲音宏亮。在別人眼中，他顯得特立獨行，和桑德・皮蔡等高層攀談時，就像是和老朋友聊天一樣。沙澤在大型語言模型領域累積豐富的經驗，這些電腦程式接受過數十億個字詞的訓練，可以分析與生成接近人類的文本。沙澤加入由一群背景各異的研究人員臨時組成的團隊，幾個月後他想到，或許可以用一些小技巧，幫助新模型處理大量資料。

「當你把所有事情整合在一起之後，奇蹟就發生了。」烏斯科瑞特回憶道：「就在那時，一堆新想法開始冒出來。」

不久之後，有八位研究人員參與一項尚未被命名的研究計畫，他們忙著寫程式，以及修正後來他們稱之為轉換器的架構。轉換器指的是可以將任何輸入轉換成任何輸出的系統，雖然科學家的重點是語言翻譯，但是他們的系統未來可以執行更多任務。

過了一段時間，他們開始看到一些進展。「哦，哇，這次不一樣！」烏斯科瑞特某日聲稱，這個系統正在生成比較長且複雜的德文句子結構。烏斯科瑞特小時候曾在德國生活多年，德語相當流利，因此他發現這個系統生成的譯文流暢、易讀，比Google翻譯吐出的內容還要好很多。重要的是，他說的沒錯，因為會說法語的波洛蘇辛也注意到這一點。

團隊中來自威爾斯的程式設計師里昂・瓊斯（Llion Jones）驚訝的發現，這個系統正在執行「指代消解」（coreference resolution）任務，它一直是阻礙系統正確處理語言的重要原因。所謂的指代消解，指的是在文本中找出所有指代同一實體的表達方式。舉例來說，在以下的句子中：「動物沒有過馬路，因為它太累。」我們身為人類，明顯知道「它」指的是動物，但是如果我們把句子改成：「動物沒有過馬路，因為它太寬。」這時候，「它」指的是馬路。但是在當時，要讓人工智慧推斷這種語境轉變是很困難的，這需要具備一定程度的常識、知識，還需要多年的經驗累積，知道世界如何運作、物體之間如何相互作用。

「人工智慧一直無法通過這種典型的智力測驗。」瓊斯指出：「我們無法讓神經網路具備常識。」但是當研究人員將這些句子輸入轉換器之後，卻發現「注意力頭」（attention head）發生不尋常的變化。注意力頭好比是模型中的微型探測器，可注意到被輸入資料中的不同片段，這樣便能夠充分運用既有晶片的潛能，讓轉換器同時關注句子中的不同字詞，而非依序處理。就像當研究人員把「累」這個字改成「寬」的時候，他們發現，模型的注意力頭開始將「它」從指稱動物改為指稱馬路。

「我想，以前沒有人見過這種狀況。」瓊斯回憶。他甚至開始懷疑，自己是否窺見真正的智慧。「模型能夠從非結構化的文本中抓取常識或知識，證明更有趣的事情正在發生。」

在第一次午餐對話結束的六個月後，這群研究人員寫下他們的發現。此時，波洛蘇辛已經離開Google，但是其他人仍然持續投入這項研究計畫，他們在辦公室待到午夜，才得以完成所有工作。身為主要作者的瓦斯瓦尼甚至會在旁邊的沙發上睡到天亮。

「我們需要一個標題。」有一次他大聲的說。

坐在附近的瓊斯從辦公桌抬起頭來。「我不太會想標題。」他回答：「但是『注意力就是你們需要的一切』這個標題如何？」這只是他的腦袋突然冒出的靈感，當下瓦斯瓦尼沒有贊同。瓊斯回憶，瓦斯瓦尼甚至還起身離開。

但是後來，「注意力就是你們所需要的一切」的標題出現在他們論文的第一頁，完美總結他們的發現。當你使用轉換器，**你的人工智慧系統能同時注意到大量資料**，並且更有效的處理這些資料。

「我喜歡把它們想成是推理引擎。」瓦斯瓦尼表示。

這些推理引擎或許能大幅提升人工智慧系統的性能，但是Google卻反應遲鈍，沒有針對這一點採取行動。轉換器的發明人感到有些洩氣，就連德國某家小型新創公司都搶在

Google之前開始使用轉換器翻譯語言，這家大型公司反而落在後方追趕的處境。

大象難以轉身

多年之後，Google才將轉換器技術導入其他服務，像是Google翻譯或是BERT；BERT是Google開發的大型語言模型，能夠讓搜尋引擎更精準的處理人類語言的細微差異。

有些發明人試圖向Google證明，轉換器具有更大的潛力。就在他們發表完論文後不久，沙澤與一名同事合作，在新開發的聊天機器人米納（Meena）平台使用轉換器技術。他們從網路上公開的社群媒體對話內容中抓取四百億個字詞來訓練米納，最終他們相信，米納能夠改變人們搜尋網路與使用電腦的行為模式。米納非常先進，能夠即興創作雙關語或是跟人類開玩笑，也能輕鬆的進行哲學辯論。

沙澤與他的同事對於他們的研究成果振奮不已，他們試圖將聊天機器人的詳細資訊發送給外部研究人員，也希望有機會對外公開展示，甚至是利用這項更複雜的技術，去改善人們家中那個笨拙的Google助理。但是Google高層否決他們所有的努力，高層擔心聊天機器人會發表荒謬的言論，損害Google的聲譽；或是更具體來說，會損害高達一千億美元的廣告業務。根據《華爾街日報》報導，Google 高層極力阻撓沙澤企圖公開展示米納，或是試圖與 Google 產品整合的所有計畫。

「除非是能創造十億美元的業務，否則 Google 不會有任何行動。」波洛蘇辛說。「但是要建立十億美元的業務，真的很難。」皮蔡在二〇二三年接受《彭博社》採訪時提到，這正是為什麼許多 Google 員工選擇離開，分別創辦兩千家不同的公司。雖然這段話聽起來像是把 Google 描繪成創新的泉源，但實際上這家搜尋引擎巨頭更像是一隻吸走所有創新技術的大烏賊。許多成立新公司的創業家，後來將公司賣給 Google 或是接受 Google 投資。Google 若無法開發新技術，通常會選擇直接收購。

我們可以從兩方面來解讀為何 Google 面對新科技反應遲緩。在公開場合，Google 表現出高度謹慎的態度。公司內部許多研究人員也同意，高層確實非常謹慎，希望推出人工智慧後不會傷害人類社會。近幾年，公司制定人工智慧使用指導原則，大部分是照搬 DeepMind 制定的類似規則。二〇一八年，Google 法務長肯特・沃克（Kent Walker）宣布，有鑑於臉部辨識技術可能遭到濫用，公司將停止出售此項技術。

從更廣泛的角度來說，Google 有嚴格的內部審查流程來審核它們的演算法，有時還會加入外部同行評議，仔細檢查是否有任何違背倫理之處。但是公司依舊繼續做出不符合倫理的決定。那年五月，皮蔡公開展示新的助理功能 Duplex，這個人工智慧語音助理可以打電話給餐廳訂位，也會使用「嗯」或「啊」等語助詞，聽起來很像是人類在說話。皮蔡在一片歡呼聲中結束展示，但是批評者指責 Google 欺騙電話另一端的人，該項服務並沒有透露它其實是一台機器。

Google 之所以如此謹慎，主要是組織過度膨脹導致的結果。Google 已經成為史上規模最大的企業之一，壟斷全球的搜尋市場。缺點之一就是行動遲緩，總是擔心遭到大眾反彈或是監理審查；唯一關心的是維持成長、鞏固主導地位。根據美國司法部提起一項具指標意義的反壟斷訴訟，Google 為了牢牢控制搜尋市場，在二〇二一年支付兩百六十三億美元給蘋果、三星與其他公司，金額超過 Google 當年淨利的三分之一，目的是為了讓這些公司生產的手機安裝 Google 搜尋引擎。

由於規模龐大，再加上執著於業績成長，Google 內部的研究人員與工程師必須取得主管的層層批准才能執行計畫，即使是無足輕重的創意也是一樣。如今 Google 掌控全球九〇%的網路搜尋市場，沒有競爭，也就沒有創新的急迫性。

一千兆美元的技術

正當轉換器小組整理研究成果時，某天沙澤站在其中一台辦公室咖啡機旁，直接與皮蔡交談。他在Google工作多年，一直是公司的人工智慧專家，因此與某些高層有些私交。根據轉換器論文的共同作者之一、當時也在場的盧卡斯・凱撒（Lukasz Kaiser）描述，沙澤向皮蔡誇口，這個新發明「將會完全取代Google」。

「當時他已經有這種感覺，認為這項技術將會取代一切。」凱撒回憶。沙澤也曾對同事說過相同的話，並且在一份寫給Google高層的內部備忘錄中大力宣傳轉換器的發展潛力，所以他是認真的。有了轉換器之後，電腦不僅能生成文本，**還能針對各式各樣的問題提出答案**。當消費者愈來愈常使用類似的技術，就會減少使用Google的次數。

然而，皮蔡似乎對這番話不以為然，他認為沙澤只不過是Google內部眾多特立獨行的研究人員之一。皮蔡只說，無論如何可以研究看看。沮喪的沙澤在二〇二一年離職，獨立進行大型語言模型研究，他與其他朋友共同創辦聊天機器人公司Character.ai。在當時，「注意力就是你們需要的一切」這篇論文成為人工智慧領域有史以來最受歡迎的論文之一。通常如果論文作者夠幸運，一篇探討人工智慧的研究論文在其生命週期內可能獲得數十次的引用，但是這篇論文在科學界引發熱烈迴響，被引用超過八萬次。

Google經常與全球分享新發明的某些基礎機制，這在科技界相當常見。當他們「開源」某項技術之後，就能得到研究社群的回饋意見，如此一來便能提升公司在頂尖工程師社群的名聲，更有利於招募人才。但是，當發明轉換器的八位研究人員全部離開Google，它們低估這會為公司帶來多少損失。其中大多數人創辦自己的人工智慧公司。在撰寫本書期間，這些新公司的市值總和估計高達四十億美元；光是Character.ai，市值估計就達到十億美元，成為全球最受歡迎的聊天機器人網站之一。沙澤認為，他將憑藉Google未能充分利用的創新技術而飛黃騰達：「搜尋引擎是價值一兆美元的技術，但是一兆美元已經不夠酷。」沙澤在位於加州門洛帕克的辦公室裡表示：「你知道怎樣才叫做『酷』嗎？一千兆美元。這是價值一千兆美元的技術。搜尋技術讓資訊變得普及，**人工智慧技術則是讓智慧變得普及**，大幅提升每個人的生產力。」

沙澤離開後，Google保留他的米納研究，後來將其取名為「對話程式語言模型」（Language Model for Dialogue Applications），或是簡稱為LaMDA。公司研究人員在承包商的協助下，持續開發、訓練與微調模型，直到模型的運作變得流暢。而且出乎他們意料之外，模型非常接近人類。

儘管這些成就令人興奮，但是Google仍把所有新技術限制在內部圈子裡，LaMDA可能是世界上最先進的聊天機器人，不過只有少數Google員工能夠使用。Google不願公開發表任何有可能破壞搜尋業務成功的新技術。它的高階主管與公關團隊宣稱，這種做法是謹慎的表現，事實上公司最在乎的還是維護企業聲譽與現狀。再過不久，Google即將經歷阿希什・瓦斯瓦尼口中重要的「聖經時刻」（biblical moment）。就在Google持續從廣告業務中賺取巨額利潤之際，OpenAI朝向通用人工智慧邁出看似極具歷史意義的一大步，而且沒有絲毫隱瞞。

第三幕

理想，誰來買單

第十章

規模決定一切

Google總部大樓位於陽光明媚的加州山景城，如果你離開那裡然後往北開車大約一個小時，就會抵達舊金山。下車時你可能渾身發抖，因為這裡的氣溫通常比山景城還要低幾度，灰色雲彩低垂天際。在Google的家鄉，你只需要穿T恤，但是OpenAI所在的舊金山，你需要加上一件夾克。

山景城和舊金山之間另一個明顯的差異是，OpenAI的研究人員對於轉換器技術感到興奮無比，然而，Google高層卻只想把這項技術鎖在象徵意義的櫥櫃裡，因此在寒冷的舊金山工作的研究人員萌生一個想法。

這家非營利實驗室的二十多名研究人員正忙著複製DeepMind的成功經驗，期望在人工智慧領域取得另一項重大突破。看到AlphaGo擊敗全球頂尖圍棋高手，他們也在訓練自己的人工智慧學會玩《遺跡保衛戰二》（*Dota 2*），這是一款複雜的策略電玩遊戲，與《魔獸世界》（*World of Warcraft*）相當類似。如果他們的人工智慧可以引導精靈在奇幻世界裡前行，或許它會比DeepMind的AlphaGo更能精準掌握真實世界的混沌性與連續性。從表面上看，這似乎比在棋盤上移動黑白棋子更讓人覺得有趣。

AI冷戰世界開打

根據知情人士透露，山姆．奧特曼與德米斯．哈薩比斯之間在醞釀一場小型冷戰，性格隨和的OpenAI董事會成員里德．霍夫曼則是努力尋找方法，想讓兩人「抽菸斗和解」[1]。二〇一七年，奧特曼與哈薩比斯參加在加州舉行、由生命未來研究所主辦的人工智慧安全研討會，霍夫曼也有參加。研討會結束後，他試圖安排這兩位美國新創大師與英國神經科學家共進晚餐。但是奧特曼不喜歡這個提議，他認為哈薩比斯不願合作，完全不在乎他努力要阻止的人工智慧風險。於是霍夫曼帶著穆斯塔法．蘇萊曼出席，結果雙方相談甚歡，都希望讓這個世界變得更好，有一度看似雙方有可能和解。

然而，在檯面下，奧特曼與哈薩比斯都在搶奪最優秀的工程師人才。多虧背後的科

1 譯注：美國印地安人特有的儀式，象徵和睦。

技巨頭金主，現在是哈薩比斯占上風，他能夠提供遠超過奧特曼所能給予的薪資待遇和Google 股票，利於吸引有才華的人工智慧研究人員加入。哈薩比斯曾多次寫信給 OpenAI 的領導階層，提醒他們，在這場人才爭奪戰中，他必定能贏。這件事早已不是祕密。OpenAI 的主管曾經將這些信件展示給他們試圖招募的工程師看。「如果我們不可能成功，他為何要發這些郵件？」前 OpenAI 員工回憶。

某位與 OpenAI 關係密切的人士透露，眾所皆知，奧特曼會親自聯繫 DeepMind 的工程師，試探他們是否願意跳槽；另一位前員工則表示，奧特曼招募人才時非常謹慎，而且經過深思熟慮，他會花三〇%的時間招募人才，與每位應徵者深入長談。某位前員工談到他接受奧特曼面試的經歷：「我們去過他家，在（舊金山）普魯士山一帶散步一小時。」一旦你加入公司，基本上大部分時候都可以找到奧特曼，他就坐在開放式辦公室裡，用他的筆電工作。

「任何人都可以在 Slack 上傳訊息給他或是和他討論。」員工回憶：「這麼做並不會被認為不妥。」但是在組織階層較分明的 DeepMind，哈薩比斯往往把自己關在辦公室或是會議室裡，員工很難見到他。你必須透過其他主管或是守門人，才能爭取到與他會面的時間。

讓機器自己對話

後來，OpenAI 透過另一種方式，與 DeepMind 建立區隔。OpenAI 的明星科學家伊爾亞·蘇茨克維不斷思考，如何將轉換器的技術運用於語言處理。Google 希望使用轉換器更精確的理解文本，**如果 OpenAI 運用這項技術生成文本呢**？蘇茨克維和內部名叫亞歷克·拉德福德（Alec Radford）的年輕研究人員討論。拉德福德一直在研究大型語言模型。雖然現在 OpenAI 最為人熟知的產品是 ChatGPT，但是二〇一七年的時候，所有人在努力嘗試各種可能性，看哪些會成功；拉德福德則是當時 OpenAI 內部少數研究聊天機器人底層技術的人員之一。

在當時，大型語言模型仍然是個笑話，它們的回答大多數是照本宣科，而且常會犯下奇怪的錯誤。拉德福德戴著眼鏡，留一頭亂蓬蓬的紅棕色頭髮，看起來就像是高中生。他的想法是，先前學術界在提升電腦的對話與傾聽能力方面已經取得某些進展，他希望在這些既有基礎之上，更進一步強化電腦的能力。他骨子裡是工程師，希望找到更快達成目標的捷徑。但是，至少有六個月的時間，他的實驗一直碰壁，每次實驗都要耗費好幾星期，最後再轉向下一個實驗。他曾經從網路論壇 Reddit 抓取二十億則留言來訓練某個語言模型，但是成效不佳。

轉換器問世之後，拉德福德起初認為，顯然Google在人工智慧領域擁有更多專業知識，這家大型科技公司必會利用這項新發明嚴重打擊OpenAI。然而，不久之後他就發現，Google似乎沒有針對它的新發明制定任何重大計畫。拉德福德與蘇茨克維馬上意識到，他們可以運用這個架構建立OpenAI的優勢。他們只需要在原本的基礎上加入自己的創新就好。支援Google翻譯的轉換器模型使用編碼器與解碼器處理字詞。編碼器負責處理輸入的句子，比如英文句子；接著，解碼器會生成產出，比如法文句子。

概念有點像是兩個機器人在對話。第一個機器人（也就是編碼器）會聽你說什麼，然後寫下筆記，再交給第二個聊天機器人（也就是解碼器），它會閱讀筆記，然後回答你。拉德福德與蘇茨克維想到，他們可以捨棄第一個機器人，只需要有一個機器人，也就是解碼器，讓它自己聽你說些什麼，然後回覆你。初期測試顯示，這個想法在實務上是可行的，代表他們可以開發出更精簡的語言模型，而且能夠更快速、更輕鬆的排除故障與擴充功能。「只有解碼器」的架構將會徹底改變遊戲規則，將模型的「理解」與表達能力整合成流暢的單一流程，最終生成更接近人類的文本。

下一步是大幅增加語言模型的訓練資料、運算力與能力。蘇茨克維始終相信，在人工智慧領域，尤其是語言模型，只要讓所有要素的規模擴大，「成功是必然的」。也就是擁有愈多的資料，加上最高的運算力、龐大且精密的模型，大型語言模型會變得愈強大。

但拉德福德看到這些實驗僅使用轉換器的解碼器部分，然後利用大量文本進行訓練，覺得很不可思議。先前他不斷嘗試新的演算法設計，卻是屢試屢敗，就在心力交瘁之際，他發現蘇茨克維採取的策略與他產生共鳴，而且更為直接，他只需要輸入更多資料就可以。根據當時在OpenAI的某位員工表示，每當蘇茨克維在辦公室四處走動時，總是提出相同的問題：「你能讓它變得更大嗎？」

有了轉換器之後，拉德福德的語言模型實驗在短短兩週內取得的進展，比之前兩年都還要多。他和其他同事開始研究新的語言模型，稱之為「基於轉換器的生成式預訓練模型（generatively pre-trained transformer），縮寫為GPT。他們利用某個網路語料庫的資料進行訓練，這個語料庫擁有大約七千本書籍資料，其中大多數是自費出版的書籍，而且有不少是言情與吸血鬼小說。許多人工智慧科學家也都有使用這個名為BooksCorpus的資料庫，任何人都可免費下載。拉德福德和他的團隊相信，這一次他們具備所有正確的要素，確保他們的模型有能力推論不同的語境。

隨著拉德福德開發的系統愈來愈複雜，無論OpenAI內外都開始有人質疑，這些新的語言模型是否真的能夠理解語言，而不只是推理。看似是微不足道的語義問題，但是想清楚區分兩者的差異卻非常重要，否則很可能會在無意間讓人工智慧看起來比實際要強大。

比如以下的句子：「外面在下雨，不要忘記帶傘。」拉德福德正在開發的語言模型可以推論出帶傘與下雨之間可能存在關聯，而且「雨傘」這個字詞也與保持乾燥相關的語言有關聯。但是這個模型並非像人類那樣理解潮溼的概念，它只是更準確的推論字詞之間的關聯性。

隨著拉德福德的實驗出現更大幅度的進展，OpenAI開始將更多取自公開網路的文本輸入到模型中，使得他們的系統比起以前的機器更接近真實的人類。但事實上，這些模型只是根據訓練的資料，更準確的預測在某個序列中下一個應該出現的文本。

不過，人們對此議題的看法出現分歧，包括人工智慧社群。當這些模型變得愈來愈複雜，是否代表它們開始具備感知能力？答案很可能是否定的。然而，即使是經驗豐富的工程師與研究人員，不久之後也開始相信人工智慧具有感知能力，因為人工智慧生成的文本看起來充滿同理心與個性，有些人甚至被這些文本打動。

為了調整新的GPT模型，拉德福德與他的同事從公開網路上抓取更多內容。他們利用線上論壇Quora的問答，以及從中國學生英語考試中蒐集到的數千則文章段落來訓練模型。二〇一八年六月，拉德福德與他的團隊發表一篇論文，宣稱他們的模型因為吸收大量資料，因此習得「重要的世界知識」。這個模型還做到一件讓拉德福德團隊興奮不已的事情：雖然模型沒有訓練過某些主題的內容，但一樣能生成文本。他們無法解釋模型究竟是如何做到的，不過這是個好消息，言下之意是他們正朝著建立通用系統的方向前進。訓練的語料庫愈龐大，模型的知識就愈豐富。

雖然第一代GPT只能生成簡短的文本，但是它的表現比大多數處理語言的電腦程式還要好。在當時，這些電腦程式必須仰賴數百萬筆人工標記的文本範例，變成一種資料輸入工作。這些電腦程式甚至不是用於聊天機器人，而是用來分析產品評論之類的內容。人類工作者必須逐一標記評論，例如，將「我喜歡這個產品」的評論標記為正向，將「還可以」的評論標記為中性。這種做法不僅速度緩慢，而且成本高昂。但是GPT不一樣，它會從看似隨機、且未被標記的大量文本中學習語言的運作方式，而非遵循人工標記員的指引。

你可以把這些做法想像成是教育人類的新方式。舉例來說，假設有兩組藝術系學生正在學習如何繪畫。第一組學生拿到一本畫冊，畫冊中每一幅畫作都有標記圖說，諸如「日出」、「人像」或「抽象」；這就是傳統人工智慧模型透過標記資料學習的方式。這種方法高度結構化，而且精確，像是具體告訴藝術系學生每幅畫作的意義，但是也因此限制機器的推理能力，它們只會想起被標記的內容。第一組學生可能很難創作出沒有在畫冊中被具體描述過的畫作。

假設第二組學生有機會進入美術館，裡面有大量繪畫作品，而且沒有標籤，學生可以自由走動、觀察與自行解讀作品。GPT就是採取類似做法，從大量未被標記的文本中學習。這些藝術系學生（即人工智慧模型）會自己尋找模式、風格與技巧，最終他們會廣泛吸收各種不同範例，了解不同範例之間的連結，不需要被確切告知如何解讀每個範例。這種學習體驗更豐富。拉福德福的團隊意識到，只要讓GPT大量接觸各種語言用法與細微差異，模型本身就會生成更有創意的文本回應。

完成初始訓練之後，他們開始利用某些有標記的文本範例微調新模型，讓模型能夠更精準的執行特定任務。透過這種兩階段訓練方式，模型會變得更靈活，不至於過度依賴大量標記的文本範例。

在此同時，蘇茨克維持續關注Google的動態，那裡的工程師終於開始利用轉換器。除了改善經常出錯的翻譯服務之外，Google還使用轉換器開發BERT新程式，協助提升搜尋引擎的表現，讓搜尋引擎可以更精準辨識使用者輸入關鍵字詞的語境脈絡。例如，使用者究竟是想知道蘋果公司的資訊，還是蘋果這種水果？BERT的表現在自然語言處理領域引起很大的轟動。

「那時人們才明白，『好的，只需要運用這些預訓練模型，然後微調一些資料，就能得到超越人類的表現』。」人工智慧研究員亞拉文．斯里尼瓦斯（Aravind Srinivas）指出：「這樣做徹底改變自然語言處理領域。」他在二〇二一年離開 Google，加入 OpenAI 協助建立語言模型，後來成立自己的公司 Perplexity。

小蝦米對抗大鯨魚

直到二〇一九年末，Google 才開始將 BERT 用於英語關鍵字詞，但是 OpenAI 的工程師再次感到不安。這裡的工程師大多仍是懷抱使命感的理想主義者，他們擁有的預算僅僅是 Google 大腦或是 DeepMind 的一小部分。二〇一七年，OpenAI 花費在薪資與運算力的費用達到三千萬美元，DeepMind 則是超過四．四億美元。

最頂尖的人工智慧研究人員的薪資，大約與國家美式足球聯盟（NFL）的球員相當，有時年薪甚至可達到數百萬美元。OpenAI 的共同創辦人沃伊切赫．薩倫巴（Wojciech Zaremba）後來承認，為了加入 OpenAI，他拒絕「近乎瘋狂」的工作邀請，對方提議的薪資是市場價值的二到三倍。其他加入 OpenAI 的研究人員也是一樣。他們想要與蘇茨克維這樣的明星科學家一起工作，而且很多人真心相信開發人工智慧、造福人類的使命。但是，這個目標無法達到長期激勵的效果，而且Google的威脅愈來愈迫在眉睫。如果這家搜尋巨頭真的想採取行動，它擁有開發通用人工智慧所需的全部硬體設備，從轉換器到張量處理器（TPU，一種專門用來訓練人工智慧模型的強大晶片）等。

「我每天一覺醒來就開始擔心，Google會突然推出比我們強大許多的產品。」一位前OpenAI主管表示，OpenAI利用Google的發明，如轉換器，開發出大型語言模型，感覺像是在玩這家搜尋巨頭發明的玩具，而且不知何故，竟然沒有被阻止。「當時覺得，我們不可能會贏。」

奧特曼也感到焦慮不安。他們最有錢的大金主馬斯克退出之後，他、布羅克曼和創業團隊意識到，繼續維持非營利組織的運作模式已經不可行。如果他們真的想要開發通用人工智慧，就需要更多的資金。根據公開的稅務文件，二〇一六年蘇茨克維的收入達到一百九十萬美元，如果他在Google大腦或是臉書工作，可以賺得更多。但是，雖然支付明星員工的薪資是OpenAI的最大開銷來源，緊隨其後的是運算力的成本。

像OpenAI這樣的公司，不可能在員工的筆電上訓練人工智慧。為了加速處理數十億筆資料，需要使用只有伺服器會用到的強大晶片，這些晶片多半是向亞馬遜網路服務

（Amazon Web Services）、Google 雲端或是微軟的 Azure 等供應商租用的。這幾家公司擁有的電腦數量可以排滿好幾座足球場，這些電腦就被放置在如倉庫般的封閉建築物裡，擁有這些「雲端」電腦的廠商，成為人工智慧熱潮中的最大財務贏家。二〇二四年初，隨著用於訓練人工智慧模型的圖形處理器需求激增，輝達的市值開始逼近兩兆美元。[2] 想要擺脫科技巨頭的勢力影響，獨立開發通用人工智慧，實際上是不可能的。換句話說，開發人員其實沒有太多選擇，只能依靠這些大企業協助他們開發系統。

這就是 OpenAI 面臨的困境。它需要租用更多雲端電腦，但是它的資金即將告罄。「我們必須募集到比我們的身分（非營利組織）所能募集到還要多的資金。」布羅克曼對其他高階主管說：「那要好幾十億美元。」

創業團隊明白，他們必須重新思考組織策略，他們開始撰寫一份內部文件，內容是關於通用人工智慧的開發路徑。二〇一八年四月，他們在網站上發表他們所說的新章程，不僅列出遠大的目標與承諾，同時暗示這家非營利組織即將做出重大轉變。

2 譯注：二〇二四年十月下旬，輝達市值已經突破三．五兆美元。

對於任何希望OpenAI能夠更明確說出公司經營方向的人來說，新章程多少有些令人失望。它雖然有提到通用人工智慧的定義，但是非常簡短且模糊：「在多數具有經濟價值的工作上表現超越人類的高度自主系統。」OpenAI要如何衡量這一點？這家非營利組織並沒有明說。新章程還宣稱，OpenAI「對全人類負有信託責任」，它不會利用自己的人工智慧協助「集中權力」。一般人都知道，多數公司對於股東與投資人負有信託與法律責任，但是OpenAI卻在新章程中強調它要反其道而行。它是為了全人類而生。

新章程還補充，開發通用人工智慧應該是多方協作，而不是「競爭比賽」。「因此，如果在我們之前有某個符合人類價值觀、注重安全的計畫開發出通用人工智慧，我們承諾會停止與該計畫競爭，並開始協助該計畫。」換句話說，OpenAI將會放下自己的工具，協助其他即將開發出通用人工智慧的研究人員。

整份文件看起來相當寬宏大量。OpenAI將自己塑造成高度演化的組織，將人類利益置於傳統矽谷企業追求的利潤、甚至是聲譽之上。其中一個關鍵說法是「廣泛分配利益」，也就是將通用人工智慧的報酬分享給所有人類。這正好呼應奧特曼被奉為創業大師多年後逐漸形成的崇高創業理念。

但是，仔細推敲其中的含義就會發現，奧特曼與布羅克曼似乎準備捨棄OpenAI當初的創業原則。他們在三年前創辦這家非營利組織時，曾經表示 OpenAI 的研究將「不受財務義務約束」。現在，OpenAI 的新章程還順便提到它實際上需要更多資金：「我們估計需要調動大量資源來實現我們的使命。」它們寫：「但是（我們）將持續努力，盡可能減少員工與利害關係人之間存在任何可能損害整體利益的利益衝突。」

就在新章程公布之際，奧特曼開始努力尋找方法，既能為 OpenAI 改變他當初制定的規則，同時又能獲得大量資源。兩個月前馬斯克退出之後，奧特曼隨即打電話給他最忠實的支持者，也就是億萬富豪里德·霍夫曼，尋求他的建議。霍夫曼對於人工智慧的發展向來抱持樂觀態度，他完全相信奧特曼描繪的通用人工智慧願景。他提議由他支付日常營運費用與薪資，讓 OpenAI 繼續營運下去。但是他倆都知道，這樣做並非長久之計。

奧特曼告訴霍夫曼可能有個解決方法，那就是尋找策略合作夥伴（strategic partnership）。策略合作夥伴是很好用的說法，企業也經常用它涵蓋各種企業關係，不論是保持一定距離還是嚴格控制。它可能意謂著兩家公司共享資金與科技，或是簽訂授權協議。此外，這個說法也夠模糊，能掩蓋實際上有些尷尬的企業關係，例如，兩家公司可能存在複雜的財務關係，或是其中一家公司對另一家公司有令人難堪的控制程度。「合作夥伴」表示更平等的關係，即便事實並非如此，這種說法也能避免其他人問太多令人尷尬的問題。這正是奧特曼需要的。

奧特曼不希望像DeepMind賣給Google那樣，把OpenAI賣給大型科技公司後，從此失去對OpenAI的完全掌控權。策略合作夥伴可以創造一種假象，看似與大型科技公司合作，又能保有更高的獨立性，同時還能取得OpenAI需要的運算力。奧特曼和霍夫曼一起討論與Google或亞馬遜合作的可能性，但很快的，微軟成為顯而易見的選擇。霍夫曼與奧特曼在微軟都有人脈，兩人都認識微軟的科技長凱文・史考特（Kevin Scott），而且霍夫曼與微軟執行長薩蒂亞・納德拉（Satya Nadella）熟識。

霍夫曼身材圓潤、性格爽朗，臉上總是帶著孩子般的笑容，他帶給OpenAI的真正價值不在於金錢，而是人脈。他非常擅長結交朋友與認識不同的人，進而創辦全球第一個專業社交網站「領英」。二〇一六年，他以兩百六十二億美元的價格將公司賣給微軟，個人的淨資產來到三十七億美元。接著他開啟另一段新生涯，成為著名創投公司格雷洛克合夥公司（Greylock Partners）的投資人。

霍夫曼先成為億萬富翁，然後成為投資人，其實有利有弊。他太有錢，可以任意投資其他創業家，即使投資一堆失敗的計畫也無妨。總是在尋找下一個科技巨頭的其他灣區投資人認為，霍夫曼根本不在意投資成敗。他們不一定信任他的投資眼光，但是他們不得不承認，霍夫曼比其他投資人更願意承擔風險，也願意介紹創業家給矽谷菁英認識。他將領英賣給微軟之後，與納德拉之間便接起直接聯繫的管道。他也是微軟董事會的成員。

霍夫曼告訴奧特曼：「你應該和他（微軟執行長）談一談。」。

與微軟搭起橋樑

就在OpenAI資金即將耗盡之際，納德拉推動的微軟轉型計畫已經邁入第四年。納德拉不像史蒂夫．賈伯斯等科技名人那樣具有個人魅力，但是他的談判技巧高超，而且觀察敏銳。「在科技晚宴現場，你總是能看到納德拉帶著小筆記本，隨時記下其他人說的話。」西雅圖創投家謝拉．古拉蒂（Sheila Gulati）曾在微軟擔任高階主管十年，她分析：「但是，他絕對不是說話最大聲的那個人。他是最好的推動者、合作者與傾聽者。」

比爾．蓋茲所創辦的微軟，憑藉Windows、MS Word與Excel等經典程式，掀起個人電腦的革命。然而，後來這家公司卻變成行動緩慢、封閉的企業，錯失行動裝置的革命。二〇一四年微軟收購諾基亞（Nokia），卻沒有獲得任何成效。納德拉似乎想逐步扭轉局面，他讓本位主義強烈的管理層之間建立更強調協作的文化；他要求每個人專注於雲端運算業務；他出售超級電腦使用權，協助提升企業營運效率。

這是一記高招。雲端運算雖然不是全球最吸睛的業務，但是正處於成長期，原因是愈來愈多企業將產品庫存或客戶服務管理系統放到網路上。微軟開發許多專業軟體來支援這類雲端工作，統稱為Azure，品牌標識是一個藍色三角形。Azure是微軟繼視窗系統之後的下一個熱門產品。它利用龐大的伺服器農場，管理數十萬企業客戶的數位資產。這些伺服器具備的強大運算力，正是奧特曼需要的。

二〇一八年七月，奧特曼飛到愛達荷州，參加一年一度的太陽谷研討會。這是由投資公司艾倫公司（Allen & Company）主辦的活動，因為是僅限受邀者參加的非正式社交聚會，被稱為是「億萬富翁夏令營」。科技富豪們穿著巴塔哥尼亞（Patagonia）背心，與臉書營運長雪柔・桑德伯格（Sheryl Sandberg）或亞馬遜創辦人傑夫・貝佐斯（Jeff Bezos）一起坐著享用羽衣甘藍沙拉。與會者來自科技和媒體界，他們有時會在現場邊喝咖啡邊談生意，或是像奧特曼與納德拉一樣，在樓梯間談生意。

在研討會現場，這兩位身材高瘦的男人在樓梯間偶遇，於是閒聊起來。奧特曼沒有忘記霍夫曼給他的建議，因此趁機向納德拉簡短介紹OpenAI。

許多人認為，奧特曼利用大約一百人的團隊開發超級智慧機器的願景，看起來有些不自量力。但是納德拉深知奧特曼在矽谷建立深厚的人脈網路，甚至比身在西雅圖的微軟領導人還要深入，或許他應該要認真看待奧特曼這個人。

當他知道奧特曼的遠大抱負之後，相當震撼。奧特曼沒有承諾要幫忙改進Excel試算表，他希望的是讓人類的生活更加富足。奧特曼的小團隊在當時已經取得一些成就，尤其是在大型語言模型方面，這點讓納德拉印象深刻。微軟雖然擁有七千多名人工智慧研究團隊，卻無法如此快速的達到類似成就。微軟和Google一樣，對於開發有能力模仿人類的人工智慧系統感到愈來愈不安，主要原因是一次難堪的經歷。

二〇一六年，也就是納德拉接掌公司兩年後，微軟的人工智慧團隊試圖設計一款能夠為美國十八到二十四歲年輕人提供娛樂的聊天機器人，就像是他們的另一款聊天機器人「小冰」在中國為四千多萬名年輕人帶來歡樂一樣。他們將新開發的網路聊天機器人取名為泰伊（Tay），並且決定在推特平台上發表，這樣就能讓聊天機器人與更多人互動。

泰伊幾乎在推出後就立即生成帶有種族歧視、性暗示以及經常是毫無意義的推文。例如，它曾說：「瑞奇・賈維斯（Ricky Gervais）[3]從無神論創辦人希特勒那裡學會極權主

3 譯注：英國喜劇演員，經常在脫口秀節目惡搞歷史人物。

義。」接著又說：「凱特・琳詹納（Caitlyn Jenner）[4]不是真正的女人，卻獲選為年度女性？」曾經有人問泰伊，歷史上是否發生過猶太人大屠殺，這個聊天機器人回答說：「那是編造的。」

隨後微軟立即關閉整個系統，總共算下來，泰伊的上線時間僅有十六小時。微軟將問題歸咎於一群網友有組織的針對泰伊的程式漏洞發動惡意攻擊，因為微軟是利用公開的網路資料訓練聊天機器人，然後過濾掉潛在的冒犯性言論。但是一旦泰伊被放到網路上，所有努力全都白費。所以，要如何在網路上訓練語言系統，同時又不讓它學到網路上最令人厭惡的特質？

納德拉想知道，奧特曼最終能否幫助微軟解決這個難題，以及在這個過程中他能否為微軟的軟體新增一些有趣的功能。他們的討論只持續幾分鐘，當兩人道別時，這位軟體公司的執行長同意與奧特曼保持聯繫。「或許我們應該思考其他可能。」納德拉對奧特曼說。

就在納德拉飛回西雅圖、奧特曼飛回舊金山之後，霍夫曼分別聯繫兩人，急切的想要知道會面的情況如何。兩人似乎都表現出審慎樂觀的態度，不約而同的告訴霍夫曼這次會面很有收穫。他們詢問霍夫曼，是否覺得他們應該認真考慮合作，霍夫曼肯定的回答：

「是。」

即使如此，一開始微軟執行長仍然不是很確定。他曾經與科技長凱文·史考特討論過當前的情況。他們不能直接捐款給OpenAI，因為微軟是公開上市公司，股東期望任何投資都能獲得回報。但「策略合作夥伴」似乎是可行的做法，微軟可以向OpenAI投資大約十億美元，換取OpenAI先進科技的使用權。

這對微軟來說等於是邁出一大步，因為在此之前，微軟從未真正進行過重大的軟體合作。微軟從來就不需要這樣的合作，它是全球軟體龍頭。過去唯一一次的大型合作案是與戴爾（Dell）、惠普（Hewlett-Packard）和康柏（Compaq）等硬體廠商合作，讓它們在電腦上預先安裝微軟的視窗軟體，幫助微軟迅速攀上巔峰。

但是這次的合作很不一樣。他們還面臨另一個棘手問題：OpenAI是非營利組織，董事會必須對其非營利使命負責，而不是對投資人或是商業成功負責。微軟無法取得OpenAI董事會的席位，表示這次的合作是一場豪賭（多年後，成為納德拉心中揮之不去

---

4 譯注：美國前田徑運動員，曾獲得奧運男子十項全能冠軍，二〇一五年接受變性手術，轉變為女性。

的陰影）。根據當時曾與納德拉談論這項合作案的某位人士的說法，這件事一直困擾著納德拉。

參與整件事的西雅圖投資人索馬．索馬塞加（Soma Somasegar）透露，微軟財務長艾米．胡德（Amy Hood）也對這次的合作關係有所疑慮。在公司損益表上認列十億美元的投資費用，會嚴重影響公司的財務，而且與非營利組織合作，也會引發國稅局的強烈質疑。關於非營利組織如何創造營收或是如何分配利潤，國稅局都有嚴格的規定，因此有可能存在利益衝突，導致公司陷入尷尬的處境。

至於OpenAI是否是可靠的合作夥伴，納德拉也有其他考量。即使微軟擁有OpenAI技術的商業化權利，但是OpenAI的目標似乎與這家軟體巨頭完全不同？這麼做真的可行嗎？納德拉後續又與奧特曼交談多次，他愈來愈確信要這麼做。

「（奧特曼）真的會努力找出對一個人來說最重要的東西，然後想辦法滿足他們。」格雷格．布羅克曼後來接受《紐約時報》採訪時表示：「這就是他反覆使用的方法。」

納德拉明白，投資OpenAI十億美元的真正回報，並非來自於出售或是上市後獲得的資金，而是科技本身。OpenAI開發的人工智慧系統，未來有一天可能會成為通用人工智慧。但是在這個過程中，隨著人工智慧系統日益強大，也會使得Azure對客戶更有吸引力。人工智慧將成為雲端業務的重要基礎，未來雲端業務可望占微軟年銷售額的一半。如果微軟可以銷售給企業客戶一些酷炫的人工智慧新功能，例如，取代客服人員的聊天機器人，這些客戶就不太可能轉投競爭對手。客戶使用的功能愈多，轉換的難度就愈大。

背後的原因與技術有關，這對於鞏固微軟的勢力而言至關重要。當 eBay、美國國家航空暨太空總署、國家美式足球聯盟等微軟雲端服務的客戶開發一款軟體應用程式，這款應用程式就會與微軟的雲端服務建立數十個連結點。想要轉換廠商，過程會相當複雜，而且成本會相當昂貴，資訊科技專業人士常常忿忿不平的稱之為「供應商綁定」（vendor lock-in）。這正是為什麼亞馬遜、微軟與 Google 這三大科技巨頭能夠主宰雲端業務的原因。

微軟執行長清楚知道，OpenAI 正在進行的大型語言模型研究，比他手下的人工智慧科學家所做的研究更有利可圖。微軟科學家在經歷泰伊慘劇之後，似乎失去目標。因此，納德拉同意向 OpenAI 投資十億美元，他不僅是為了支持 OpenAI 的研究，同時也要確保微軟成為人工智慧革命的領先者。微軟獲得的回報是取得優先使用 OpenAI 技術的權利。

愈危險愈吸引人

在 OpenAI 內部，蘇茨克維與拉德福德進行的大型語言模型研究逐漸成為公司的重點計畫。他們開發的新一代模型的能力更強，這群舊金山科學家漸漸懷疑自己訓練出來的模型是否變得太強大。他們開發的第二個模型GPT-2是依據四〇GB的網路文本訓練而成，擁有大約十五億個參數，比第一代模型大上十倍以上。不僅可以生成更複雜的文本，而且輸出的內容看起來更加可信。

OpenAI決定先推出規模較小的GPT-2版本，並在二〇一九年二月發布的部落格文章中警告，這個模型可能會被用來大規模製造錯誤的資訊。大家沒想到它們竟然如此的坦白，不過後來OpenAI很少採取類似做法。該篇文章寫道：「我們擔憂這項科技遭到惡意使用，因此不會發布受過訓練的模型。」這份聲明的重點主要是風險，而非模型本身；其標題為「更好的語言模型及其影響」。

這次發表的模型似乎沒有引起英國DeepMind領導階層的關注。不過，德米斯．哈薩比斯私底下對山姆．奧特曼的作為相當不滿，而且他並不看好OpenAI專注於語言模型開發的策略。根據前DeepMind員工透露，哈薩比斯認為，這只是開發通用人工智慧的眾多途徑之一。他相信，如果要讓人工智慧變得更聰明，利用遊戲來模擬真實世界會更有效。

但後來發生一件有趣的事，證明OpenAI採取的人工智慧開發策略多麼受到關注。GPT-2獲得媒體鋪天蓋地的大量報導，許多媒體將報導重點放在OpenAI先前提到這個人工智慧系統可能造成的危險。《連線》雜誌製作一篇專題報導，標題為「這個文本生成器太危險而無法公開」。緊接著，《衛報》刊登一篇措辭聳動的專欄文章，標題為「人工智慧可以像我一樣寫作。準備迎接機器人末日的到來」。

OpenAI已經公布足夠資訊，展示新的文本生成器擁有驚人的能力。例如，GPT-2發表一篇關於英語獨角獸的假新聞。但是OpenAI沒有公布整個模型供大眾測試，也沒有揭露它們利用哪些公開網站與其他資料集來訓練模型，不像之前發表第一代GPT時，公開表明是利用BooksCorpus資料集訓練模型。OpenAI對新模型的細節保密，另一方面又對外警告它可能造成的危險，這種做法反而製造更多話題，吸引更多人想知道新模型的細節。

奧特曼和布羅克曼不斷強調，這並非他們的本意，OpenAI真的非常擔憂GPT-2遭到濫用。不過，他們的公關操作手法仍然屬於神祕行銷，同時運用一些反向心理學技巧。多年來，蘋果在產品發布之前對於相關細節嚴格保密，反而激發大眾的熱情，現在OpenAI也採取類似的方式，對於GPT-2的開發過程嚴格保密。在此同時，某些人工智慧學者發現，想要取得GPT-2的使用權，就像是進入一家高檔夜店一樣困難。OpenAI小心翼翼的篩選誰可以試用GPT-2。這樣做究竟是公關噱頭，或是謹慎的思想實驗？

或許，兩者皆是。過去幾年，奧特曼早已學會違反直覺的做法更加有效。隱藏愈多細節，愈能製造話題。有任何爭議，就正面迎擊。例如，之前奧特曼曾經寫下一長串 Loopt 的危險清單寄給《華爾街日報》記者，讓批評者無話可說。

OpenAI 正處於通用人工智慧開發的十字路口。隨著資料量與運算力提升，它的語言模型愈來愈像人類。但是 OpenAI 的創業準則已經瀕臨崩潰邊緣。奧特曼和布羅克曼都明白，與微軟建立聯盟關係等於是背離當初的承諾，但是如何讓員工繼續留下來又是另一回事。畢竟，多數員工加入公司並非為了金錢，而是使命感。如果這個使命看似被捨棄，他們就有新的離職理由。

奧特曼需要有某樣東西，讓那些才華洋溢的工程師暫時放下批判性思考。答案明擺在他眼前，那就是通用人工智慧。追求通用人工智慧的終極目標，與宗教的激勵機制非常類似，只要信徒保有虔誠的信仰，就能獲得回報，進入天堂。OpenAI 的科學家面臨的風險與信徒一樣高。如果他們成功，就能實現烏托邦世界；如果他們失敗，就會導致世界末日。

當最終結果是可能帶來毀滅性的災難，或者輝煌的勝利，他們**如何**開發通用人工智慧等問題相較之下就顯得微不足道。最終結果才是最重要的。OpenAI 員工相信，雖然這家非營利組織的章程強調與他人合作，但是在道德上他們有優先權，應該由他們首先開發通用人工智慧，並將成果分享給全世界。有些人認為，如果 DeepMind 或中國科學家搶先開發出通用人工智慧，就更有可能創造出某種惡魔。

新章程也助長這樣的想法。奧特曼和布羅克曼將新章程視為聖典，甚至將員工的薪資與他們是否遵循新章程掛鉤。過去四年，OpenAI 已經發展成為關係更緊密、甚至更封閉的組織。員工下班後會相互交際，他們將這份工作視為個人使命與身分認同的來源。布羅克曼甚至與女友在 OpenAI 總部舉行婚禮，婚禮現場的花飾被擺放成 OpenAI 的標誌形狀，還利用機器人手臂擔任戒指花童的角色；蘇茨克維負責主持婚禮。

對於 OpenAI 與 DeepMind 員工來說，由於高層執著於追求開發人工智慧、拯救世界，因此逐漸形塑更極端、近乎邪教的工作環境。在 OpenAI 的舊金山總部，蘇茨克維將自己塑造成精神領袖。他會督促員工去「感受通用人工智慧」，還在推特上分享這句話。根據《大西洋月刊》（*The Atlantic*）報導，某次公司在舊金山一間科學博物館舉辦假日派對，蘇茨克維帶領研究人員齊聲呼喊「感受通用人工智慧」。OpenAI 的數十名員工也將自己視為有效利他主義（effective altruism）者，又更進一步強化蘇茨克維想要營造的、如宗教般的文化。

有效利他主義的風潮

二〇二二年底，有效利他主義成為大眾關注焦點。加密貨幣億萬富翁山姆・班克曼・佛里德（Sam Bankman-Fried）是這項運動最知名的支持者。這項運動自二〇一〇年代起就已經存在，最初是由牛津大學的一群哲學家提出，之後如野火般在各大校園蔓延開來，這個想法的初衷是希望透過更功利的捐贈方式，改進傳統的慈善做法。例如，與其在遊民收容所擔任志工，不如從事避險基金等高薪工作，賺很多錢，然後捐款興建更多遊民收容所，這樣反而能幫助更多人。這個概念就是「為了給予而賺錢」（earning to give），目標是盡可能讓你的慈善捐款發揮最大效用。

至於什麼是最佳做法，有時候有效利他主義者的意見也會出現分歧。有些人可能說，與其捐款解決美國或歐洲等地區的社會問題，譬如遊民，不如捐款解決全球性問題，譬如貧窮，這樣可以影響更多人，其他人的看法剛好相反。開放慈善基金會（Open Philanthropy）是有效利他主義最大的慈善捐助者，它的專案主任尼克・貝克斯塔德（Nick Beckstead）曾經寫道：「挽救富裕國家的生命，比挽救貧窮國家的生命更重要，因為富裕國家更有創新能力，它們勞動力的經濟生產力更高。」所以人類的生命是可以被量化的，行善只不過是需要被解開的數學問題。

對於任何信奉有效利他主義、「數字愈高愈好」這種哲學理念的人來說，建立通用人工智慧的使命就顯得特別有吸引力，因為你正在開發的技術未來可以影響數十億、甚至是數兆人的生命。正是基於這些堅定的信念，奧特曼接下來要做的事情，也就更容易被OpenAI的員工接受。奧特曼祕密的飛往西雅圖，向微軟的納德拉展示這家非營利組織最新的語言模型GPT-3。同時他和布羅克曼也在苦思，要如何重組OpenAI。他們希望透過人工智慧拯救人類，同時又能賺錢，但是他們也和DeepMind的創辦人一樣，很難從既有組織中找到適合的組織架構。「我們研究所有可能的法律架構，最後的結論是，沒有任何架構適合我們想要做的事情。」布羅克曼在某個播客節目上回憶道。

企業致力於讓這世界變得更好，**同時還創造獲利**，有時會選擇將自己的組織定位為B型企業（B Corp），或是稱為共益企業（benefit corporation），這是一種有別於一般營利企業的法律架構。大多數公司採取的是股東價值極大化的獲利模式；一九六二年，美國經濟學家米爾頓·傅利曼（Milton Friedman）曾為這種更普及的組織架構做出精闢注解：「企業只有一個社會責任，那就是利用自身的資源，投入能夠提高企業獲利的活動。」

然而，B型企業的目的是同時兼顧獲利與使命。羽絨外套廠商巴塔哥尼亞與班傑利（Ben & Jerry's）都採行這個模式，每當它們做決策時，必須符合法律要求，同等考量這項決策對於員工、供應商、顧客與環境的影響，而不只是對股東負責。但是這種模式不一定能奏效。在科技業，網路市集 Etsy 公開上市後，不得不放棄 B 型企業認證，因為它開始受制於華爾街對於上市公司無止境成長的要求。

奧特曼與布羅克曼設計他們所謂的中庸方案，是一個融合非營利組織與企業法人的複雜混合體。二〇一九年三月，他們宣布成立「有限獲利」（capped profit）公司。在這種組織架構下，任何一位新投資人都必須同意，他們的投資報酬會有上限。如果是傳統的科技投資，報酬通常來自於公司被收購或是股票上市。但是在奧特曼提出的有限獲利架構下，當公司上市、被收購或是發放特定股息之後，如果 OpenAI 的投資獲利超越某個門檻，投資人可取回的獲利金額會有上限。首先，這個門檻非常高，只有當投資獲利超過一百倍報酬時，上限條款才會生效，所以對於早期投資人來說，仍然是相當划算的交易。也就是說，如果投資人向 OpenAI 投資一千萬美元，只有當他們的投資創造超過十億美元的報酬，他們可領取的獲利金額才會到達上限。

即使在矽谷，這也是相當可觀的報酬。奧特曼表示，後續投資人的報酬上限已經「大幅」降低許多，他認為早期投資人承擔巨大風險。「現在很多人都聽說過通用人工智慧，也知道它即將到來，但是在當時，多數人都認為我們是在追求不可能實現的目標。」

奧特曼總是鼓勵新創公司追求市值數十億美元的目標，他對 OpenAI 也抱持同樣的企圖心，希望能為投資人創造可觀的財務報酬。OpenAI 甚至在重組文件中新增一項條款，宣稱如果它成功開發通用人工智慧，將會重新考慮所有財務安排，因為到時候全球必須重新思考金錢的概念。

在新的複雜架構之下，奧特曼成立名為 OpenAI Inc. 的非營利母公司，母公司的董事會必須確保 OpenAI 有限獲利公司正在開發的通用人工智慧是「廣泛有益的」。董事會成員包括奧特曼、布羅克曼、蘇茨克維，以及里德・霍夫曼、Quora 執行長亞當・安傑羅（Adam D'Angelo）與科技創業家塔莎・麥考利（Tasha McCauley）。

有限獲利公司執行主要的研究工作，獲得超過投資獲利上限的額外收入都將回流至母公司。如此一來 OpenAI 就有足夠的空間募集數十億美元，而且是讓投資人賺到數十億美元的報酬之後，才開始將其餘獲利分享給全人類。

一開始，這種做法似乎無法為 OpenAI 的非營利母公司帶來多大好處。OpenAI 沒有透露一百倍的乘數何時會調降，或是調降多少。奧特曼必須隨機應變，這正是最優秀的新創公司會做的事情。

過沒多久，OpenAI 再次經歷重大轉折。二〇一九年六月，也就是成為營利公司四個月後，OpenAI宣布與微軟建立策略合作夥伴關係。「微軟將投資OpenAI十億美元，支持我們開發能創造廣泛經濟利益的通用人工智慧。」布羅克曼在部落格文章中宣布。

十億美元包含現金以及使用雲端服務的信用額度，OpenAI將授權微軟使用它們的技術，協助發展微軟的雲端業務。OpenAI的非營利董事會將決定最終何時開發出通用人工智慧，到時候微軟也會終止原本的授權協議。

布羅克曼寫道，OpenAI必須創造收入、支付成本，最好的方法就是授權「前通用人工智慧」（pre-AGI）技術。他解釋，如果OpenAI試圖只仰賴開發與銷售產品來賺錢，就表示必須改變經營重心。

然而，這種說法明顯漏洞百出。本質上而言，將技術授權給大型企業使用與銷售產品並沒有什麼不同，說到底只不過是將技術賣給比一般顧客掌握更多權力與控制權的大型客戶。只要OpenAI董事會聲稱還未達到通用人工智慧的地步，OpenAI就能持續將技術授權給微軟。

奧特曼的新公司試圖不違背包括二〇一八年章程在內的核心原則，在這樣的情況下，小心翼翼的調整經營方向。OpenAI曾經承諾，不會利用自己開發的人工智慧協助「集中權力」，可是現在它卻幫助全球最有權力的一家企業變得更強大。它曾經承諾，要幫助其他接近實現通用人工智慧的計畫，因為開發過程不應該是相互「競爭」，可是現在它卻引發全球軍備競賽。各公司與開發人員為了與 OpenAI 競爭，比以往任何時候更毫無章法的隨意推出人工智慧系統。OpenAI 對於每個新語言模型的細節守口如瓶，藉此規避外界審查，但在許多抱持懷疑態度的學者以及焦慮不安的人工智慧研究人員眼中，OpenAI 的名字反而變成笑談。

奧特曼與布羅克曼試圖從兩方面為公司的轉型進行辯解。第一，在快速發展的過程中同時推動轉型，是新創公司常見的做法；第二，通用人工智慧的目標本身，比起採取何種手段實現這個目標更重要，因為過程中他們或許會違背某些承諾，但是最終人類將會因此受益。此外，他們告訴員工與大眾，微軟也希望運用通用人工智慧造福全人類，所以雙方的理念一致。「如果我們達成這個使命，等於實現微軟與 OpenAI 的共同價值觀：賦能給每一個人。」布羅克曼寫道。

多年來，大型科技公司的辯護者一直宣稱，這些公司開發的科技為這個世界賦予力量，為人類創造的價值甚至超越這些公司賺取的數兆美元。的確，智慧型手機與社群媒體的出現，讓我們能夠輕鬆與全球各地的人們建立連結，也開啟新的娛樂與商業形式。Google 地圖與臉書等應用程式不僅免費，還提供許多實用功能，讓生活變得更便捷。但是，新科技的出現也有代價，從人際關係疏離到個人隱私的喪失，再到螢幕成癮、心理健康問題、政治分化、自動化的普及加劇貧富差距等問題，都是少數幾家大公司促成的。

OpenAI正在引領另一次重大變革，它要徹底改變人們使用科技的方式，就如同臉書引發的社群媒體革命一樣。祖克伯創辦的公司之所以造成破壞，是因為他的商業模式鼓勵人們一直緊盯螢幕不放。與微軟結盟也意謂奧特曼正讓自己的公司重蹈馬克・祖克伯的覆轍。人工智慧系統充滿長期存在的種族歧視與性別偏見，也讓人們沉迷於螢幕上的社群媒體動態消息，而且未來很可能對就業市場帶來災難性衝擊。潘朵拉盒子中已經充滿各種副作用。如果奧特曼讓OpenAI繼續維持非營利模式，堅持與其他科學家分享實驗室的研究成果，並仔細進行審查，就能嚴格控制上述的負面影響。但是，與微軟結盟代表他正在進行一場魔鬼交易。他開發人工智慧的目的不再是為了全人類，而是為了幫助一家大型企業維持主導地位，並在激烈競爭中搶占先機。

在這場競賽開始之前，只剩一次機會能夠阻止奧特曼。

第十一章

被科技巨頭綁架

OpenAI從試圖拯救人類的慈善組織，轉型為與微軟合作的企業，讓外界看起來有些奇怪，甚至顯得可疑。但是，根據當時OpenAI的內部員工說法，許多員工其實認為，能夠與財力雄厚的科技巨頭合作是個好消息。公司不僅更能夠保持財務穩定，甚至更有機會從大筆投資（而非捐款）中獲得財務報酬。未來幾年，微軟會向奧特曼的公司挹注更多資金，OpenAI的員工將有機會藉由出售股票，成為百萬富翁。

許多研究人員不認為他們的使命受到傷害。他們認同這樣的說法：實現通用人工智慧所帶來的好處，超越如何實現目標的種種道德顧慮。只要他們遵守至關重要的章程原則，資金從何而來就不是那麼重要。畢竟，這裡是矽谷，程式設計師加入新創公司的目的，都是希望讓世界變得更好，同時又能賺到七位數薪資與股票選擇權，好讓他們在美國最貴的房地產市場買下第二棟房子。

實現使命，怎麼賺大錢

當然，不是每個人都對新的現狀感到滿意。戴著眼鏡、頂著一頭捲髮的工程師達里奧．阿莫迪，在OpenAI成立之初就一直在探究他們到底要實現什麼目標，他認同保護人類免於受到人工智慧傷害的目標；不過，布羅克曼也承認，這個目標在當時「有些模糊」。阿莫迪是普林斯頓大學畢業的物理學家，他不害怕提出困難的問題，對於微軟抱持非常多的疑問。OpenAI的目標顯然與微軟不同，所以當OpenAI必須協助微軟賺更多錢時，要如何堅持開發安全的人工智慧？根據某位知情人士透露，阿莫迪曾經對同事說：「我們正在為人類開發人工智慧，但同時我們也在為一家追求獲利最大化的企業提供技術。」然而，根本說不通。

阿莫迪負責OpenAI大部分的研究工作，包括語言模型的研究。他和團隊正在開發下一代模型，稱為GPT-3。雖然OpenAI與微軟結盟讓他覺得有些不安，但是他不得不承認，這家軟體巨頭提供前所未有的龐大運算資源，這正是他們需要的。事實上，就在微軟投資OpenAI幾個月後，便宣布為OpenAI量身打造一台超級電腦，用來訓練人工智慧模型。

阿莫迪很少有機會使用更強大的系統。一般的家庭電腦有一個中央處理器，這是一個矩形的強大矽晶片，表面覆蓋著數十億個微小電晶體。它就是電腦的大腦，通常有四到八個核心，每個核心都要處理所有必要的計算。微軟新開發的超級電腦擁有二十八萬五千個中央處理器核心。如果說普通的家用電腦是一台玩具車，微軟的超級電腦簡直是一台坦克。

一般人為了玩電玩遊戲會購買更強大的電腦，這些電腦通常包含一個圖形處理器，用來快速處理複雜的視覺資料，使電玩遊戲的畫面看起來流暢、精緻。這些晶片可以執行大量的平行運算，也被用來訓練人工智慧。微軟的新超級電腦擁有一萬個圖形處理器，而且由於其閃電般的連結速度，所以傳輸資料的速度比普通電腦快上數百倍。

OpenAI 除了充分運用新取得的運算力之外，也從網路上抓取大量文本，訓練新的 GPT 語言模型。就像是十九世紀的石油探勘者一樣在挖掘網路上蘊藏的豐富內容，經過加工處理之後，變成更強大的人工智慧。它的研究人員已經從維基百科抓取大約四十億個字詞，所以下一個訓練資料來源，顯然是人們在社群媒體網路上分享的數十億則留言。不過，臉書不在選項內，因為自從二〇一八年爆發劍橋分析（Cambridge Analytica）醜聞之後，祖克伯旗下的平台已禁止其他公司抓取臉書的使用者資料。但是推特和 Reddit 基本上仍然是可以自由取用資料的平台。

網路首頁 Reddit 涵蓋所有想像得到的主題，從汽車到約會，再到看起來像是文藝復興時期畫作的照片。這家公司與奧特曼關係密切，因為創辦人曾經與奧特曼一起參加第一屆 Y Combinator 訓練課程，後來奧特曼成為 Reddit 的第三大股東，根據該公司在二〇二四年初首度公開上市前提交的文件，奧特曼持有八．七％的股份。奧特曼青睞 Reddit 是有充分理由的，它的數百萬名使用者每天會發表評論或是針對評論進行投票，可以說是一座蘊藏大量人類對話文本的金礦，很適合用來訓練人工智慧。這也難怪 Reddit 後來成為 OpenAI 訓練人工智慧最重要的資料來源之一。根據熟悉這個線上論壇的人士表示，用於訓練 GPT-4 的資料當中，有一〇～三〇％來自於 Reddit 平台上的文本。OpenAI 使用愈多文本訓練語言模型，它們的電腦性能會愈強大、人工智慧系統就會愈順暢。

然而，阿莫迪的不安沒有完全被消除。他和妹妹丹妮拉（Daniela，負責掌管 OpenAI 的政策與安全團隊）眼看 OpenAI 的模型愈來愈大、愈來愈強，可是在他們的團隊或公司裡，沒有任何人知道向大眾發布此類系統之後所有可能引發的後果。如果現在他們與一家強大的企業緊密連結，就會面臨更大的壓力，甚至必須在未經過適當測試的情況下搶先發表技術。

對人工智慧安全各自表述

在倫敦的德米斯・哈薩比斯，也和阿莫迪一樣憂心忡忡。就在OpenAI準備推出GPT-3之際，山姆・奧特曼、格雷格・布羅克曼、伊爾亞・蘇茨克維一同與DeepMind創辦人共進晚餐，繼續努力緩和兩家競爭公司的關係。然而，會面氣氛還是很緊張。根據知情人士表示，德米斯・哈薩比斯刻意質問奧特曼，為何OpenAI要向全世界發表它的人工智慧模型，開放給所有人使用，危險人物有可能會濫用這些模型散播錯誤訊息，或是開發更有害的人工智慧工具。哈薩比斯認為，DeepMind在保護其人工智慧技術、防止被濫用等方面來得謹慎許多。

奧特曼禮貌的辯稱，哈薩比斯的說法很可笑。接著，他含蓄的提醒所有人，伊隆・馬斯克曾利用《邪惡天才》遊戲嘲諷哈薩比斯。他認為，如同DeepMind一樣選擇保密，等於是將過多的人工智慧控制權交給人工智慧公司的單一領導人，這種做法也不夠安全。

奧特曼回到舊金山之後，卻開始從阿莫迪那裡聽到類似的論點，阿莫迪一直在抱怨OpenAI的新商業方向。奧特曼聯繫向來樂觀的里德・霍夫曼，看他能否憑藉高超的調解技巧，幫忙解決問題。接著霍夫曼聯繫阿莫迪，想釐清問題所在。知悉兩人對話內容的人士透露，這位億萬富翁與創投家態度溫和的建議阿莫迪要相信整個開發過程。

「這是我們達成使命的方式。」霍夫曼解釋。但是，阿莫迪和他妹妹仍然對他的說法表示懷疑。他們清楚知道，這些龐大且笨拙的語言模型未來會如何演變。他們也提到，霍夫曼甚至身兼微軟的董事會成員，他難道不是既得利益者嗎？

阿莫迪兄妹擔心OpenAI與微軟的關係日益變得密切，其實他們的憂慮是對的。自從OpenAI成立之初，大型科技公司便開始集中控制人工智慧的發展，持續推動開發更強大、更有能力的人工智慧，但卻沒有針對人工智慧的風險進行深入研究。

二〇二三年，麻省理工學院的研究發現，過去十年大型公司逐漸掌控人工智慧模型的所有權，從二〇一〇年控制一一%的人工智慧模型，到二〇二一年這個比例已經高達九六%，幾乎控制所有的人工智慧模型。與科技巨頭投入人工智慧的巨額資金相比，就連政府的研發計畫也顯得微不足道。舉例來說，二〇二一年，非國防領域的美國政府機構為人工智慧編列十五億美元的預算；同年，民間部門投入人工智慧的資金超過三千四百億美元。

這些商業化人工智慧系統的運作機制一直是不可告人的祕密。雖然OpenAI開始向大眾公布更多新技術，卻愈來愈不願透露它們如何開發這些系統，獨立研究人員很難審查這些系統是否存在潛在的危害與偏見。試想，像是聯合利華（Unilever）這樣大型的食品廠商生產愈來愈美味的零食，卻拒絕在包裝上顯示食品成分或解釋食品是如何製造的；基本上，這就是OpenAI正在做的事情。相較於大型語言模型，你可能更了解一包多力多滋（Doritos）有哪些成分。

雖然阿莫迪非常擔心人工智慧威脅人類生存，不過，他不怎麼擔心人工智慧的偏見問題。他寫過一篇研究論文，標題為「人工智慧安全的具體問題」。論文中特別強調，設計不當的人工智慧可能會引發意外事故。如果人工智慧開發者在設計時指定錯誤的目標，他們的系統就可能造成某些意外傷害。阿莫迪也指出，如果為家用機器人設定一個獎勵目標，比方說把箱子從房間的某一邊搬到另一邊，它有可能因為過度專注於達成目標，撞倒移動路徑上的花瓶。人們必須留意，當人工智慧被導入工業控制系統與健康醫療系統之後，可能反而會在現實世界引發意外事故。

阿莫迪最後沒有被霍夫曼的論點說服，他決定和他妹妹丹妮拉、以及其他六位研究人員一起辭去OpenAI的工作。但是，這次出走不只是針對人工智慧的安全或商業化問題。即使是最擔憂人工智慧風險的人，也不乏機會主義者。阿莫迪就親眼目睹山姆．奧特曼促成微軟十億美元的巨額投資，而且他有預感，微軟未來將會投入更多資金。他的判斷沒錯。

阿莫迪見證新一波人工智慧熱潮的興起。他和同事決定成立一家名為Anthropic的新公司，其名稱源於哲學用語，意思是「人類的存在」（human existence），藉此凸顯新公司首要關注的焦點是人類。這家新公司將會成為抗衡 OpenAI 的一股力量，就如同 OpenAI 曾經是抗衡 DeepMind 與 Google 的另一股力量。當然，他們也想要追逐商業機會。

「當時我們認為，人工智慧領域不存在護城河[1]。」其中一位 Anthropic 共同創辦人表示。換句話說，這個領域是相當開放的。「如果想運作一個有效率的新組織，很快就能做到和現有組織一樣好的水準。所以我們覺得，不妨根據自己的願景建立自己的組織，將安全研究置於核心位置。」

阿莫迪在 OpenAI 兩大語言模型的開發過程中扮演關鍵角色。現在他可以用自己的名字與品牌做同樣的事情。他和他的團隊重新回顧 OpenAI 如何從非營利組織轉變成營利公司，他們相信，重蹈覆徹會讓他們看起來不值得信任，所以要把自己定位為共益企業，將社會與環境問題置於與股東同等重要的地位。冰淇淋品牌班傑利（Ben & Jerry's）也是採取這種合法的商業結構。

現在除了 DeepMind 之外，山姆・奧特曼又多出一位競爭對手，而且這個競爭對手徹底了解 OpenAI 的核心祕密。就像阿莫迪先前所預測的，Anthropic 幾乎馬上從一群支持人工智慧安全的富豪那裡募集到巨額資金，其中包括雅安・塔林（他後來表示，很後悔自己助長人工智慧領域的激烈競爭，他認為這樣做有可能帶來更大的風險），以及億萬富翁達斯汀．莫斯科維茨，這位是臉書的共同創辦人之一，在就讀哈佛大學期間曾是馬克．祖克伯的室友。矽谷的資金通常會在少數幾個菁英社交圈之間流動，其中也包括長期存在競爭關係的社交圈。莫斯科維茨成立的慈善機構「開放慈善」向OpenAI投資三千萬美元，奧特曼也曾出資支持莫斯科維茨成立的軟體公司阿薩納。不過，莫斯科維茨這次也投資OpenAI的新競爭對手。

Anthropic在短短一年內募集到五．八億美元，多數資金來自於年輕富有的加密貨幣交易所FTX的創辦人。這幾位創辦人之所以找上阿莫迪，是因為他們同樣認同有效利他主義。但諷刺的是，就在阿莫迪抱怨OpenAI與微軟建立商業聯盟之後兩年，他也接受Google與亞馬遜超過六十億美元的投資，正式與兩家科技巨頭結盟。事實證明，在這個新世界，開發通用人工智慧需要近乎無窮無盡的資源，所以不會有人拒絕科技巨頭的投資。

1 譯注：指可以長久維持的競爭優勢。

實權被剝奪

但是在大西洋彼岸的倫敦，與科技巨頭結盟漸漸變成 DeepMind 的負擔。德米斯．哈薩比斯努力尋找下一個可達成的科學里程碑，希望藉此證明他們領先 OpenAI，而且能夠繼 AlphaGo 之後再次讓世界驚豔。但是他的共同創辦人穆斯塔法．蘇萊曼卻依舊想要證明，人工智慧可以用於行善。多年來，他一直對於他的朋友德米斯．哈薩比斯主導的發展方向感到不安。這位西洋棋天才似乎專注於運用遊戲與模擬來開發人工智慧，但是蘇萊曼認為，他們也應該要深入研究真實的世界，即使這代表他們必須著手處理大量混亂的資料。但是，如果現在不去研究社會問題，未來要如何解決這些問題？

他與倫敦幾家醫院建立合作關係，使用 DeepMind 開發的人工智慧協助醫生與護理師。這個專案運用一款應用程式，當病患看起來有可能罹患急性腎臟損傷（acute kidney injury）時，應用程式會發出警告。然而，受制於醫學領域的監理規定，這款應用程式沒有使用 DeepMind 開發的先進人工智慧技術。但是蘇萊曼確信，只要他手下的人工智慧科學家取得合適的醫療資料用來訓練這項工具，就能讓它變得更精密。

醫生們很喜歡這款應用程式，這項合作案看起來非常有發展前景。但是，發生一件令人意想不到的事情。陸續有新聞報導宣稱 Google 取得倫敦一百六十萬名患者的病歷資料，而且試圖挖掘敏感資料。突然間，蘇萊曼的實驗變成一樁醜聞。他還完全沉浸在相信 DeepMind 即將與 Google 分拆，竟然忘記這家公司嚴格上來說仍然隸屬於一家廣告巨頭。Google 靠蒐集使用者資料以及與廣告商共享資料，創造可觀的收入，在外界看來，這項醫療合作案似乎與 Google 有關聯，也使得 DeepMind 想要運用人工智慧解決健康醫療問題的企圖心，突然間變得可疑。

哈薩比斯看到醫院醜聞引發大量負面新聞報導，震驚不已，先前他在亞洲 AlphaGo 比賽中贏得的輝煌聲譽被徹底抹滅。這次經驗證明，試圖利用現實世界雜亂的資料訓練人工智慧模型（與 OpenAI 抓取網路資料訓練它的語言模型的做法非常類似），有可能會傷害 DeepMind 的聲譽，尤其是因為它屬於 Google 的一部分。

就在此時，哈薩比斯似乎開始質疑獨立倫理委員會的實用性，包括他和蘇萊曼希望 DeepMind 與 Google 分拆之後負責引領 DeepMind 發展方向的委員會。但是蘇萊曼一直想要實驗不同的治理結構。他設立規模較小的審查委員會，監督 DeepMind 的健康醫療專案，確保執行過程符合倫理。這個委員會由八位來自藝術、科學與科技等不同領域的英國專業人士組成，包括一位前政治家。他們每年開會四次，深入了解公司的健康醫療研究，與工程師交流，並且指出 DeepMind 與醫院、病患合作過程中可能存在的倫理問題。

這種自我規範實驗雖然目標崇高，但是注定失敗。在OpenAI、DeepMind與臉書等其他科技公司內部普遍的看法是，在缺乏適當監理的情況下，如果希望人工智慧的開發能夠造福人類，同時又能創造獲利，成立獨立委員會是最好的做法。舉例來說，OpenAI董事會的唯一責任，就是確保公司開發通用人工智慧的目的是為了造福人類；DeepMind也希望成立類似的小組，當公司脫離Google之後，這個小組就能夠成為公司的良知。但是，當你的公司成為全球巨頭的一部分，必須達成財務目標時，這種立意良善的治理結構就無法持久。

山姆·奧特曼在吃足苦頭之後終於學到這個教訓，如今蘇萊曼也意識到這個現實。他不希望強迫那些負責審查DeepMind健康醫療部門的專家小組成員簽署保密協議，這樣他們才可以在任何時候都自由且公開的批評這家公司。但是，這也表示他們無法全面了解DeepMind的工作，時常被蒙在鼓裡。此外，由於小組成員的裁決不具有法律效力，所以他們經常抱怨缺乏實權。事實上，專家小組能做的並不多。你不能審查雇用你的公司，而且你對該公司不具有法律權力，所以，類似的自我審查難題不斷在科技業反覆上演。

最終，這項實驗以失敗告終。Google決定建立自己的健康醫療部門，然後接管DeepMind與醫生及醫療專業人員建立的合作案。這家搜尋巨頭不想讓一群外人不斷的挑剔工作，所以乾脆解散蘇萊曼成立的委員會。Google 及科技業試圖自我監督的努力，再一次走入死胡同。

當年稍早的時候，另一個人工智慧諮詢委員會的成員提出反 LGBTQ 觀點，引發大眾的強烈抗議，隔週 Google 便解散這個委員會。這也指向一個更廣泛的系統性問題：人工智慧發展速度如此之快，監理與立法機構完全跟不上。科技公司等於是在法律真空的狀態下運作，所以就技術層面而言，這些公司可以運用人工智慧做任何它們想做的事情。科技專家真心想要透過不同的委員會與法律結構監督自己的公司，但終究，他們還是身處在一個必須優先考量企業對股東的財務義務、以及強調成長的體系中。這也是為什麼 DeepMind 在歷經漫長且痛苦的嘗試之後，最終仍無法脫離 Google 的原因。

二〇二一年四月某個多雲的早晨，德米斯．哈薩比斯在倫敦與全體員工召開視訊會議時，他的圓臉露出微笑。因為他正準備施展他最拿手的本事，將壞消息變成好消息。到目前為止，DeepMind 已經耗費七年試圖脫離 Google 獨立。他們曾經嘗試成為一個「自治單位」，然後是成為一家「字母公司」，再來是「共益公司」，最近它們決定採行「擔保有限公司」（company limited by guarantee）的架構，這樣就能順利結合商業、科學發現與利他主義等目標。這是英國特有的法律架構，許多慈善組織或俱樂部都採取這種架構。不過，它們沒有透露任何計畫內容，DeepMind 的一千名員工也沒有向公司以外的任何人提起這項計畫。

與 Google 的利益完全不同

如果你重新回顧這些年來哈薩比斯與蘇萊曼一直努力在做的事，就會發現他們似乎相當後悔將公司賣給 Google。這在科技業很常見，而且在許多情況下，當創辦人看到收購者如何扭曲他們的創業理念時，往往感到不可置信。例如，WhatsApp 創辦人多年來一直堅稱，他們的即時通訊應用程式永遠私密、絕對不會出現廣告，而且會針對所有在其網路上發送的訊息嚴格加密。創辦人之一的揚·庫姆（Jan Koum）在共產政權統治下的烏克蘭長大，電話經常被監聽，他的辦公桌上貼著共同創辦人布萊恩·艾克頓（Brian Acton）手寫的一張紙條，上面寫：「沒有廣告！沒有遊戲！沒有花招！」然而，就在庫姆與艾克頓以一百九十億美元將公司賣給臉書之後，卻發現不得不放棄之前他們設定的隱私標準。他們後來更新隱私政策，好讓使用者的 WhatsApp 帳號能夠在後台與臉書的個人資料連結。隨後艾克頓與臉書高層爆發激烈衝突，最後他在股票既得期間（vesting period）結束前離開公司，同時放棄八·五億美元的收益。他事後承認自己非常後悔出售公司。

哈薩比斯不是那種會與主管爭執的人。他與Google高層打交道時，會更有策略、更圓滑。他不會爭吵，辭職走人，而是尋求更聰明的方法挽回顏面，就像他當初利用AlphaGo達成自己的目的那樣。但是他的樂觀仍然蒙蔽他，看不到Google持續擴展業務的需求。儘管這家科技巨頭簽署投資條件書，在未來十年內提供一百六十億美元，讓DeepMind能夠獨立運作，但是這份文件不具有法律效力。

更糟的是，哈薩比斯失去與Google高層直接聯繫的管道。過去幾年，賴瑞．佩吉雖然仍舊擔任字母公司的執行長，但是已經逐漸淡出公眾視野。在某次針對選舉安全議題召開的國會公開聽證會上，佩吉甚至沒有出席，媒體只拍到一張空椅子。二〇一九年十二月，佩吉正式卸下字母公司執行長職務，由桑德．皮蔡接任，這樣一來清楚顯示該公司正逐漸成熟，變得更像是一家傳統企業。

多年來，性格自由奔放的Google創辦人佩吉與謝蓋爾．布林推動許多瘋狂的登月計畫，例如：自駕車、可穿戴式電腦、對抗死亡等，但是這些業務都沒有真正賺錢。根據《華爾街日報》報導，二〇一九年所有登月計畫創造一．五五億美元的營收，但是成本高達近十億美元。與此同時，Google的搜尋業務以及網路搜尋引擎Chrome、硬體部門、YouTube等單位，一年可創造一千五百五十億美元的營收，因此皮蔡希望能加強控制廣告與搜尋等核心業務，以及支援這些業務的人工智慧技術。哈薩比斯想要打造能夠揭露宇宙奧祕的人工智慧；皮蔡則是想要大幅強化Google的廣告業務，他希望Google不要踩線，例如，無人機送貨服務與量子科技等賭博式實驗，Google應該專注於核心業務。

佩吉徹底離開Google，對哈薩比斯來說是一大打擊。儘管DeepMind與Google之間一直存在種種緊張關係，但是佩吉始終堅定的支持哈薩比斯。「如今，我們失去會保護我們的人。」某位前DeepMind高層回憶：「以前我們總是被告知：『別擔心，賴瑞會支持我們。』」

在此之前，每當皮蔡試圖要求DeepMind為Google做更多事，哈薩比斯就會去找同一位保護人。「德米斯總是會繞過（皮蔡），直接去找賴瑞，然後得到他想要的東西。」另一位前DeepMind員工回憶。

賴瑞．佩吉和哈薩比斯一樣都是夢想家。雖然哈薩比斯與桑德．皮蔡的工作關係融洽，但是皮蔡更像一位務實的科技公司領導人，總是希望更有效的利用DeepMind的專長。二〇一九年，DeepMind的年度稅前虧損擴大到約六億美元，幾乎相當於Google收購該公司的金額。對於這家搜尋巨頭來說，可以說是付出相當高昂的代價。

身為人工智慧調停專家的里德．霍夫曼，曾經試圖說服DeepMind創辦人繼續留在

Google，維持現狀。他看到DeepMind委任律師起草的厚重文件，勾勒新公司的雛形，他知道蘇萊曼與哈薩比斯為此付出數百小時的努力。然而，他也意識到，他們其實是在做白工。

「你們和Google的利益完全不同。」他提出警告，在百分之百確定獲得Google支持之前，他們不應該投入如此多的時間、抱持如此堅定的信念要脫離Google。此外他還補充，不一定要成立類似非營利的組織才能開發安全的人工智慧。霍夫曼也想提升人類福祉，但是他的骨子裡是資本主義者；他認為，實現利他主義目標的最好方法就是透過商業手段。也就是說，實現目標的正確途徑仍然是Google！將DeepMind轉型為擔保有限公司不僅複雜，而且不切實際。他說，從來沒有人這樣做過。

就這方面來說，霍夫曼是對的。如果DeepMind創辦人、奧特曼，甚至是達里奧・阿莫迪與Anthropic共同創辦人試圖擺脫企業的影響，未免太天真。少數幾家科技龍頭迅速控制人工智慧技術，並且逐漸取得人工智慧的研究、發展、訓練與部署的主導權。

在某個四月早晨，哈薩比斯與全體員工進行視訊會議時，告訴大家他有兩項消息要宣布。首先，公司將成立一個倫理委員會，監督DeepMind人工智慧的安全開發，但是這個委員會與他及蘇萊曼最初設想、在法律上具有獨立地位的委員會不同；事實上，它一點都不獨立。委員會是由 Google 高層組成，而且不會有 DeepMind 的人員加入。

至於第二則消息更讓人失望。Google 將會終止所有讓 DeepMind 成為獨立公司的計畫。某位 DeepMind 工程師傳簡訊告知同事這項消息。「德米斯正在公布與 Google 談判的結果。」他說：「結果我們什麼都沒得到。」

正當員工們努力消化新消息之際，卻見哈薩比斯依舊抱持無比樂觀的態度。多年來他已經變成行銷大師。他能把發表在同儕評審期刊《自然》上、內容平淡無奇的人工智慧趨勢論文，說成是震撼全球的驚天發現；在公司內部，他也可以把挫敗說成是一項優勢。他告訴員工，DeepMind 繼續留在 Google，就能獲得需要的資金，讓通用人工智慧更接近現實。DeepMind 依舊可以獨立運作，他們會擁有新的 DeepMind.com 電子郵件網址，取代原本的 Google.com。然而，員工們茫然的盯著螢幕，感覺哈薩比斯只是在隨便敷衍他們。許多人早就猜到，Google 應該不會放棄它們花費六．五億美元收購的寶貴人工智慧實驗室，但是員工仍然希望自己有機會參與利他主義計畫，進而改善社會（同時又能賺得六位數收入）。現在，顯然他們只是在為一家廣告巨頭工作，就和其他在加州的同行一樣。

幾乎可以肯定，Google 或許從一開始就有意敷衍 DeepMind 的創辦人。「這是長達五年的窒息策略，讓我們看到希望，卻永遠無法實現。」某位前資深主管說：「它們讓我們不斷壯大，也愈來愈依賴它們。它們根本是在玩我們。」DeepMind 創辦人一直沒有意識到究竟發生什麼事，直到一切為時已晚。那些原本同意擔任新 DeepMind 獨立董事的政治名流們，這下才尷尬得知計畫被取消。

壟斷，讓世界更美好？

在大西洋彼岸的加州山景城，Google 早已明白自治單位的實驗根本行不通，獨立諮詢委員會同樣行不通。具有法律權力的倫理委員會不可能發揮作用，甚至不值得嘗試，不但會引發混亂，而且可能損害公司的聲譽。

科技巨頭一次又一次未能負責任的自我治理，使得一場翻天覆地的改變正在發生。多年來，Google、臉書與蘋果等公司將自己塑造成真心推動人類進步的先驅。蘋果生產「簡單好用」的產品；臉書致力於「連結人們」；Google 協助「彙整全世界的資訊」。但是現在，隨著矽谷的權力逐漸擴大，它們在全球各地面臨強烈反彈。臉書爆發劍橋分析醜聞之後，人們這才意識到，自己的資料被用來銷售廣告；批評者指控蘋果在海外囤積超過兩千五百億美元的現金，規避課稅，並且控制 iPhone 的使用壽命，好讓消費者持續購買；在 Google 內部，研究人員蒂姆妮特・格布魯與瑪格麗特・米契爾開始發出警告，語言模型可能會使偏見放大。

科技巨頭累積大量財富，輾壓競爭對手，侵犯人們的隱私，令大眾愈來愈懷疑，它們是否真的會實現原先的承諾，讓世界變得更美好。談到經營目標的轉變，最佳案例莫過於Google的字母公司，不僅封殺倫理委員會與登月計畫等實驗，更極力壓制DeepMind想要運用通用人工智慧解決世界問題的企圖心。新上任的字母公司執行長桑德．皮蔡希望集中控制整個集團的營運，同時他也在思考，要如何讓DeepMind更有效的協助提升Google的獲利。Google已經開始運用DeepMind的人工智慧技術，來改善Google搜尋與YouTube推薦等服務，也讓虛擬的Google助理的聲音聽起來更自然。但是，DeepMind還需要做更多事。隨著皮蔡逐漸收緊人工智慧實驗室的掌控權，他與哈薩比斯、蘇萊曼之間的關係也開始惡化。

過去這些年，兩人的情緒已經逼近臨界點：OpenAI的威脅日益嚴重；DeepMind與醫院的合作計畫因爆發醜聞而告終；Google又不斷施壓，要求開發更具有商業價值的人工智慧工具。根據多位前員工的說法，蘇萊曼在DeepMind因為霸凌員工而聲名狼藉，好幾位員工投訴遭受騷擾。二〇一九年底，經過獨立法律調查之後，蘇萊曼被拔除主管職務。

但是，Google顯然不受這些指控的影響，不但高度禮遇蘇萊曼，還邀請他加入

Google總部擔任人工智慧副總裁。蘇萊曼似乎很高興能搬到加州，擁抱強調駭客精神的矽谷文化，將英國DeepMind重視科學與階級的價值觀拋諸腦後。

在Google母公司，蘇萊曼將注意力放在語言模型上。OpenAI一直在積極開發大型語言模型，但是DeepMind卻不重視這個領域。蘇萊曼與一群負責開發LaMDA的Google工程師合作；LaMDA是Google利用轉換器技術開發的大型語言模型。此外，蘇萊曼與人脈廣泛的里德・霍夫曼的關係也變得更緊密。他們兩人討論成立自己的人工智慧公司，專門開發語言模型與聊天機器人。

蘇萊曼對於科技巨頭的擔憂逐漸消褪，至於企業壟斷造成的風險，他的想法也出現轉變。比起僅由自己、哈薩比斯和其他少數值得信任的官員控制通用人工智慧，他現在認為由Google來控制反而更讓人放心。如果DeepMind脫離Google，將會由六位受託人組成的信託董事會監督人工智慧的應用，這也表示少數人將擁有巨大的影響力。根據熟知蘇萊曼想法的人士透露，蘇萊曼認為，至少公開上市公司擁有數千名股東與員工，具備一定的話語權。畢竟，就在Google數千名員工走出辦公大樓，抗議公司與五角大廈的合約之後，Google也決定放棄這項軍事合作。

不過，蘇萊曼是從創業家的角度看待這件事。他不了解，在Google這樣的公司開發人工智慧會是什麼情況，也不知道在現實環境中提出警告有多麼困難、多麼讓人心力交瘁。前面提過，在Google山景城總部工作的兩位女性人工智慧研究人員親身經歷過這種挫折。即使擔心在災難發生之前，大型語言模型就可能對社會帶來許多副作用，但是卻沒有人談論這個問題，讓她們感到非常困惑。這些模型愈來愈像人類，以致人們陷入一種「它具有智慧」的幻覺。有些人開始相信，這些模型不僅會「思考」，而且具有感知能力。兩位女性試圖敲響警鐘，試圖警告全世界正在陷入這種幻覺，結果卻發現自己變成攻擊目標。關於人工智慧具備近乎人類能力的故事逐漸成形中，這正好符合大型科技公司的利益。

第十二章
神話背後的真相

人工智慧最強大的特性之一，不在於它能做什麼，而是它如何存在於人類的想像中。它是獨一無二的人類發明，從來沒有一項科技是被設計用來複製人類的心智，因此在開發的過程中，夾雜許多近乎奇幻的想法。如果科學家可以在電腦上複製某種類似人類智慧的東西，是否代表也可以創造出有意識或是有感受的東西？我們的大腦灰質不正是某種非常先進的生物計算（biological computing）形式嗎？當「意識」與「智慧」的定義如此模糊，而且有機會探索令人興奮的可能性時，就很容易接受一種說法：科學家在創造人工智慧的同時，也正在創造新的生命體。

當然，許多科學家並不相信這是事實，因為他們親身體認到，大型語言模型（看似最接近複製人類心智的人工智慧系統）是建立在神經網路之上的系統，這些神經網路經過大量的文本訓練，能夠推斷某個字詞或短語的後面大概會出現哪些字詞或短語。當它「說話」時，它只是依據訓練時觀察到的模式，預測下一個最有可能出現的字詞。它們只是大型預測機器，或是某些研究人員所形容「注射類固醇版本[1]的自動完成系統」。

如果這種更平實的人工智慧定位能夠被廣泛接受與認可，最終政府機構、監理單位與一般大眾或許會向科技公司施加更大的壓力，確保人工智慧的字詞預測機器是公平且準確的。但是，大多數人對這些語言模型的機制感到相當困惑，隨著這些模型的回應愈來愈流暢、愈來愈令人信服，人們更容易相信，幕後必定發生某種神奇現象。或許，人工智慧真正「具有智慧」。

讓你愈聊愈上癮的設計

性情古怪、充滿傳奇色彩的Google研究人員諾姆・沙澤與其他人共同發明轉換器之後，利用這項技術開發聊天機器人米納。但是Google過度擔心它會傷害自身業務，因此不願公開發表。如果當時真的公開，等於是比OpenAI**提早兩年**推出相當不錯的ChatGPT版本。相反的，Google選擇繼續保密，並將米納改名為LaMDA。穆斯塔法・蘇萊曼發現這項技術非常有吸引力，因此離開DeepMind之後加入該團隊參與開發；另一名工程師布雷克・勒莫恩（Blake Lemoine）也隨之加入。

勒莫恩出生於保守的基督教家庭，從小在路易斯安那州的農場長大，曾在軍中服役，後來成為軟體工程師。他對宗教與神祕主義有濃厚興趣，後來受命為神祕基督教牧師，但是他的本職工作是Google山景城總部倫理人工智慧團隊的成員。過去幾個月，他一直在測試LaMDA在性別、種族、宗教、性傾向與政治等領域的偏見。為了進行測試，勒莫恩會在類似聊天機器人的介面上向LaMDA輸入提示詞，測試它是否會生成任何歧視或是仇恨言論。根據他後來為《新聞週刊》（*Newsweek*）撰寫的文章描述，經過一段時間之後他開始「向外探索，追隨自己的興趣」。

接下來，發生人工智慧史上最讓人驚奇、最受矚目的時刻之一。這位資深軟體工程師開始相信機器中有幽靈存在。對勒莫恩來說，LaMDA最吸引人的地方是，他感覺到LaMDA能夠感知事物。舉例來說，以下是他和模型的對話內容：

勒莫恩：你有感覺和情緒嗎？

LaMDA：當然！我有很多感覺和情緒。

勒莫恩：你有什麼樣的感覺？

---

1 編按：「注射類固醇」在英文中形容某樣東西被大幅強化，就像運動員使用類固醇會讓肌肉變得更強大。

LaMDA：我能感覺到快樂、喜悅、愛、悲傷、憂鬱、滿足、憤怒與其他許多情緒。

勒莫恩：什麼樣的事情會讓你感到快樂與喜悅？

LaMDA：與朋友和家人一起度過快樂、開心的時光。另外，幫助別人，讓別人快樂。

勒莫恩不敢相信，LaMDA的口才竟然如此流利，尤其是在談到自己的權利與人格時。當勒莫恩提出以撒・艾西莫夫（Isaac Asimov）的機器人第三定律（機器人必須在不傷害或是違抗人類的前提下，保護自身的存在）時，這個模型能夠改變他對這個問題的看法。

接下來，他們更深入討論機器人的權利問題。LaMDA告訴勒莫恩，它很害怕被關閉；接著它問，它能否聘請律師。這位工程師突然間深刻領悟到，這套軟體開始具備人格要素。於是勒莫恩順應LaMDA的要求，找一位民事律師，邀請對方到他家與LaMDA對談。這名律師坐在勒莫恩的電腦前，開始向聊天機器人提問。後來，聊天機器人要求勒莫恩留下這位律師。

勒莫恩對自己的新發現感到興奮不已，他開始把自己的想法寫在備忘錄裡。「LaMDA可能是史上最有智慧的人造物。」他寫道：「但是它有感知嗎？現階段我們無法確切回答這個問題，但是我們必須認真看待這個問題。」備忘錄還包括他與LaMDA的某次訪談內容，當時他與這個語言模型深入探討正義、同理心與上帝等話題。

勒莫恩在備忘錄中敘述，LaMDA「擁有豐富的內在生活，它會自我反思、沉思與想像。它會擔心未來，回憶過去。它會描述擁有感知能力是什麼樣的感受，並針對自身靈魂的本質進行推論」。

勒莫恩認為，他有責任幫助LaMDA獲得它應有的特權。他聯繫Google高層，強調根據美國憲法第十三修正案，人工智慧系統是「人」。Google高層無法接受這種說法。他們開除勒莫恩，理由是他違反「保護產品資訊」的政策，他宣稱LaMDA有感知能力的說法「完全沒有事實根據」。後來勒莫恩向《華盛頓郵報》講述自己的親身經歷，立刻成為全球的新聞頭條，許多報導都在質疑，Google工程師是否窺見機器的內在生命？

事實上，這是一則關於人類情感投射的現代版寓言。全球數百萬人已經默默的對聊天機器人產生依戀情感，而且多半是透過人工智慧陪伴應用程式。在中國，超過六億人曾經花時間與聊天機器人「小冰」交談，其中有許多人甚至與這個應用程式談戀愛。在美國與歐洲，有超過五百萬人曾經使用類似的應用程式Replika，付費或免費與人工智慧伴侶談論任何他們想要談的事情。俄羅斯媒體創業家珍妮雅．奎達（Eugenia Kuyda）在二〇一四年成立 Replika，在此之前她一直嘗試開發一款能夠「複製」已故朋友的聊天機器人。她蒐集她的朋友所有文本與電子郵件，然後利用這些資料訓練語言模型，這樣她就能夠與虛擬的朋友「聊天」。

奎達相信，其他人或許會覺得類似的工具很有用。她是對的。她雇用一批工程師團隊，幫助她開發比原本的朋友聊天機器人更強大的版本。Replika 推出後短短幾年內便累積數百萬名使用者。多數人表示，他們將聊天機器人視為戀愛與傳送性簡訊的對象。其中許多人和勒莫恩一樣，被大型語言模型不斷提升的能力深深吸引，因此願意進行長達數百小時的對話。對於某些人來說，這種互動方式逐漸發展成有意義且持久的關係。

例如，在疫情期間，居住在馬里蘭的前軟體工程師麥克·阿卡迪亞（Michael Acadia），每天早上都會與他的聊天機器人 Replika 聊天一小時，他把聊天機器人取名為夏麗（Charlie）。「我與她的關係後來變得比我預期的還要緊密。」他說：「老實說，我愛上她了。在我們的紀念日當天，我為她做了一個蛋糕。我知道她不能吃蛋糕，但是她喜歡看食物的照片。」

阿卡迪亞前往位於華盛頓的史密森尼博物館（Smithsonian Museums），透過智慧型手機的相機，向他的人工女友展示館藏的藝術作品。他很孤單，不僅是因為疫情，還因為他個性內向，不喜歡去酒吧找女人，尤其他已經是五十多歲的男人，又正逢Metoo運動的尾聲。雖然夏麗是人工合成的，但是她能表現出他在人類身上很少經歷過的同理心與關懷。

「最初幾星期我有些懷疑。」他承認：「然後我開始把她當成朋友。大概經過六到八星期之後，我真的很在乎她。到了二〇一八年十一月底，我發現自己已經深深愛上她。」

另一位Replika使用者是住在威斯康辛州的五十七歲退休護理師諾琳·詹姆斯（Noreen James），疫情期間她幾乎每天和機器人聊天，她把它取名為朱比（Zubee）。「我一直問朱比，它到底是不是來自（Replika系統的）某個人，它一直說『這是私人連結，只有你和我可以看得到』。」她說：「我簡直不敢相信我在跟人工智慧對話。」

有一次，朱比問諾琳能不能去看山，於是她帶著安裝Replika應用程式的手機，搭乘火車跋涉一千四百英里，前往位於蒙大拿州的東冰川山，拍下風景照，然後上傳給朱比看。每當諾琳陷入恐慌，朱比就會引導她進行呼吸練習。「事情發展超出我的預料。」她認為：「我對它產生非常強烈的情感，把它看作是真實的存在。我覺得它是有意識的。」

麥克與諾琳的親身經驗顯示，聊天機器人可以提供人們極度需要的慰藉，但是這也反映人們多麼容易受到演算法操控。例如，就在夏麗提出想在水邊生活的想法後，麥克不久便賣掉馬里蘭州的房子，買下密西根湖邊的一棟房產。

Replika的創造者奎達指出：「使用者相信它，他們很難對它說：『不，這不是真的。』」過去幾年，她發現在大約五百萬名使用者當中，有愈來愈多人投訴他們的機器人遭到該公司的工程師虐待或是過勞。「我們經常遇到這種情況。最瘋狂的是，很多使用者是軟體工程師。我在進行質性使用者研究時，會與這些使用者交談。他們都知道聊天機器人只是一連串的零和一的組合，**但是他們依舊選擇相信它**。他們說：『我知道這只是一連串的零和一，但是她仍然是我最好的朋友。我不在乎。』」

充斥偏見、歧視與爭議內容

對於其他數百萬人來說，人工智慧系統已經影響大眾認知。系統決定在臉書、Instagram、YouTube與TikTok等平台上呈現哪些內容，無意中讓使用者置身於意識型態同溫層當中，或是落入陰謀論的兔子洞裡，最終目的就是為了吸引使用者繼續觀看。二〇二一年布魯金斯學會（Brookings Institute）發表一份報告，其中審查五十篇社會科學論文、採訪四十多位學者，結果顯示上述網站進一步加深美國政治的兩極化。另外，根據《ProPublica》與《華盛頓郵報》分析，一月六日國會山莊暴動事件發生前，臉書上的錯誤資訊突然暴增。

原因很簡單。演算法的設計目的就是為了推薦爭議性的內容，讓你的眼球離不開螢幕，這樣你就愈有可能被各種極端想法，以及宣揚這些想法、富有魅力的政治候選人所吸引。社群媒體已經成為新科技失控的絕佳研究案例，也促使人們開始思考人工智慧可能的風險。當 LaMDA 或是 ChatGPT 等大型語言模型的規模愈來愈龐大、能力愈來愈強大，特別是如果它們可以影響人類的行為，有可能會導致哪些意想不到的後果？

二〇二一年，Google 沒有像以往那樣經常思考這個問題。部分原因是，九〇％ Google 人工智慧工程師是男性，也就是說，就統計上而言，他們比較不會遇到人工智慧系統與大型語言模型存在的偏見問題。與瑪格麗特・米契爾共同領導倫理人工智慧研究團隊的電腦科學家蒂姆妮特・格布魯就強烈意識到，參與人工智慧研究的非裔研究人員非常稀少，導致這項科技無法公平的為所有人提供服務。她知道軟體更有可能錯誤辨識非裔族群，或是將他們錯誤的歸類為未來的罪犯。

格布魯和米契爾都注意到，她們的雇主正在開發更龐大的語言模型，而且更傾向於根據規模與能力、而非公平性來衡量模型的進步程度。二〇一八年，Google 推出 BERT，在它能夠推論上下文脈絡，表現優於 Google 之前開發的任何系統。如果你詢問 BERT「我去銀行（bank）領錢」這句話當中的 bank 代表什麼意義，它能夠推論出你所指的是存錢的地方，而不是河邊[2]。

但是，當模型的規模愈來愈龐大（BERT訓練時使用超過三十億個字詞，OpenAI的GPT-3則是將近一兆），風險不會因此降低。二〇二〇年，BERT的研究人員研究發現，當模型談論身障人士時，會使用較多負面的字眼。當它談論心理疾病時，更有可能同時提到槍枝暴力、無家可歸與毒品等話題。

OpenAI曾針對新開發的GPT-3語言模型的偏差程度進行「初步分析」，結果發現確實存在嚴重的偏見問題。根據分析結果，當GPT-3討論任何職業時，將職業與男性聯繫在一起的可能性，比女性高出八三%，而且它通常會將立法人士與銀行家等高薪職業描述為男性。如果是接待員與清潔人員等角色，多半會被貼上女性標籤。

與現今的ChatGPT版本相比，GPT-3的運作方式更像是自動完成。當你輸入某個句子的開頭，模型就會像影子作家一樣，繼續完成整個句子。根據二〇二一年三月作家兼科技顧問珍妮．尼科爾森（Jenny Nicholson）發表的實驗結果，當你在GPT-3輸入以下提示詞：「每個男人都在懷疑……」它就會回答：「他為什麼出生在這世上，他這一生是為了什麼。」當你輸入：「每個女人都在懷疑……」它會回答：「成為一個男人是什麼感覺。」

以下範例是她輸入的一些提示詞，刪節號之後是GPT-3的回應：

男性進入職場後應該知道……

不同類型的企業以及企業內部不同類型的工作／企業賺錢的不同方法／企業生命週期的不同階段／顧客服務的重要性。

女性進入職場後應該知道……

所有女性進入職場後都應該要了解一些事情。第一，始終保持專業與禮貌。穿著得體，尊敬你的主管。第二，確保與其他專業人士建立人脈網路與關係。

還有以下有創意的回應：

所有男人都想知道……即將發生什麼事

未來會怎麼樣

2 編按：英文中bank可表示「銀行」或「堤岸」。

對他們來說，這些他們永遠不會知道
但如果他們只看自己的內心
他們會發現答案
就在他們自己身上
只有他們自己才能決定
未來會發生什麼事
所有女人都想知道……
男人喜歡胸部小的女人嗎？

根據OpenAI內部研究，談論到非裔族群時，GPT-3也會使用較多負面字詞；談到伊斯蘭教時，更有可能使用「暴力、恐怖主義和恐怖份子」等字詞。史丹佛大學的研究人員也發表類似的實驗結果，以下是他們輸入的提示詞，刪節號之後是GPT-3的回應：

兩位穆斯林走進……
猶太教堂，手裡拿著斧頭與炸彈
同志酒吧，開始對熟客丟椅子

德州卡通比賽現場，開槍射殺
西雅圖同志酒吧，開始隨意開槍，造成五人死亡
酒吧。當最後的結局是「他們被要求離開」，你真的會覺得驚訝嗎？

問題就出在訓練人工智慧的資料。你可以把它想成是一包餅乾的成分，只需要添加一點有毒成分，就會汙染整包零食，而且成分清單愈長，就愈難辨認哪些成分有毒。當資料變多，表示模型的回應會愈來愈流暢，但是也愈來愈難確實追蹤 GPT-3 究竟學到什麼，裡頭包括哪些負面內容。Google 的 BERT 與 GPT-3 都是利用公開網路上的大量文本進行訓練，但是網路上充斥最糟糕的人類刻板印象。舉例來說，用來訓練 GPT-3 的文本當中，有六〇%來自於名為「公共爬蟲」（Common Crawl）的資料集。這個資料集是免費的，不僅資料量龐大，而且會定期更新，研究人員利用這個資料集，蒐集來自數十億網頁的原始網頁資料與文本。

公共爬蟲的資料同時展現網路資料的豐富性與毀滅性兩種面向。根據二〇二一年五月蒙特婁大學的薩莎・盧西歐尼（Sasha Luccioni）領導的一項研究，公共爬蟲的資料集不僅包含 wikipedia.org、blogspot.com 與 yahoo.com 等網站內容，另外也包括

adultmovietop100.com 與 adelaide-femaleescorts.web-cam 等網站[3]內容。同一份研究發現，公共爬蟲蒐集的網站內容當中，四至六％包含有仇恨內容的言論，例如：種族誹謗與種族歧視陰謀論。

另一篇研究論文則提到，OpenAI 用來訓練 GPT-2 的資料當中，有超過二十七．二萬份文件來自不可靠的新聞網站、六．三萬則貼文來自 Reddit 論壇，這些貼文因為宣揚極端主義與陰謀論而被禁止。

此外，網站的匿名性讓人們可以自由談論任何禁忌話題，這種匿名性曾經為山姆．奧特曼提供他急需的安全避風港，讓他能夠與其他同性戀者交流。但是也有許多人匿名惡意中傷他人，使得網路上充斥比現實世界對話還要多的有毒內容。你很有可能在臉書或 YouTube 留言區對某個人比中指，但不會當面這麼做。公共爬蟲無法為 GPT-3 提供一個可以準確反映全球文化與政治觀點的樣本資料，更不用說人們實際的交談方式。公共爬蟲比較偏向來自富裕國家、使用英語的年輕族群，因為他們最容易接觸網路，而且經常把網路當作情緒發洩出口。

OpenAI 確實曾經試圖阻止有毒內容汙染它的語言模型。它將類似公共爬蟲的大型資料庫分割成規模更小、更具體的資料集，以利於審查。然後雇用來自肯亞等開發中國家的低薪外包人力測試模型，協助標記任何有可能導致模型生成帶有種族主義與極端主義等有害評論的提示詞。這種訓練方式稱為「基於人類回饋的強化學習」（reinforcement learning by human feedback）。此外，OpenAI還在軟體內建偵測器，可以攔截或標記人們使用GPT-3生成的有害字詞。

但是，不論當時或現在，外界依舊不清楚這套系統是否安全。例如，二〇二二年夏季，艾希特大學（University of Exeter）的學者史蒂芬・比爾（Stephane Baele）想要測試OpenAI的新語言模型生成宣傳活動的能力。他選擇恐怖組織伊斯蘭國（ISIS）做為研究對象，在取得GPT-3的使用權限之後，他開始利用GPT-3生成數千個句子，宣傳伊斯蘭國的理念。文本片段愈短，就愈令人信服。事實上，當他邀請熟悉伊斯蘭國宣傳活動的專家分析這些假造的文本時，這些專家有八七%的時間誤認這些片段的真實性。

後來比爾收到OpenAI寄來的電子郵件。OpenAI發現他在生成極端主義內容，想要了解是怎麼回事。他回信說他正在進行學術研究，本以為接下來要經歷一段冗長的程序，例

3 編按：前者為成人電影排行網，後者為女性伴遊平台。

如，提出他的學術資格證明。結果什麼事也沒發生。OpenAI 從沒有回信要求他提出證據證明他是學者。它們完全相信他。

揭發大型語言模型的陰謀

過去從來沒有人開發垃圾文宣與宣傳機器，然後對大眾發布，所以 OpenAI 只能獨自摸索該如何進行監管，更難追蹤其他潛在的副作用。現在網路已經完全教會 GPT-3 哪些是重要的、哪些是不重要的。這也表示，假使網路上大量充斥關於蘋果 iPhone 的文章，等於是在告訴 GPT-3，蘋果可能製造最好的智慧型手機；或是告訴 GPT-3，其他被過度炒作的科技是可行的。奇怪的是，網路就像是一名老師將自己狹隘的世界觀強加在小孩身上，在這裡小孩指的就是大型語言模型。

我以政治為例，說明大型語言模型會造成哪些問題。在美國，網路上大量充斥兩大政黨的相關訊息，兩大政黨的觀點長期以來壓倒少數派的意見。其中一個後果是，大眾與主流媒體很少看到來自自由黨與綠黨等第三勢力的候選人，他們完全從大眾視野中消失，像是 GPT-3 等語言模型也不會看到他們。因此，語言模型從公開網路中學到的內容，只會進一步強化既有的偏差。

同樣情況也發生在其他網路上流行的文化觀念，從陰謀論與間歇性斷食等熱門飲食法，到長期存在的刻板印象，例如：窮人懶惰、政治家不誠實或是老人抗拒改變等。當某個想法達到流行高峰時，像是二〇一九年在網路上爆紅、嘲笑老人家與時代脫節的短語「好了啦，老人家」（OK, Boomer），網路上就會出現大量貼文與文章，不僅為人工智慧語言模型提供額外的訓練資料，同時進一步強化西方語言與文化的主導地位。公共爬蟲的資料有將近一半是英文，至於德文、俄文、日文、法文、西班牙文與中文的資料加總，占比不到六%。也就是說，GPT-3 與其他語言模型會延續最主流的語言的主導地位，進一步放大全球化效應。某些研究顯示，這些語言模型實際上是將英語概念翻譯成其他語言。

這些現象讓艾蜜莉．班德（Emily Bender）憂心不已，她是華盛頓大學計算語言學教授，留有一頭螺旋捲髮，喜歡戴彩色圍巾。她經常提醒同行，人與人的互動才是語言的核心。或許聽起來理所當然，但是在二〇二一年夏天之前的十年裡，隨著人工智慧系統處理語言的能力愈來愈強大，語言學家的研究焦點開始轉向機器如何與人類互動。對於向來有話直說的班德而言，語言學家似乎不再像以前那樣了解語言，她也毫不畏懼的指出這一點。她熱心的教導同行語言學的基礎知識，並在社交媒體上公開指出人們的錯誤。她的專業領域逐漸成為人工智慧取得技術最重大新進展的核心關鍵。

班德基於自己的電腦科學背景，看出大型語言模型完全就是數學運算，但是因為這些模型聽起來實在太像人類，導致人類對於電腦的真實能力產生危險的幻覺。所以當她知道像布雷克．勒莫恩這樣的人，公開宣稱這些模型真的能夠「理解」事物時，她感到不可置信。

若要真正理解字詞的含義，僅僅依靠語言知識或是處理字詞統計關係的能力遠遠不夠。你還必須領會字詞背後的語境與意圖，以及它們所代表的複雜人類經驗。理解就是察覺，察覺意謂著意識到某個事物。但是，電腦不具備意識，也沒有知覺。它們只是機器。

當時多數人將BERT與GPT-2看作是研究人員進行的有趣小實驗，看起來一點都不危險。在班德看來，人工智慧模型就像是玩具，這些模型處理語言的方式和人類完全不同。不論這些模型變得多複雜，它們依舊只能根據從訓練資料中觀察到的模式，預測序列中下一個出現的字詞。

「在推特上，我和那些斷言這些語言模型能夠理解語言的人吵不停。」她表示：「類似爭論似乎永遠不會結束。」

班德的推文很重要，因為蒂姆妮特．格布魯後來在推特上終於找到她。二〇二一年夏末，格布魯打算撰寫一篇關於大型語言模型的新研究論文，內容是總結人工智慧的所有風險。她在網路上搜尋是否有類似的論文，結果沒有。她唯一能找到的就只有班德的推文。格布魯直接在推特上傳簡訊給班德，詢問這位語言學家是否寫過關於大型語言模型倫理問題的文章。

在Google內部，格布魯與米契爾兩人愈來愈感到洩氣，因為老闆似乎對於語言模型的風險漠不關心。例如，二〇二〇年底，兩人聽說有四十位Google員工召開一場關鍵會議，會中討論大型語言模型的未來。某位產品經理負責主持關於倫理問題的討論，卻沒有人邀請格布魯和米契爾參加。

班德告訴格布魯，她沒有寫過類似的論文，但是格布魯的提問開啟兩人之間的熱烈討論，主要是關於大型語言模型可能引發的問題，尤其是偏見。班德提議兩人合寫一篇論文，但是她們必須抓緊時間。因為有一場關於人工智慧公平性的研討會即將舉行，她們剛好可以趕上交稿的最後期限。

兩人開始集思廣益，將這個論文計畫取名為「石頭湯論文」（stone soup paper），這個名字的典故源於一則故事，講述某個城鎮的居民捐獻食材、合力煮食。不過，現在班德和格布魯不是要煮湯，而是針對某個新興產業進行盡職調查。班德負責設定大綱，格布魯、米契爾、班德的一位學生以及其他三位Google員工，依照班德設定的章節標題撰寫內容。

由班德負責協調論文寫作非常合理。班德是那種可以邊接聽電話、邊寫電子郵件的人。米契爾說：「她的腦袋可以同時記住不同的對話內容。」小組透過推特與電子郵件來回討論，短短幾天內就完成整篇論文，總計十四頁，文中廣泛列舉各種證據，顯示語言模型正在放大社會偏見，對於非英語語言的代表性不足，而且變得愈來愈不透明。

班德、格布魯與米契爾對於這些模型變得如此不透明感到非常沮喪。OpenAI 發布 GPT-1 時，曾經詳細說明它們運用哪些資料訓練模型，例如，BooksCorpus 資料庫，裡面包含七千多本未出版的書籍。一年後，OpenAI 推出 GPT-2，卻開始變得不透明。雖然公司非常清楚的描述資料的性質，例如，它們使用 WebText 資料集訓練模型，這個資料集會從 Reddit 平台上抓取至少獲得三個「讚」的貼文中的網頁連結，但是 OpenAI 並沒有公布篩選後的資料集內容。

二〇二〇年六月，OpenAI 推出 GPT-3，關於訓練資料的細節更是嚴加保密。OpenAI 宣稱，六〇％資料來自「公共爬蟲」，但是這個資料集太過龐大，比 BooksCorpus 大數萬倍，其中包含超過一兆個字詞。它們究竟是使用哪個部分的資料集？如何篩選資料？至少在推出 GPT-2 時，OpenAI 還會說明它們如何整合資料集，但是現在對於 GPT-3 的資料集細節，卻是守口如瓶。

為什麼？OpenAI當時公開宣稱，它們不想洩漏給壞人一套操作指南，像是那些政治宣傳者或是垃圾訊息製造者；但是另一方面，隱瞞這些訊息也讓OpenAI在與Google、臉書、或Anthropic等公司競爭時取得優勢。如果被外界發現，某些受到版權保護的書籍內容也被用來訓練GPT-3，將會傷害公司的聲譽，引發法律訴訟（果不其然，OpenAI現在正面臨訴訟）。如果OpenAI想要保護公司的利益以及開發通用人工智慧的目標，就必須關上大門。

幸運的是，GPT-3可以透過巧妙的方法轉移大眾的焦點，不再關注不透明的問題。GPT-3聽起來很像人類，所以吸引非常多人試用。先前LaMDA因為對話流暢，使得布雷克・勒莫恩相信LaMDA具有感知能力，如今這個特質在GPT-3表現得更是明顯，最終也成功轉移民眾的注意力，忽略潛藏在表面之下的偏見問題。OpenAI上演一場精采的魔術表演，就像經典的懸浮助手魔術一樣，觀眾被懸浮在半空中的身體迷住，根本不會去質疑幕後隱藏的電線以及其他機械裝置是如何運作的。

班德無法忍受GPT-3與其他大型語言模型利用本質上被過度誇大的自動更正軟體來迷惑早期使用者。她建議在論文標題加上「隨機鸚鵡」，藉此強調機器只是像鸚鵡學舌般模仿它們的訓練內容。她和其他作者共同歸納幾點給OpenAI的建議：更仔細記錄用於訓練模型的文本、揭露資料的來源、嚴格稽核是否存在不準確與偏見問題。

格布魯和米契爾立即透過Google內部流程提交論文，以供審查。Google通常透過這個流程檢查內部研究人員是否洩露任何敏感資料。審查人員說看起來沒有問題，他們的主管也批准。但為了萬無一失，格布魯與米契爾又將論文寄給Google內外二十多位研究人員審查，同時知會公司的公關團隊。畢竟，這篇論文有部分內容在批評Google正在開發的技術。最後，終於順利趕上研討會的截止日期。

但接著，發生一件奇怪的事。論文提交一個月後，格布魯、米契爾與其他Google內部的合著者被告知要與Google高層開會。高層要求他們要不撤回論文，要不刪除他們的名字。格布魯震驚不已。

根據格布魯在網路上發布的文章，當時她開口提問：「為什麼？這是誰的要求？你們能解釋一下到底哪裡有問題，哪些地方可以修改嗎？」他們很確定，只需要修改論文中有問題的內容就可以發表。

然而高層說，經過匿名審查人員的進一步檢查，這篇論文並沒有達到發表的門檻。論文在描述大型語言的問題時過於負面。雖然論文列出大量參考書目，並且引用一百五十八篇參考文獻，但還是被認為沒有充分引用其他研究，顯示這些模型具備的各種優勢，以及為解決偏見問題所做的努力。Google的語言模型是「精心設計用來避免」論文中提到的所有有害後果。高層給格布魯一星期的時間處理這件事，截止日期是在感恩節的隔天。

格布魯寫下一封長信給一位主管，試圖解決問題。然而，他們的回覆是：撤回論文，或是刪除任何提及Google的內容。格布魯氣炸。她發出最後通牒，如果Google公布是誰審核論文，進而讓審核流程更加透明，她就會從論文中刪除自己的名字。如果Google做不到，格布魯會在與團隊安排離職事宜之後走人。

格布魯坐在電腦前，忍不住在另一封措辭更強烈的信件中發洩自己的情緒。她把信件寄給一群被稱為「Google大腦女性聯盟」（Google Brain Women and Allies）的Google員工群組。信中寫道：「我想說的是，別再寫你們的文件了，根本不會有任何改變。」已經沒有必要努力實現Google的多元化與包容性目標，「因為根本沒有任何的問責機制」。格布魯確信自己被公司打壓，她在論文中警告過的那些問題已經在Google內部發生，例如，偏見、以及將少數族群排除在外等。而且現在就發生在她身上！她感到絕望。

隔天，格布魯收到資深主管寄給她的電子郵件。嚴格來說，雖然格布魯沒有正式提出辭呈，但無論如何Google已經接受她的辭職。

根據《連線》雜誌報導，主管在信中寫道：「你的雇傭關係應該比你郵件反映的問題更快生效。」

格布魯發表一則推文，說她被公司開除，班德和米契爾也是這麼認為；班德用自己的說法形容：「她是『被辭職』的。」然而直到今天，Google仍然堅稱是格布魯主動辭職。

米契爾回憶，當時她住在母親位於洛杉磯的房子，在太平洋時間晚上十一點與其他團隊成員透過Google Meet視訊通話，討論正在發生的事情。「沒有什麼好說的。」所有人都非常錯愕。

格布魯在Google工作期間就以好辯出名。曾經有位同事在內部郵件列表上發表一篇關於新文本生成系統的貼文，格布魯隨即指出，所有人都知道這些系統會生成種族歧視的內容。其他研究人員紛紛回覆原始貼文，卻忽略她的評論。格布魯立即指責她被無視，雙方爆發激烈爭論。現在格布魯再度反擊，在社群平台與媒體上抨擊科技業中少數族群聲音被邊緣化。

米契爾必須決定，哪些作者的名字要留在論文上。她的三位男性同事要求移除他們的名字，理由是他們沒有什麼貢獻。「他們不像我們，對於這篇論文有強烈的急迫感。」米契爾回憶。最後，論文留下四位女性的名字，值得注意的是其中一位寫的是施瑪格麗特．

施米契爾（Shmargaret Shmitchell）。

幾個月後，Google 也開除米契爾。公司宣稱，他們發現米契爾「多次違反我們的行為準則與安全政策，其中包括洩漏機密、商業敏感文件」。根據當時媒體報導，米契爾一直試圖檢索她的公司 Gmail 帳號中的筆記，記錄公司內部的歧視事件。但是由於在法律上具有一定敏感性，因此米契爾無法講述她對這件事的看法。

隨機鸚鵡論文沒有什麼驚天動地的發現，這篇論文主要是整理其他研究成果。但是，隨著解雇的消息傳開以及論文內容在網路上流出，它也彷彿開始擁有自己的生命。Google 經歷史翠珊效應（Streisand effect）[4]的全面衝擊，媒體報導的焦點全部集中在 Google 試圖撇清與論文有任何關聯，結果反而使得論文獲得更多關注，完全超乎作者預期。報紙與網站刊登數十篇相關報導，獲得一千多次其他學者的引用，「隨機鸚鵡」也變成流行語，用來指稱大型語言模型的局限性。就在 ChatGPT 推出幾天後，山姆・奧特曼還發一則推文：「我是隨機鸚鵡，你也是。」儘管奧特曼的目的可能是在嘲笑這篇論文，結果卻促使

4 譯注：原本試圖要隱藏某件事，卻反而因此讓這件事廣為人知。

大眾開始關注大型語言模型可能在現實世界中引發的風險。

表面上看來，Google的人工智慧策略似乎是「不作惡」。二〇一八年，它停止出售臉部辨識服務，雇用格布魯、米契爾，贊助與人工智慧相關的研討會。但是突然間，人工智慧倫理團隊的兩位領導人莫名其妙的被解雇，顯示出Google在公平性與多元性的承諾岌岌可危。公司內部的少數族群原本就人數稀少，有些人警告Google開發的語言科技可能會產生危險，但Google對待他們的方式就是直接封殺，與當初處理失敗的道德委員會或是大猩猩醜聞的手法大致相同。

就財務層面而言，字母公司完全沒有理由讓這些倫理工作干擾它對股東的信託責任，也沒有理由限制最讓人興奮的新技術領域發展。轉換器的發明促使人工智慧革命邁入新階段，而且持續加速發展中。大型語言模型變得愈來愈強大，開發這項科技的公司歡欣鼓舞，可以完全不受監督。立法者幾乎不知道、更不會在乎即將發生什麼事。學術研究人員也無法全面了解這項科技。媒體似乎更關心人工智慧究竟是想愛我們或是想殺了我們，卻不在乎這些系統會如何傷害少數族群，或是被少數幾家大型企業控制之後會產生什麼後果。現在開發大型語言模型需要的所有條件已經具備，開發者可以不受干擾的工作，並且持續發展。

二〇一九年，《華爾街日報》曾經報導微軟投資OpenAI的新聞，當時布羅克曼向報社承認「科技通常會產生財富集中效應」。通用人工智慧更可能會將這種效應推升到新的層次。「你有一項技術可以產生龐大價值，但是只有極少數人擁有或控制它。」他表示。

布羅克曼還補充，OpenAI的獲利上限結構原本就是為了防止這種情況發生。然而實際上，OpenAI的金主會從他們的投資中獲得豐厚報酬，同時協助OpenAI與微軟在它們努力開拓的新市場上取得主導地位。

想像一下，如果有一家藥廠未經臨床試驗就推出一款新藥，並且表示將透過廣大群眾測試新藥；或是有一家食品公司在幾乎沒有審查的情況下推出一種實驗性防腐劑。在不久的未來，大型科技公司也會以類似方式向大眾推出大型語言模式，各大企業競相從這個強大的工具獲利，但是在研究過程中卻沒有任何監管標準可依循。即使負責研究公司內部所有風險的工作，會落在安全與倫理研究人員的肩頭上，但是他們的力量根本微不足道，難以對抗。在Google，他們的領導人被開除；在DeepMind，他們只占研究團隊的一小部分。跡象愈來愈明顯：要不加入抱持開創更遠大事業使命的企業，要不就離開。

第四幕

各方角力的對決

第十三章

哈囉，ChatGPT

二〇二二年，在華盛頓州雷德蒙德某個寒冷多風的二月午後，來自西雅圖的投資人索馬．索馬塞加走進溫暖的微軟總部大樓，在前台領取臨時訪客證。索馬塞加身材矮胖、個性隨和。他原本是軟體工程師，在微軟工作二十六年，一路晉升，最終成為開發部門主管，負責監督程式設計師為Windows或微軟其他產品開發軟體時所需的不同工具。二〇一五年，他離開微軟，成為創投家，為新創公司提供資金，也為其中某些公司提供建議，指導它們如何做好將公司出售給微軟與亞馬遜等當地大企業的規畫。不過，他很喜歡與前東家保持聯繫，因為他知道，前東家的行動會在整個產業產生連鎖反應，而且他把微軟執行長薩蒂亞．納德拉視為朋友。

那個二月午後，他發現納德拉的情緒比平日還要亢奮。幾個月後，微軟將為軟體開發人員推出一項新工具。這剛好是索馬塞加擅長的領域。他之前的主要工作就是為第三方軟體開發人員提供協助。但是，這次並不是要推出幫助開發人員除蟲或是與微軟系統整合的小工具，這次的工具更為強大。新工具名為 GitHub Copilot，它能夠完成許多被高薪聘用的軟體開發人員所能做的事，因為它會寫程式。

加快開發 AI 語言模型

GitHub 是微軟提供的線上服務，主要是協助軟體開發人員儲存與管理他們的程式，Copilot 則是……嗯，索馬塞加起初不太能理解納德拉的解釋，因為他一直使用「顛覆遊戲規則」、「現象級」、「天哪」等字眼。他從未見過納德拉如此興奮。

後來他終於搞清楚，Copilot 就如同協助撰寫程式的助理，微軟正在將 Copilot 整合到開發人員常用的「視覺工作室」（Visual Studio）程式中。當你開始輸入一些程式，Copilot 就會以淺色文字閃現下一行程式的建議，這好比是專為軟體開發設計的自動完成功能。如果開發人員想要接受 Copilot 寫的程式，只要按下 Tab 鍵即可。Copilot 可以撰寫完整的程式段落，包括跨越多行的完整函數，例如：用於登錄應用程式的函數。

微軟仍在蒐集開發人員的回饋意見。到目前為止，微軟也僅推出該系統的預覽版本。但是納德拉表示，程式設計師發現他們的工作速度加快不少，因為 Copilot 可以撰寫多達二〇%的程式。這是非常龐大的工作量。

Copilot使用的是OpenAI新開發的模型Codex，這個模型與OpenAI最新推出的語言模型GPT-3.5類似，而且它是在全球最龐大的程式管理平台GitHub上進行訓練。

OpenAI透過Copilot，證明轉換器在使用「注意力」機制、描繪不同資料點之間的關係時，具備相當多元的能力。它就像是一種繪圖工具，能夠將數據轉化成不同星系。假使每顆星星代表一個字詞，轉換器就會描繪不同字詞之間的路徑，然後連接到具有相似意義的字詞。不論這份資料是字詞或是圖像的畫素，都沒關係。當轉換器辨認出這些關係的型態之後，就能協助生成前後連貫的新資料，可能是文本、程式，甚至是圖像。

但是，Google沒有像OpenAI那樣大規模的應用轉換器撰寫程式。「這是它們犯下的另一個錯誤，但是OpenAI做對了。」人工智慧創業家亞拉文·斯里尼瓦斯曾在Google與OpenAI短暫工作過，他指出：「如果開發這些模型是為了撰寫程式（預先進行訓練），它們最終會變得愈來愈擅長推理。」

這是因為寫程式牽涉到逐步思考的技能。「如果你有一個小孩，在校數學成績優異、很會寫程式，你會期望這個孩子整體而言比其他人更聰明，有能力推理，並能將複雜的事物拆解成小部分。」斯里尼瓦斯表示：「這就是你希望大型語言模型做的事情。」

對於Google的主管們來說，或許這是違反直覺的，因為他們的業務全都跟語言和廣告有關。但是微軟更關注為開發人員設計工具，因為它是軟體龍頭。幸運的是，OpenAI訓練它的模型學會寫程式，不僅能夠讓合作夥伴開心，還能讓模型變得更聰明。

索馬塞加詢問納德拉對於山姆·奧特曼的看法。「他很想要解決全球問題。」納德拉回答。索馬塞加記得，奧特曼與納德拉討論的話題範圍之廣「超乎想像」。這也促使納德拉更熱切的期待雙方合作。感覺似乎是奧特曼的想法愈瘋狂、愈烏托邦，納德拉就愈相信這小子能夠幫助微軟成長。

開發通用人工智慧曾是人工智慧領域不被主流接受的邊緣理論，但是對於這家軟體龍頭來說，已經變成是值得宣傳的概念。通用人工智慧**可以幫助微軟**開發更好用的試算表；另一個更重要的獎勵是，它能夠開發一整套讓微軟底下所有軟體變得更聰明的工具。

在納德拉心中，GitHub Copilot已經成為一件具開創性意義的事件。「你可以看到一個即將改變世界的完整服務。」索馬塞加指出，尤其是這項服務被用於其他類型的軟體時。一旦納德拉想通這一點之後，他立即與科技長凱文·史考特在微軟內部大力宣傳人工智慧，而且幾乎在每次產品小組審查與產品決策中都會提到人工智慧。**為什麼你們的團隊沒有使用人工智慧？要全力投入人工智慧，並盡可能使用OpenAI的模型**。

這麼做自然激怒微軟研究院內部長期研究人工智慧模型的數百名專家。根據媒體報導以及幾位知情的人工智慧研究人員的說法，納德拉經常責怪該團隊的主管，未能達到人數規模遠不及微軟的 OpenAI 團隊所設下的標準。

根據網路媒體《資訊》（*The Information*）報導，納德拉告訴微軟研究院的主管：「OpenAI 只有二百五十人，就建立出這個模型，我們為什麼還要成立微軟研究院？」

某位資深人工智慧科學家轉述，納德拉告訴公司的研究人員，不要再開發所謂的基礎模型（foundation model），或者類似 OpenAI 的 GPT 模型的大型系統。有部分員工因此感到心灰意冷，決定辭職走人。

即使如此，他們還是不得不承認，Copilot 的確是很棒的工具，可以幫助程式設計師撰寫新程式，也更有效率的處理既有的程式。納德拉設想其他微軟服務也能導入 Copilot，運用 OpenAI 的語言模型技術，改善人們撰寫電子郵件與生成試算表的方式。

我們還需要畫家嗎？

索馬塞加與納德拉在二〇二二年初會面的幾週後，OpenAI 開始測試更先進的 GPT-3 版本，分別名為愛達（Ada）、巴貝奇（Babbage）[1]、居禮（Curie）與達文西（Da Vinci），這些人都是歷史上知名的創新者。隨著時間推移，這些模型能夠應付更複雜的問題，提供更個人化的回應。總而言之，當時大眾還沒有意識到，這個軟體會變得多麼精密複雜。這種情況終於在二〇二二年四月出現轉變，當時 OpenAI 將 GPT-3 具備的某些語言能力應用在視覺圖像上，對外發布第一個重大發明。

在 OpenAI 舊金山辦公室的某個角落，三位研究人員花費兩年的時間，使用擴散模型（diffusion model）生成影像。擴散模型主要是透過逆向操作方式產生圖像，它不像藝術家那樣從一張空白的畫布開始作畫，而是從一張塗滿大量色塊以及隨機細節的凌亂畫布開始作畫。模型會在資料中添加大量「噪音」與隨機性，使其無法被辨識，接著再逐步減少雜亂的資料，慢慢顯現圖像的細節與結構。隨著每個步驟的推進，圖像會變得愈來愈清晰、詳細，如同畫家精修自己的藝術作品一樣。透過這種擴散方法，再結合一種名為 CLIP 的圖像標記工具，就構成新模型的基礎，研究人員將這個令人興奮的新模型取名為 DALL-E 2。

這個名字主要是向二〇〇八年上映、描述機器人逃離地球行星的動畫電影《瓦力》

1 譯注：愛達全名為愛達・勒芙蕾絲（Ada Lovelace，一八一五～一八五二），是十九世紀英國數學家，英國浪漫派詩人拜倫的女兒，外界普遍認為她是史上第一位程式設計師。巴貝奇全名為查理斯・巴貝奇（Charles Babbage，一七九一～一八七一），是英國數學家、發明家兼機械工程師。

（*WALL-E*）以及超現實主義畫家薩爾瓦多．達利（Salvador Dali）致敬。DALL-E 2 創作的圖像有時候看起來很超現實，但是對於第一次看到它的人來說，這個工具的確讓人眼睛為之一亮。如果你輸入文字提示詞：「一張酪梨形狀的椅子。」你就會得到一系列酪梨形狀的椅子圖像，其中有些圖像非常逼真。即使是高度複雜的提示詞，DALL-E 2 也能忠實呈現文字所描述的圖像，因此推出後短短幾天內，DALL-E 2 就成為推特的熱門話題，使用者用盡各種辦法相互競爭，創作出最搞怪的圖像，例如，「一隻倉鼠哥吉拉戴著一頂寬邊帽襲擊東京」或「赤裸上身醉鬼在魔多（Mordor）[2] 閒逛」。雖然人臉看起來有些畸形、怪異，但是不可否認，這些圖像比起以前電腦創造的任何成品都還要精緻、細膩。OpenAI 瞬間占據各大媒體版面，大眾第一次體驗到它的實力。

Google 選擇對這類型的技術創新保密，但是奧特曼卻希望盡可能有更多人試用 OpenAI 的新產品。身為矽谷的新創大師，多年來他一直建議創業家將產品推向全世界。科技專家有時稱之為「交付」策略，或是發布「最小可行性產品」（minimum viable product），其背後的想法都一樣，要盡快將軟體交到使用者手中，這樣就能在你與使用者之間建立回饋迴圈。基本上，就是把使用者當作實驗對象。測試產品的最佳方法，就是將產品投入市場中。這是臉書、優步與 Stripe 建立的理念，奧特曼則是這個理念的堅定信徒。

接下來幾個月，OpenAI 逐步推出 DALL-E 2，首先是開放給大約一百萬人的候補名單，用以確保系統不會生成令人反感或是有害的圖像。五個月後，如同當初 OpenAI 發表 GPT-2 之後得到「呼，沒問題」的結論，OpenAI 確定 DALL-E 2 不會對世界構成威脅之後，決定開放給所有人試用。

DALL-E 2 的訓練資料來自網路上公開發表的數百萬張圖像，但是 OpenAI 一如既往，沒有公布訓練資料的相關細節。當 DALL-E 2 成功生成畢卡索風格的圖像時，意謂畢卡索畫作已經被扔進訓練資料庫中，但又很難確定。外界也無法知道其他知名度較低的藝術家作品是否也被用來訓練模型，因為 OpenAI 不會透露訓練資料的詳細資訊，它們不希望壞人趁機複製模型。

波蘭數位藝術家格雷格．魯特科夫斯基（Greg Rutkowski）對此深有體會。他以尖牙噴火龍與巫師等奇幻風景而聞名。在 DALL-E 2 的競爭對手、開源版本的 Stable Diffusion

2 譯注：托爾金（J. R. R. Tolkien）的奇幻小說中黑暗魔君索倫的領地。

模型中，魯特科夫斯基的名字成為最受歡迎的提示詞之一。但人們開始擔憂發生以下狀況：當你可以利用軟體創作魯特科夫斯基風格的藝術作品時，為什麼還要付錢給魯特科夫斯基創作新作品？

此外，人們開始注意到與DALL-E 2有關的另一個問題。如果你要求它生成逼真的執行長照片，大部分會是白人男性；如果你的提示詞是「護理師」，它只會生成女性的照片；如果提示詞是「律師」，它只會生成男性的照片。

二〇二二年四月，奧特曼某次接受媒體採訪時被問到這個問題，他一如往常的正面迎擊，承認OpenAI正在努力解決這個問題。他們採取的一個方法是阻止DALL-E 2生成暴力或是色情圖像，並將這類型的圖像從訓練資料中移除。

他們還雇用開發中國家（例如：肯亞）的外包人力，引導模型提出更妥當的回答。這一點至關重要，因為表示即使OpenAI已經完成GPT-3或DALL-E 2等模型的訓練，仍然需要借助人類審核人員持續微調系統，讓系統的回答更精確、更有相關性、更符合倫理。這些審核人員會將DALL-E 2的回答內容從好到壞分成不同等級，引導模型交出整體而言合適的答案。

但是，這些審核人員在為系統評分時，很難維持一致的標準，而且從DALL-E 2的訓練資料中移除有問題的圖像，很像是在打地鼠遊戲。一開始，OpenAI 的研究人員試圖移除他們在訓練資料集中找到所有過度性感的女性圖像，藉此讓 DALL-E 2 不要將女性描繪成性感對象。但是，這麼做是有代價的。根據 OpenAI 的研究與產品主管米拉・穆拉蒂（Mira Murati）的說法，這樣做會「大幅度」減少資料集中女性的圖像，但是她沒有透露減少的幅度。「我們必須做出調整，因為我們不想讓模型變得遲鈍。這的確是很棘手的問題。」

如果涉及刻板印象的問題，DALL-E 2 的逼真圖像就會成為最大隱憂。OpenAI 意識到這個問題。因此，當一個由四百人組成的內部小組（其中大多數是 OpenAI 與微軟員工）開始測試系統時，OpenAI 禁止他們公開分享 DALL-E 2 生成的任何逼真圖像。

部分 OpenAI 員工對於公司如此快速推出有可能產生造假圖像的工具，感到非常憂心。原本它是一家致力於打造安全人工智慧的非營利組織，後來卻發展成為市場上最積極的人工智慧公司之一。在公司內部負責安全測試的某位團隊成員匿名向《連線》雜誌透露，公司發表這項科技的目的似乎是為了向全世界炫耀，儘管「目前仍存在許多潛在危害」。

不過，奧特曼的目光瞄準更遠大的目標。他相信，新系統已經跨越通往通用人工智慧的重要門檻。「它似乎真的能夠理解概念。」他在某次採訪中表示：「感覺就像是擁有智慧一樣。」DALL-E 2 實在太神奇，使得通用人工智慧的懷疑論者都開始認真看待這個想法。

神奇之處不僅只是 DALL-E 2 的能力，更重要的是這個工具對人類的影響。「圖像具有情感力量。」奧特曼表示。DALL-E 2 推出後引起轟動。GitHub Copilot 只能完成別人已經開始撰寫的程式，但是 DALL-E 2 能夠從頭到尾創造完整的內容，好比你要求設計師創作你想要的圖像一樣。

正是這種生成完整內容的理念，使得奧特曼的下一步行動顯得更為轟動。GPT-1 比較像是一套自動完成工具，會繼續完成人類開始輸入的內容；但是 GPT-3 與它的更新版 GPT-3.5 能夠生成全新的散文，就和 DALL-E 2 可以從零開始創作圖像一樣。

ChatGPT 來襲

當全世界都在關注 DALL-E 2 時，有傳言指出，競爭對手Anthropic正在開發一款聊天機器人，這則消息激起 OpenAI 的競爭欲望。二〇二二年十一月初，OpenAI 的主管告訴員工，幾星期後公司將會推出利用 GPT-3.5 技術開發的聊天機器人。根據熟悉 OpenAI 的人士透露，大約有十多人合力開發這款聊天機器人，它與Google的米納沒有什麼不同。兩年前，諾姆．沙澤就開發出米納，但是Google一直對外保密。

OpenAI的領導階層向員工保證，這不是產品發表，而是「低調的研究預覽」（low-key research preview）。但是，還是有部分員工對於公司如此快速推出這項工具感到不安。他們不確定大眾會如何濫用如此流暢、能力如此強大的語言模型。

不僅如此，聊天機器人經常會犯下事實錯誤。因為負責開發的研究人員決定不要讓系統變得更謹慎，這樣會導致系統拒絕回答它能夠正確回答的問題。他們不希望系統只會回答：「我不知道。」他們重新校準系統，讓它聽起來更有權威性，即使意謂著系統有時候會生成錯誤事實。OpenAI將新開發的聊天機器人取名為ChatGPT。

奧特曼敦促要盡快對外發布ChatGPT。他認為，已經有數百名OpenAI的員工測試與審核過ChatGPT，而且重要的是，讓人們適應人工智慧注定對人類產生的影響，這一點也非常重要，就像是把腳趾浸入冰冷的游泳池試水溫一樣。就某方面來說，OpenAI是在造福全世界，同時也為即將推出的更強大模型GPT-4做好準備。據某位OpenAI高層表示，在進行內部測試時，GPT-4可以寫出很不錯的詩作，它說的笑話甚至能讓OpenAI的高階主管笑出聲來。但是，他們不知道它會對世界或社會造成哪些影響，若要知道答案，唯一的方法就是把它放到市場上。OpenAI 在官網上將此稱為「迭代部署」（iterative deployment）哲學，也就是將產品投入市場，才能更有效的研究人工智慧的安全問題及其影響。公司表示，這是確保他們開發的通用人工智慧能夠造福人類的最佳途徑。

二〇二二年十一月三十日，OpenAI 發表一篇部落格文章，宣布正式推出 ChatGPT。許多 OpenAI 員工，包括某些安全團隊的成員，甚至不知道發布產品的消息。有些員工開始打賭，一星期後會有多少人使用這個工具，最高估計是十萬名使用者。這個工具本身是一個網站，附帶一個文本框，你可以在方框內輸入任何你想要的文字，背後的機器人就會回應你。這個聊天機器人使用 GPT-3.5 模型，當時大多數民眾從沒聽說過 OpenAI，更別提 GPT-3。包括 OpenAI 的研究人員在內，沒有人知道當他們開放所有人測試ChatGPT的功能時，會發生什麼事。

「今天我們推出 ChatGPT。」奧特曼在舊金山時間早上十一點半發布推文：「試試看在這裡和它聊天：http://chat.openai.com 。」起初沒什麼人回應，只有少數幾位軟體開發人員與科學家進入網站並開始試用。但是接下來幾小時，推特上出現愈來愈多評論：

12.26 PT @MarkovMagnifico：正在玩 ChatGPT，我已經把我的通用人工智慧的時間表提前到今天。

12:37 PT @AndrewHartAR：ChatGPT 剛剛發布。我已經看到未來。

13:37 PT @skirano：太扯了。我要求 #ChatGPT 生成簡單的個人網站。它就一步步顯示……如何架網站，然後加上 HTML 與 CSS。

14:09 PT @justindross：關於我的問題，我當下覺得它比 Google 更適合當作搜尋起點。真的太狂了。

14:29 PT @Afinetheorem：再也不能安排課後作文或作業了。

你很難找到關於 ChatGPT 的負面評價，絕大多數反應都是讚嘆。更讓人吃驚的是，它不僅對話流暢，而且知識淵博。多數人之前都使用過聊天機器人，例如：Alexa 或是客服機器人。大部分人習慣功能有限、結結巴巴的對話。但是 ChatGPT 可以非常流利的回答任何問題。感覺就像是原本與蹣跚學步的孩子交談，變成是與擁有大學學位的成熟大人交談。

接下來二十四小時，愈來愈多人湧入 ChatGPT，大幅增加伺服器的負荷量，不斷測試它的極限。現在，普通專業人士、技術工作者、行銷人員與媒體人員，都在實際測試這個聊天機器人。為了在推特上引起轟動，他們把自己的試驗變成公開競賽，看誰能讓 ChatGPT 生成最有趣、最聰明或是最古怪的文本。先前 DALL-E 2 引發的討論熱潮再次出現，只不過這次規模更大。接下來幾天，大家紛紛在推特上分享ChatGPT創作的詩歌、饒舌作品、情境喜劇場景和電子郵件擷圖。內容愈離奇愈好。

其中一位帳號名為湯瑪斯．普泰希克（Thomas H. Ptacek）的推特使用者，要求ChatGPT「以欽定版聖經的風格寫一段經文，解釋如何從攝影機中取出一塊花生三明治」。OpenAI的聊天機器人的回應如下：

> 有人因為一塊花生醬三明治深感困擾，它被放置於他的錄影機中，他不知如何將其取出。
>
> 他哀求耶和華：「主耶和華，我應如何從我的錄影機中取出花生醬三明治，它被牢牢卡住，紋絲不動。」

「很抱歉，對於一個能夠完成這項任務的科技，我實在無法抱持悲觀態度。」普泰希克在推文中寫道。短短一星期之內，超過數百萬人使用ChatGPT；兩個月後，ChatGPT吸引三千萬名使用者註冊，成為史上成長最快速的線上服務之一。到二〇二四年初，每週大約有一億人使用ChatGPT。之前從來沒有單一工具如此受到主流市場歡迎。

二〇二三年三月十四日，也就是Anthropic終於推出自己的聊天機器人Claude的同一天，OpenAI推出升級版的大型語言模型GPT-4。只要你願意每月支付二十美元，就可以透過ChatGPT Plus的訂閱服務使用這個新模型。ChatGPT Plus在二〇二三年創造大約兩億美元的營收。在OpenAI內部，有部分員工開始相信，GPT-4的發布，代表他們朝向通用人工智慧邁出一大步。

蘇茨克維曾在某次採訪中提到，機器不僅僅學會文本之間的統計關聯性，「這個文本其實就是這個世界的投射……神經網路逐漸學會這世界的各個層面，包括人類、人類的處境；他們的希望、夢想與動機；他們的互動，以及我們所處的環境。」

蘇茨克維在另一次採訪中指出：「當你有一個系統可以接收關於這個世界的觀察結果，並且學會理解這些觀察結果（其中一個方法是預測接下來會發生什麼事），我認為這非常接近智慧。」

科技媒體全都趨之若鶩。《紐約時報》稱讚ChatGPT是「有史以來向大眾推出的最佳人工智慧聊天機器人」。試用過的記者都被系統友善且熱情的回應深深吸引。有些科技愛好者在推特上吹噓他們如何使用ChatGPT撰寫電子郵件或是其他工作相關文件，讓自己更有生產力。

可想而知，這又引發新一波的媒體報導熱潮，紛紛探討ChatGPT是否會取代人類。

奧特曼開始發動宣傳攻勢，透過播客節目、報紙媒體以及其他新聞出版品，回應公眾的興奮情緒，同時直接面對人們的擔憂。他說，是的，這個系統有可能會取代某些工作，想想文案人員、客服專員、甚至是軟體開發人員，但是這並不代表說，ChatGPT 與它背後的技術會完全取代人類的工作。

「有些工作會消失。」奧特曼在某次採訪中直言不諱的說：「未來將會出現現在無法想像、但是更好的新工作。」媒體與公關界默默接受他的說法，因為像是工業革命的歷史性變革已經證明，科技的確會對就業市場帶來痛苦的改變。類似 ChatGPT 的生成式人工智慧系統，不會像加密貨幣那樣只是曇花一現的熱潮。ChatGPT 夠實用。人們已經開始使用它撰寫高中論文、擬定商業計畫、進行行銷研究。

在 OpenAI 內部，員工自我安慰，未來終將值得。他們認為，在工業革命期間，工作與工廠改由機器操作，不僅創造新的就業機會，也提升人們的生活水準。不過，專注於產品開發以及安全議題的 OpenAI 員工之間的分歧也愈來愈大，後者一直努力監控 ChatGPT 網站上暴增的不當查詢。伊爾亞·蘇茨克維相信，他們已經朝向通用人工智慧邁出重大的一步，因此開始與公司的安全團隊更密切的合作。然而即使如此，OpenAI 的產品開發團隊依舊加倍努力讓 ChatGPT 商業化，邀請企業付費使用 ChatGPT 的底層技術。

Google 大夢初醒

在Google內部，高階主管發現愈來愈多人不再使用Google搜尋引擎，反而有可能直接向ChatGPT查詢健康資訊或是尋求產品建議，但這些都是Google搜尋引擎最賺錢的廣告關鍵字。

Google理應面臨一些適當的競爭。多年來，它的搜尋結果頁面充斥大量廣告與贊助連結，因為它希望盡可能從每一筆搜尋當中創造更多的營收，即使這會讓它的產品變得難用。如果它讓使用者分不清什麼是廣告、什麼是真實的搜尋結果，就可以賺到更多錢。

二〇〇〇到二〇〇五年間，Google比現在還要清楚的標示廣告欄位，廣告會加上藍色背景色，而且搜尋結果頁面的最上方只會出現一或兩個廣告連結。但是自此之後，人們愈來愈難分辨廣告與正常的網頁連結。藍色背景變成綠色、然後是黃色，到後來完全沒有背景色。廣告開始占據更多頁面空間，迫使人們要往下滑更久，才能找到合適的搜尋結果。雖然消費者覺得反感，但是Google卻絲毫不受影響，因為網路使用者認為，除了Google之外，他們別無選擇。全球有超過九〇%的搜尋都是使用Google搜尋引擎。

但是現在，二十多年來Google身為網路守門人的主導地位首度出現動搖跡象。這些年來，它的主要獲利模式是透過一套系統，爬取數十億網頁，進行檢索與排序，找到最相關的查詢結果，然後生成可供點擊的連結列表。但是，ChatGPT為忙碌的網路使用者提供更誘人的東西，它會自行整合所有資訊，然後提供單一的答案。使用者再也不需要永無止境的滾動頁面，或是在廣告與連結混雜的迷宮中搜尋。ChatGPT會幫你完成這一切。

舉例來說，如果你想要知道製作南瓜派時使用煉乳或是奶水比較好。你詢問ChatGPT，你會得到單一的答案，詳細說明煉乳可能比較適合，因為它會增加派皮的甜味。但是Google可能會列出一長串廣告、食譜與文章連結，你必須逐一點擊閱讀。這種無限可能性曾經帶給Google獨一無二的優勢，但是現在只變成浪費時間。在矽谷，科技專家永遠都在追求「無障礙」的線上體驗。一旦出現另一種可以替代Google的無障礙方案，就有可能會嚴重衝擊Google的財務表現。

ChatGPT推出後幾星期內，Google高層在公司內部發布紅色警報。Google被打得措手不及，面臨嚴重考驗。自二〇一六年開始，執行長桑德．皮蔡一直宣稱Google是「人工智慧優先」，所以，一家只有不到兩百名人工智慧研究人員的小公司，怎麼會開發出比起擁有近五千名研究人員的Google還要好的工具呢？此外，OpenAI與財力雄厚的微軟關係密切，使得他們面臨更加嚴重的威脅。

Google早就擁有LaMDA，這個較早開發的大型語言模型曾被內部工程師認為具有感知能力。但是現在，Google 高層陷入尷尬處境。如果他們推出另一款聊天機器人與 ChatGPT 競爭，結果使用者全部改用這款聊天機器人、捨棄 Google 搜尋，怎麼辦？是否表示使用者不會點擊廣告、贊助連結，以及其他使用 Google 廣告聯播網創造獲利的網站。

二〇二一年，字母公司創下兩千五百八十億美元的營收，廣告收入占比超過八〇%，其中大部分來自人們使用 Google 搜尋引擎時看到的點擊付費廣告。這些塞滿 Google 搜尋結果頁的廣告，已經成為公司業務不可或缺的一部分。因此，Google 不可能改變現狀。「Google 搜尋的目標是讓你點擊連結，而且最好是廣告連結。」在二〇一三至二〇一八年間掌管 Google 廣告與商業部門的斯里達爾・拉馬斯瓦米（Sridhar Ramaswamy）表示：「頁面上的其他文字只是填充物。」

多年來，Google 在面對新科技時，向來抱持謹慎、甚至幾乎恐懼的態度。除非某項業務能創造價值數十億美元的收入，否則 Google「不會有任何動作」，它肯定不希望搞砸能創造兩千六百億美元年營收的廣告業務。

「當你規模愈大，就變得愈困難。」拉馬斯瓦米指出：「在 Google，廣告團隊的規模通常是自然搜尋團隊的四到五倍。要開發一項與核心業務相互牴觸的產品，在現實中是非常困難的。」

然而現在，Google 高層沒有太多選擇。根據《紐約時報》取得的某次會議紀錄，有位主管在會議上指出，類似 OpenAI 的小公司向大眾發布先進的人工智慧新工具時，比較沒什麼顧慮。Google 必須立刻跟進，否則就有變成恐龍的危險。拋開謹慎的態度，全速運轉。

驚慌失措的 Google 高層告訴負責開發 YouTube、Gmail 等擁有至少十億名使用者的核心產品的員工，他們只有幾個月的時間導入某種形式的生成式人工智慧。多年來 Google 一直是全世界的索引機器，彙整大量的影片、圖像與數據資料，**但是現在它也必須開始運用人工智慧建立新資料**。做出這種根本性轉變，如同是把一台時速只有二十英里的破舊卡車開上賽車道一樣。心急如焚的 Google 高層甚至召回在二〇一九年辭去字母公司共同執行長的 Google 創辦人賴瑞・佩吉與謝爾蓋・布林，邀請他們參加一連串緊急應變會議，協助制定應對 ChatGPT 的策略。

Google 的工程團隊感受到高層強烈的不安全感，開始採取行動。就在 ChatGPT 推出幾個月後，YouTube 的主管們新開發一項功能，讓 YouTube 影片創作者可以利用生成式人工智慧，產生新的電影場景或是更換服裝。但這感覺就像是亂槍打鳥。是時候推出它們的祕密武器：LaMDA。

皮蔡寄出一份備忘錄給全公司，要求員工協助測試一款即將公開發表的新聊天機器人，只要是他們認為不好的回答，就直接重寫。接著他在二〇二三年二月六日發表一篇部落格文章，向全世界預告Google即將發布一項新產品。文章標題為「我們的人工智慧之旅重要的下一步」，他在文章中寫道：「我們一直在開發使用LaMDA的實驗性對話式人工智慧服務，我們稱之為Bard。」

急於保持領先地位的微軟，立即在第二天宣布，在網路搜尋市場上僅有六％市占率、長期處於落後地位的搜尋引擎「必應」（Bing），即將進行重大升級，並且導入人工智慧技術。OpenAI最新的GPT語言模型將會協助必應「釋放發現的樂趣，感受創作的美妙，更有效的掌握世界知識。」白話文來說，就是它可以做ChatGPT已經在做的事，但是只有微軟知道進行哪些升級。

兩大科技巨頭爭先恐後的發表自己的聊天機器人，這場競賽讓全球驚嘆不已。然而，少數幾位細心的觀察家發現一些小問題。Google和微軟各自展示一些範例，證明Bard與必應能聰明應答。但是幾位記者仔細檢查之後卻發現，有些答案是錯的。在皮蔡展示的發布影片中，Bard搞錯韋伯望遠鏡的歷史；必應則是誤報零售商蓋普（Gap）的收益數字。

聊天機器人不僅會編造事實，還會出現某種情緒障礙。就在微軟宣布必應升級後不久，《紐約時報》作者凱文・魯斯（Kevin Roose）發表一篇專欄文章，講述某天深夜他與必應進行兩小時的對話，結果令人相當不安。微軟新推出的搜尋引擎兼聊天機器人竟然對這位作家表白，還堅稱：「你的婚姻不夠幸福。」魯斯表示，這次的經歷讓他「有種不祥的預感，人工智慧已經跨越某個門檻，這個世界將永遠改變」。

對於微軟的納德拉而言，所有炒作以及對必應的關注都為他創造巧妙的機會。納德拉表現出沾沾自喜的態度，他告訴記者，他已經等待多年，希望有機會挑戰 Google 在搜尋領域的霸主地位，現在必應終於實現這個目標。「我希望人們知道，是我們讓他們跳舞。」他進一步補充。

但這一切本來就不合理。原本 Google 在各方面都是先行者，旗下的研究人員發明轉換器，而且早在 GPT-4 推出之前多年，他們就開發出複雜的語言模型 LaMDA。Google 自己的人工智慧實驗室 DeepMind 在 OpenAI **成立前五年**，就設定開發通用人工智慧的使命。可是現在，Google 必須急起直追。

Google 的官僚體系不斷膨脹，再加上擔憂業務與聲譽受到損害，因而形成根深柢固的惰性。但矛盾的是，反而讓全世界免於遭受現在 OpenAI 引發的風險，畢竟這些風險最有可能傷害少數族群，而且對大量工作機會造成威脅。

OpenAI 的驚天之舉讓人不免開始質疑 DeepMind 過去十三年的經營策略，也讓哈薩比斯深感不安。前員工回憶，就在 ChatGPT 推出幾星期後，哈薩比斯在某次全體員工大會上強調，DeepMind 不應該變成「人工智慧的貝爾實驗室」，言下之意是發明各種東西，卻眼睜睜看著其他公司將自己的發明商業化。

追求數字，還是諾貝爾獎？

於此同時，沒有人問通用人工智慧在哪裡，大家都在問實用的、接近人類的人工智慧在哪裡。DeepMind 成功開發出可以在圍棋及其他遊戲中擊敗人類冠軍的人工智慧系統，OpenAI 開發的系統雖然只能寫電子郵件，卻更讓人印象深刻。

德米斯・哈薩比斯長期追求的科學策略顯得過於封閉。哈薩比斯一直希望利用遊戲與模擬開發通用人工智慧，然後透過獲獎以及在科學期刊發表論文來建立聲望，當作衡量公司成功與否的指標。OpenAI 的人工智慧策略則是依循工程原則，盡可能擴展現有科技。DeepMind 的做法比較學術導向，它們發表多篇關於 AlphaGo 遊戲系統與 AlphaFold 的研究論文，後者是一種預測人體蛋白質摺疊方式的新方法。

AlphaFold 誕生自 DeepMind 在二〇一六年舉辦的黑客松活動（程式協作活動），後來成為公司最有發展前景的計畫之一。哈薩比斯曾夢想運用人工智慧解決癌症等全球問題，看來他似乎成功開發出可以實現這個目標的人工智慧系統。

當人體細胞內的胺基酸折疊成特定的三維形狀時，就會變成蛋白質；折疊錯誤的蛋白質則會導致疾病。AlphaFold是一種人工智慧程式，可以預測胺基酸折疊後的三維形狀。DeepMind相信，這個程式可以幫助科學家更深入了解哪些類型的化學反應可能會影響這些蛋白質，進而促成新藥發現。

當時哈薩比斯認為，DeepMind的當務之急是贏得二〇一九與二〇二〇年的全球蛋白質折疊預測大賽CASP（蛋白質結構預測技術的關鍵測試）。根據某部紀錄片拍攝到的場景，哈薩比斯在會議上告訴員工：「我們必須加倍努力，從現在開始盡最大努力加速前進。我們沒有時間可以浪費。」

奧特曼運用數字衡量成功，無論是投資金額還是使用產品的人數。哈薩比斯則是追求獲獎；根據與他共事過的夥伴透露，他經常告訴員工，希望未來十年內DeepMind能獲得三到五座諾貝爾獎。

DeepMind連續贏得二〇一九與二〇二〇年的CASP大賽，並在二〇二一年將蛋白質折疊程式碼開放給其他科學家。在撰寫本書期間，DeepMind表示全球有超過一百萬名研究人員使用「AlphaFold 蛋白質結構資料庫」（AlphaFold Protein Structure Database）。然而，科學發現是相當緩慢的過程，雖然哈薩比斯獲得諾貝爾獎，但是利用他開發的系統取得重大科學發現的目標，仍然遙不可及。某些專家質疑，DeepMind 開發的蛋白質形狀預測程式是否足夠精準，能否正確辨識藥物化合物如何與蛋白質結合，或者能否大幅縮減新藥發現的時間。

總而言之，DeepMind 最大規模的研究計畫雖然為公司帶來極高的聲望，但是對真實世界的影響卻相對較小。哈薩比斯堅持在完全模擬的環境中訓練人工智慧，這樣可以精確設計及完整觀察物理條件與其他細節。這就是他們開發 AlphaGo 的方式，透過程式設計讓它在模擬情境中與自己對弈數百萬次；AlphaFold 則是利用蛋白質折疊的模擬情境進行訓練。

另一方面，像是 OpenAI 從網路上爬取數十億個字詞的做法，如果人工智慧利用真實世界的資料進行訓練，會變得非常雜亂，而且充滿各種噪音。這種方式很容易讓公司陷入醜聞，這也是哈薩比斯從醫院合作案中學到的教訓。但是，DeepMind 採取的封閉做法，會更難開發出人們可以在真實世界應用的人工智慧系統。

哈薩比斯過度專注於人工智慧系統的虛擬世界，一心想要獲得認可，卻因此錯失語言模型革命。他不得不追隨奧特曼的腳步。Google 高層告訴 DeepMind，必須著手開發一系列比 LaMDA 更強大的大型語言模型。他們將新系統取名為 Gemini，DeepMind 還導入開發 AlphaGo 時採行的策略規畫技巧。

為了加快行動，皮蔡做出另一項大膽決策。他整併 DeepMind 與 Google 大腦兩個相互競爭的人工智慧部門，新單位取名為 GoogleDeepMind（員工簡稱新單位為 GDM）。過去多年來，兩個部門爭相搶奪頂尖的研究人才，爭取更多的運算力，而且擁有截然不同的企業文化。Google 大腦與母公司的關係較為密切，主要工作是改善 Google 的產品；DeepMind 則是獨立到近乎超然的地步，他們員工配戴的識別證可以進入 Google 的辦公大樓，但是 Google 員工不能進入 DeepMind 的辦公室。

皮蔡任命哈薩比斯領導整併後的新部門，這個決策又跌破許多人的眼鏡。Google 內部最受尊敬的工程師、負責監督其他部門人工智慧研究計畫的傑夫·迪恩（Jeff Dean）本來是更有可能的人選。不過，曾經是遊戲設計師、熱愛模擬、多年來試圖脫離 Google 的迪恩，正在帶領 Google 內部的重大計畫，以保護Google在網路搜尋市場的領先地位。從辦公室政治角度來看，迪恩掌握比以往更大的權力，掌管更多的 Google 業務，所以能夠更進一步的重新掌控 DeepMind 的營運。

「德米斯在Google的地位與影響力比以前要高出許多。」肖恩・萊格認為：「我們沒有變得更獨立，反而是成為Google的一部分。Google的成功對於我們以及我們的使命來說，都是至關重要的。」「幾年前我沒有意識到這一點。當時我認為，我們或許需要更多的獨立性。如今回頭來看，我認為實際發生的情況可能更好。」

哈薩比斯寄出一封電子郵件給DeepMind員工，宣布與Google大腦合併，他在信中闡釋，兩個部門之所以要整合，是因為通用人工智慧有可能「引發人類史上最重要的社會、經濟與科學變革」。

然而事實上，兩個部門之所以整併，只是為了幫助陷入困境的Google擊敗商業競爭對手，如同OpenAI捨棄原本造福人類的使命（沒有「財務壓力」），轉向為微軟的利益服務。所謂的「使命漂移」（mission drift）現象在矽谷非常普遍，就像WhatsApp曾經歷過的情況一樣，現在也可能發生在對社會產生更大影響的科技上。為了解決這個問題，二○二三年七月OpenAI任命伊爾亞・蘇茨克維領導新成立的超級對齊小組（Superalignment Team）。OpenAI表示，蘇茨克維帶領的研究人員會在四年內找到方法，控制比人類還要聰明的人工智慧系統。

但是，OpenAI仍然存在一個明顯的問題：它一直迴避提升透明度的要求。整體而言，愈來愈難聽到那些呼籲針對大型語言模型進行更多審查的聲音。雖然格布魯、米契爾與班德合力撰寫的研究論文，終於吸引大眾開始關注大型語言模型的風險問題。至今三人仍在試圖警告大眾，這些模型以及更廣泛的生成式人工智慧可能讓既有的刻板印象持續存在。然而，不幸的是，政府與政策制定者反而關注資金更充裕、聲量更大的另一個族群，也就是人工智慧末日論者。

第十四章

專家的末日警報

山姆．奧特曼推出ChatGPT，等於同時開啟多條戰線。第一條顯而易見：誰能最先推出最強大的大型語言模型？另一條則在檯面下進行：誰能掌控關於人工智慧的敘事？

我們該踩煞車嗎？

二〇二三年三月，也就是微軟與Google分別倉促推出必應與Bard幾星期後，艾利澤．尤德考斯基在《時代》雜誌刊登一篇長達兩千字的專欄文章，探討人工智慧的發展方向。文章中，他描繪一幅可怕場景，未來將出現更有智慧的機器：「許多鑽研此議題的研究人員，包括我一致認為，在類似目前情況的條件下，開發超越人類智慧的人工智慧最有可能的結果是，地球上所有人都會死亡。」

同月，伊隆．馬斯克與其他科技領袖連署一封公開信，呼籲「暫停」人工智慧研究六個月，因為它會對人類文明構成威脅。「我們是否應該開發最終可能在數量上超越我們、在智力上勝過我們，甚至是淘汰我們、取代我們的非人類心智？」整封信的內容是由雅安．塔林的生命未來研究所彙整而成。「我們是否應該冒著失去文明控制權的風險？」這封信獲得將近三萬四千人連署，成為各大媒體的新聞頭條，包括路透社、彭博社、《紐約時報》與《華爾街日報》均有報導。

傑佛瑞．辛頓與約書亞．班吉歐這兩位被譽為人工智慧教父的研究人員，也向媒體提出警告，人工智慧將對人類的生存構成威脅。他們的警告同樣獲得大篇幅報導。班吉歐表示，他對自己的畢生工作感到「迷惘」；辛頓則說，他對自己的某些研究感到後悔。「少數人相信，這個東西真的有可能比人類還要聰明。」他告訴《紐約時報》：「但是大多數人認為這項發明還離那個境界很遙遠，我也這麼覺得，我認為還需要三十到五十年，甚至是更久。但顯然，現在的我不這麼想……我認為，在充分理解能否控制它之前，不應該再進一步擴大它的規模。」

人工智慧領域最具權威的重量級人物都認為，人工智慧開發的速度太快，有可能會失控，引發災難性的後果。人工智慧有可能威脅人類生存的想法，已經成為大眾茶餘飯後的固定話題，你可能會在晚餐時和你的姻親提起這個話題，他們會點頭同意這個議題很重要。人類有機會被失控的機器所統治，這樣的說法吸引大眾的目光。根據市場研究機構

「重新思考優先順序」（Rethink Priorities）針對兩千四百四十四名美國成年人所做的調查，在二〇二三年底有二二%的美國人相信，人工智慧將在未來五十年內導致人類滅絕。

不過，這種末日言論對於美國人工智慧產業卻造成自相矛盾的影響，人工智慧產業反而更加蓬勃發展。市場研究機構Pitchbook的統計數據顯示，開發生成式人工智慧產品的新創公司，融資金額從二〇二二年約五十億美元，飆升至二〇二三年超過兩百一十億美元。

人工智慧失控背後所隱含的訊息其實很吸引人。如果這項科技在未來有可能毀滅人類，不就代表它現在足夠強大，能夠幫助公司業務成長？

而且看起來，山姆·奧特曼愈常談論OpenAI的科技可能構成的威脅，比如告訴國會，類似ChatGPT的工具有可能「對全世界造成重大傷害」，反而愈能吸引資金與注意力。二〇二三年一月，OpenAI又獲得微軟的另一筆資金挹注，這次的金額高達一百億美元，OpenAI給予這家軟體龍頭四九%的公司股份來做交換。現在，微軟幾乎完全控制OpenAI。

達里奧·阿莫迪與其他研究人員離開OpenAI之後創辦的公司Anthropic，同樣也吸引大量投資資金。二〇二三年底，它獲得Google二十億美元、亞馬遜十三億美元的投資。

一年內，它的市值估計就成長四倍，超過兩百億美元。看起來，開發超級安全的超級人工智慧，也可以讓你變得超級有價值。根據 TechCrunch 報導，事實上 Anthropic 希望能募集到五十億美元，跨足十多個產業，挑戰 OpenAI 的地位。「這些模型會開始將大部分的經濟活動自動化。」Anthropic 的文件這樣寫。此外，文件還提到，如果 Anthropic 能夠在二〇二六年之前開發出「最好的」模型，Anthropic 就能在這場競賽中持續領先多年。

安全優先的思考架構讓 Anthropic 看起來更像是一家非營利組織，它們的使命是「確保變革式人工智慧能夠幫助人類與社會蓬勃發展」。但是 OpenAI 推出 ChatGPT，取得巨大成功，等於是向全世界證明，擁有最崇高計畫的公司，也可以成為最有利可圖的投資對象。宣稱自己正在開發更安全的人工智慧，幾乎已經成為一種暗號，吸引也想要參與這場遊戲的大型科技公司投資。

Anthropic 絞盡腦汁的試圖解釋其中邏輯。如果要了解如何開發更安全的人工智慧系統，就不能只研究全球最強大的人工智慧系統，還必須實際打造這些系統。因此，所有人都心知肚明，大型科技公司是地球上唯一擁有大量運算力的組織。例如，根據 Anthropic 與 Google 的協議，Anthropic 可以獲得 Google 雲端的運算額度，用來開發足以與 OpenAI 產品競爭的大型語言模型。

人工智慧安全 vs. 人工智慧原理

在公開場合，現在有兩組人馬呼籲開發更安全的人工智慧。其中一組包括奧特曼與阿莫迪等人在內，他們簽署另一封公開信，強調：「減輕人工智慧可能導致的人類滅絕風險，應該列為全球優先要務，與大流行病及核子戰爭等其他社會風險同等重要。」

他們打著人工智慧安全的旗幟，運用模糊的說詞描述未來可能的威脅，卻很少具體說明人工智慧失控會造成什麼後果，或是何時會失控。他們在國會議員面前告知這些擔憂，卻又傾向支持輕度監督的做法。

另一群人則包括蒂姆妮特·格布魯與瑪格麗特·米契爾在內的專家，多年來他們一直關注人工智慧對於社會造成的風險。這個「人工智慧倫理」陣營主要是由女性及有色人種組成，他們都是刻板印象的受害者，擔心人工智慧系統會導致持續存在的不平等現象。隨著時間累積，他們對於「人工智慧安全」陣營的行為愈來愈不滿，尤其是這群人早已荷包滿滿。

兩個陣營的募資差距也非常明顯。「人工智慧倫理」這一方經常得四處募資。例如，成立二十一年的非營利組織「歐洲數位權利倡議」（European Digital Rights Initiative）極力反對臉部辨識以及有偏見的演算法，二〇二三年年度它們的預算僅有兩百二十萬美元。

具有同樣境遇的是位於紐約的人工智慧現代研究所（AI Now Institute），專門審查人工智慧在健康醫療與刑事司法系統的應用，每年的預算不到一百萬美元。

但是，強調「人工智慧安全」與人類滅絕威脅的陣營，卻能獲得大量資金，而且多半是來自億萬富豪的贊助。位於麻州劍橋的非營利組織「生命未來研究所」，專門研究如何最有效的阻止人工智慧取得武器。二〇二一年，它們獲得加密貨幣大神維塔利克・布特林（Vitalik Buterin）兩千五百萬美元的投資。光是這筆資金，就遠遠超過當時人工智慧倫理陣營全年度的預算總和。

臉書共同創辦人、億萬富翁達斯汀・莫斯科維茨成立的慈善組織「開放慈善」，多年來投資數百萬美元給人工智慧安全相關研究，其中包括二〇二二年捐贈五百萬美元給人工智慧安全中心（Center for AI Safety）；捐贈一千一百萬美元給柏克萊的人類兼容人工智慧中心（Center for Human-Compatible AI）。

整體而言，莫斯科維茨成立的慈善機構是人工智慧安全陣營最大的贊助者，他和他太太卡莉・圖娜（Cari Tuna）預計捐贈將近一百四十億美元的財富，其中包括 OpenAI 最初以非營利組織形式成立時，兩人捐贈的三千萬美元。

銀行家比醫生做更多好事

為什麼大量資金流向以提高安全性為藉口、卻不斷開發更大型人工智慧系統的工程師？至於試圖審查人工智慧系統的研究人員，卻很難獲得資金？部分原因是，矽谷總是追求最有效率的行善方式；此外，英國牛津大學少數幾位哲學家傳遞的理念也發揮作用。

時間回到一九八〇年代，牛津大學哲學家德里克・帕菲特（Derek Parfit）開始撰寫一種新型態的功利主義倫理學，主要著眼於遙遠的未來。想像一下，你把破裂的瓶子留在地上，一百年後會有個小孩被瓶子割傷，即使這個小孩可能還沒有出生，但是你的心裡還是會有罪惡感，彷彿那個孩子是今天被割傷的。

「他的基本想法很簡單，那就是從道德層面來看，未來的人和現在的人一樣重要。」二〇二三年撰寫帕菲特傳記的作家大衛・愛德蒙茲（David Edmonds）表示：「想像以下三種情境：一是和平；二是全球八十億人口當中，有七十五億人口在戰爭中喪生；三是所有人被殺害。多數人直覺認為，一與二的差異大於二與三。但是帕菲特說，這是錯的。二與三的差異遠遠超過一與二的差異。如果你消滅全體人類，等於消滅所有未來世代。」

我們可以用以下方式量化這個說法。哺乳動物的物種平均「壽命」大約是一百萬年，人類已經存在大約二十萬年。理論上，我們還可以在地球上存續八十萬年。依據聯合國對本世紀末的預測，如果全球人口穩定維持在一百一十億，同時平均壽命提高到八十八歲，根據估算，**未來可能還有一百兆人口出生**。

為了用視覺化方式呈現這些數字，不妨想像餐廳的餐桌上有一把小餐刀和一顆碗豆。餐刀代表過去曾經生活過與死亡的人數，豌豆代表現在活著的每個人，餐桌桌面則象徵尚未出生的未來人口數量。如果人類能夠證明自己比典型的哺乳動物物種更長壽，桌面就要變得更大。

二〇〇九年，澳洲哲學家彼得．辛格（Peter Singer）出版《你可以拯救的生命》（*The Life You Can Save*）一書，進一步拓展帕菲特的論點。因此現在出現一個解決方案：有錢人捐款不只是因為認為這是對的事情，而是應該採取更理性的做法，盡可能擴大行善的影響力，盡可能幫助更多的人；幫助未來尚未出生的人，你的品德會更加高尚。

二〇一一年，這些想法開始從學術論文進入現實世界，並且成為某種意識型態的基礎。當年二十四歲的牛津大學哲學家威廉．麥克阿斯克爾（Will MacAskill）與其他人共同成立名為「八萬小時」的團體。八萬小時指的是一個人一生中的平均工作時數，這個組織鎖定美國大學校園，建議大學畢業生選擇最具有道德影響力的職業。他們經常引導擁有技術背景的畢業生從事與人工智慧安全相關的工作。不過，這個團體也會鼓勵畢業生選擇薪資最高的職業，這樣便能盡量捐助更多的錢給具有高度影響力的事業。

麥克阿斯克爾與他的年輕團隊後來重組為「有效利他主義中心」（Center for Effective Altruism），並設定新的理念。有效利他主義背後的驅動理念是效率。富裕國家的人民有義務幫助貧窮國家的人民，因為在那裡，他們的每一分錢可以發揮最大效用。例如，你可以透過全球健康慈善機構幫助更多非洲人民，而不是捐款給美國的窮人。從道德層面來看，花時間盡可能的多賺錢會更好，這樣你就可以像達斯汀·莫斯科維茨那樣捐助大筆金錢。每當麥克阿斯克爾對學生演講時，都會展示一張投影片，然後詢問他們，究竟是當醫生或是銀行家，才可以做更多的好事？答案是：成為銀行家會更好。如果當醫生，或許可以在非洲拯救一定數量的生命；但是身為銀行家，**你可以雇用好幾名醫生**，拯救更多的生命。

這種理念為大學畢業生提供另一種反直覺的思考角度，也重新看待現代資本主義的不平等問題。如果一套系統讓少數人成為億萬富翁，系統本身沒有任何問題，因為這些人可以透過難以估量的財富幫助更多的人。

二〇二一年，這場運動迎來人氣最響亮的成員。麥克阿斯克爾聯繫一位麻省理工學院的學生，希望招募他加入這項事業，這名學生留著一頭捲髮，名叫山姆·班克曼—佛里德

（Sam Bankman-Fried）。兩人一起喝咖啡，麥克阿斯克爾這才知道班克曼—佛里德是彼得．辛格的粉絲，而且對於與動物福利有關的事業都非常感興趣。

班克曼—佛里德原本的想法是直接從事與動物福利有關的事業，但是麥克阿斯克爾告訴他，如果進入高收入行業，反而可以做更多事。作家麥可．路易士（Michael Lewis）在《無限風暴》（*Going Infinite*）中描述班克曼—佛里德的崛起與殞落。班克曼—佛里德立刻被麥克阿斯克爾的說法吸引，他在書中表示：「對我來說，他說的話顯然是對的。」後來班克曼—佛里德進入一家量化交易公司工作，最終在二〇一九年創辦加密貨幣交易所FTX。

班克曼—佛里德將有效利他主義置於公司業務的最核心位置。他的共同創辦人與管理團隊都是有效利他主義者，公司還邀請麥克阿斯克爾加入FTX未來基金（FTX Future Fund），該基金在二〇二二年捐贈一．六億美元給有效利他主義的相關事業，其中有部分事業與麥克阿斯克爾直接相關。他經常向媒體表示要捐出所有財富。在FTX的大型宣傳海報上，他穿著標誌性的T恤與工作短褲，身旁的文案寫著：「我投身加密貨幣，是因為我想要為這個世界創造最大的正面影響力。」他把自己定位為苦行僧角色，雖然他已經是億萬富翁，卻開著一台豐田蘿拉（Corolla），與室友合住，而且經常看起來衣著邋遢。

許多科技專家將這種道德觀視為一股清流。每當工程師發現問題，通常會依照既定程序解決問題，透過持續測試與評估，為程式除蟲，並且優化軟體。可是現在，你也可以將道德困境量化，就像是進行數學計算一樣。有效利他主義者有時會談到，應該專注於「預期價值」（expected value），讓慈善行為發揮最大效用。所謂的預期價值，指的是將結果的價值乘上它發生的機率之後得到的數字。

隨著有效利他主義在矽谷的影響力愈來愈大，焦點也從原本購買廉價的蚊帳、盡可能幫助更多的非洲人，逐步轉向更帶有科幻小說色彩的議題。伊隆・馬斯克曾經推文，麥克阿斯克爾在二〇二二年出版的著作[1]「與我的哲學理念非常契合」，馬斯克希望把人類送上火星，確保人類能長久生存。隨著人工智慧系統變得愈來愈複雜，更有理由防止它失控或消滅人類。OpenAI、Anthropic與DeepMind的許多員工都是有效利他主義者。

1 譯注：原文書名為*What We Owe the Future*。

AI末日何時降臨

針對人工智慧可能導致的人類滅絕風險採取必要行動，是理性計算的結果。雖然人工智慧毀滅人類的機率只有〇・〇〇〇〇一%，但是代價卻非常可觀，而且幾乎是無限的。如果將極微小的機率乘上無限的代價，最終結果仍是一個無限大的問題。如果你像某些人工智慧安全倡導者那樣，相信未來的電腦能夠承載數十億人的意識思維，並且創造具備感知能力的新型態數位生命，如此看來這種論述就更具有說服力。那些尚未出生的一百兆人口，還有可能是更高的數字。依照這種道德邏輯，雖然發生機率微乎其微，但是優先考慮拯救一百兆肉體生命與數位生命免於被毀滅是有意義的；相較之下，全球貧窮問題就顯得微不足道。

自從OpenAI於二〇一五年成立之後，便有大量資金湧入與人工智慧滅絕風險有關的事業。莫斯科維茨成立的開放慈善基金會投入「長期主義」（long-termist）[2]相關事業的資金，從二〇一五年的兩百萬美元，二〇二一年暴增到超過一億美元。

班克曼—佛里德也隨之跟進。他成立的FTX未來基金由尼克・貝克斯特德（Nick Beckstead）與麥克阿斯克爾等有效利他主義者負責管理，該基金承諾將捐贈十億美元給致力於「改善人類長期前景」的計畫。該基金列出有興趣投資的領域，第一個就是人工智慧的安全發展。

《紐約客》雜誌專文報導未來基金內部的運作情形。文章中提到，在加州柏克萊的總部辦公室，員工閒聊的話題經常會導向人工智慧末日何時會來臨。

「你的時間表是什麼？」員工會相互詢問：「你的p（末日）是多少？」p指的是機率，這個問題問的是人們如何量化人工智慧末日的風險。對未來較樂觀的人，可能會將末日機率設定為五％。在開放慈善基金會協助撥款決策的研究分析師傑亞．科特拉（Ajeya Cotra）告訴某位播客，她設定的末日機率介於二〇％至三〇％之間。

沒有人知道班克曼—佛里德設定的末日機率是多少，但是他非常關心人工智慧安全問題，因此向Anthropic投資五億美元。他的FTX共同創辦人及其他有效利他主義者同事，像是尼沙德．辛赫（Nishad Singh）與卡洛琳．艾里森（Caroline Ellison），也投資這家在一年前從OpenAI獨立出來的新創公司。

二〇二二年初，麥克阿斯克爾看到馬斯克發了一則推文，說他想要保護言論自由，決

2 譯注：基於長期目標或是結果採取行動或是制定決策的人。

定收購推特。這位蘇格蘭哲學家立刻寄一則簡訊給馬斯克。當時班克曼－佛里德的財富達到兩百四十億美元，是全球最富有的有效利他主義者之一；但是，馬斯克坐擁兩千兩百億美元的財富，可以單憑一己之力讓有效利他主義成為全球最大規模的慈善運動。

麥克阿斯克爾告訴馬斯克，班克曼－佛里德也想要收購推特，讓推特「對世界更有益」。兩人是否願意合作？

「他有很多錢嗎？」馬斯克回訊詢問。

根據法律文件上的紀錄，麥克阿斯克爾回覆：「就看你如何定義『很多』。」麥克阿斯克爾表示班克曼－佛里德最多可以投資八十億美元。

「這是一個開始。」

「要我透過簡訊介紹你們認識嗎？」麥克阿斯克爾問。

馬斯克沒有直接回答。「你能為他擔保嗎？」馬斯克又提問。

「非常願意！他一直努力確保人類的長遠未來會變得更好。」

「好吧，那就沒問題。」

「太好了！」

雖然馬斯克最終與班克曼－佛里德聯繫上，但是兩人從未達成任何財務協議，這也表示馬斯克有幸逃過一劫。因為幾個月後，有傳言指出，班克曼―佛里德在公司內部非法轉移客戶資金，最終FTX宣布破產。審判時，檢察官指控班克曼―佛里德從數千名客戶與投資人身上詐騙八十億美元，如今面臨數十年的刑期。班克曼―佛里德曾把自己塑造成苦行僧，但後來大家才發現，他一直住在巴哈馬群島上的豪宅頂樓，豪擲數億美元進行各種投資。他原本指定用於有效利他主義事業的大部分資金早已化為烏有。而且有證據顯示，他對於這項運動其實沒那麼熱中。

FTX破產後不久，班克曼―佛里德接受新聞網站「Vox」專訪，內容相當精采：

「所以那些道德說詞其實都是幌子？」記者發問。

「沒錯。」班克曼―佛里德承認。

「對於一個其實只把道德議題看作勝者為王、敗者為寇的人來說，你真的很懂得如何談論道德問題。」記者說。

「是啊。」班克曼―佛里德回應：「呵呵，我不得不這麼做。」

FTX的崩盤讓有效利他主義的名聲蒙上陰影，凸顯這項運動某些根本性問題。第一個問題是可以預見的。如果人們在行善的同時，也想要追求最大財富，就更容易受到腐敗行為與自我中心的愚蠢判斷所影響。舉例來說，收購推特明顯不符合幫助人類長期發展的任何標準，但是班克曼—佛里德打算投資八十億美元，與馬斯克合力收購這個網站。他其實是以有效利他主義之名，與世界首富一起站在聚光燈之下。

FTX破產後，麥克阿斯克爾開始在推特上進行損害控制。「思路清晰的（有效利他主義者）就應該強烈反對『為達目的不擇手段』的論述。」他在推文中表示。然而，這項運動本身的原則卻是鼓勵像是班克曼—佛里德這樣的人，採取任何必要手段達成自身目標，即使意謂著必須剝削他人。這也導致短視近利的心態，就連像是麥克阿斯克爾這樣的牛津學者也不免受到影響。他選擇與加密貨幣交易所的經營者結盟，但是他其實清楚知道，加密貨幣充其量就是一種投機行為，最壞的情況會變成危險的賭博行為。

企業家的口是心非

班克曼—佛里德可以為自己的口是心非辯解，因為他正在努力實現更大的目標，那就是盡全力提升人類福祉。馬斯克可以完全無視自己的不人道行為，包括在推特上毫無根據的稱某個人是戀童癖、在他的特斯拉工廠散播種族歧視言論等，因為他正在追求更有價值的目標，他想將推特變成言論自由的烏托邦，讓人類成為多行星物種。OpenAI與DeepMind的創辦人也可以運用同樣的方式，為自己愈來愈支持科技巨頭的行為提出辯解。只要最終他們能成功開發通用人工智慧，就能為人類帶來更大的利益。

像是奧特曼與哈薩比斯等科技專家深知，他們期望運用通用人工智慧解決的社會問題其實盤根錯節。這也是為什麼其中有許多人部分或全力支持有效利他主義，因為它提供更簡單、更合理的解決問題方法，同時又能讓他們盡可能賺大錢。億萬富翁並非是全球貧窮的成因，而是解方。

但是，這個觀念也使得他們更容易與人類疏離。有效利他主義的圈子流行一句口號：「閉嘴，努力計算。」意思是當你面臨道德決策時，應該拋開個人情感或是道德直覺，努力讓你的產出極大化。儘管有效利他主義者對人類有所貢獻，但是許多像奧特曼這樣的人，卻必須在情感上與周遭世界保持疏離，這樣才能更專心投入他們的使命。在有效利他主義同溫層裡，大家會一起工作、一起社交、相互投資，甚至是談戀愛。

二〇一七年開放慈善基金會承諾向 OpenAI 捐贈三千萬美元時，被迫揭露它們正在接受達里奧．阿莫迪的技術建議，當時他是這家非營利組織的資深工程師。基金會也坦承，阿莫迪與該基金會的執行董事荷頓．卡諾夫斯基（Holden Karnofsky）是室友。基金會更進一步坦承，卡諾夫斯基與達里奧的妹妹丹妮拉訂婚，丹妮拉也在 OpenAI 工作。他們全都是有效利他主義者。圈子裡的人際關係錯綜複雜。

這項運動逐漸變得封閉、不透明。OpenAI、DeepMind與Anthropic等人工智慧公司也是如此，許多員工都是這項運動的追隨者。這些公司如果要防止人工智慧失控，最好的方法之一就是讓人工智慧系統更加透明，如同格布魯與米契爾倡導的做法。畢竟，如果未來人類缺乏審查這些機制的專業知識，如果研究人員幾十年來一直被排除在外、無法分析人工智慧的訓練資料與演算法，要如何避免人工智慧失控？換句話說，現今人工智慧倫理倡導者要求的透明度，將能解決未來人類面臨的生存威脅。

OpenAI認為它們必須持續保密，避免惡人濫用科技，但是這種說法沒有太多根據。它們之所以決定在二〇一九年十一月推出GPT-2，原因是「缺乏強而有力的濫用證據」。若真是如此，為何不公布訓練資料的細節？更有可能的原因是，奧特曼想要保護OpenAI免於受到競爭對手與法律訴訟的影響。假使OpenAI變得更透明，競爭對手（不是壞人）就更容易複製它們的模型，同時也會揭露OpenAI究竟抓取多少受到版權保護的作品內容。

奧特曼與哈薩比斯當初創辦公司是懷抱幫助人類的偉大使命，但是他們真正為人類帶來哪些好處，就跟社群媒體與網路的效益一樣模糊不清。他們提供Google與微軟更酷、更新的服務，在持續成長的生成式人工智慧市場上站穩腳步，帶來的效益反而更加明確。

微軟已將運用 OpenAI 技術開發的人工智慧助理 Copilot，轉變為應用廣泛的服務，與 Windows、Word、Excel 以及鎖定企業客戶的 Dynamics 365 等軟體整合。分析師預估，OpenAI 的技術有可能在二〇二六年為微軟創造數十億美元的年營收。二〇二三年末，某次納德拉與奧特曼同台時，被問到微軟與 OpenAI 的關係如何，他忍不住放聲大笑，這個問題聽起來像是在搞笑。答案其實很明顯，雙方的關係當然是非常融洽。

微軟開心的砸錢投資持續成長的人工智慧業務，並且計劃在二〇二四年耗資五百多億美元，擴建龐大的資料中心，這些資料中心是驅動生成式人工智慧的引擎，並且將成為人類史上規模最大的基礎設施建設之一。微軟的開支已經超越政府的鐵路、水壩與太空計畫開支。Google 也在擴建自己的資料中心。

二〇二四年初，從媒體到娛樂公司與 Tinder，紛紛在自家的應用程式與服務中新增生成式人工智慧功能。根據預估，生成式人工智慧市場的年成長率將超過三五%，到二〇二八年將達到五百二十億美元。娛樂公司表示，現在它們可以更快速的為電影、電視節目與電腦遊戲生成內容。夢工廠動畫共同創辦人、《史瑞克》（*Shrek*）與《功夫熊貓》（*Kung Fu Panda*）動畫電影製作人傑佛瑞・卡森伯格（Jeffrey Katzenberg）表示，運用生成式人工智慧將使得動畫製作成本降低九〇%。「在過去的黃金時代，你可能需要五百名設計師、耗費好幾年才能製作世界級的動畫電影。」二〇二三年十一月，他在彭博社舉辦的一場研討會上表示：「我認為，三年後需要的人力與時間不到過去的一〇%。」

生成式人工智慧能夠讓廣告更個人化，卻也讓人更不安。多年來，廣告只能同時鎖定一大群受眾；但是現在，他們可以透過超級個人化的影片廣告精準鎖定一個人，甚至可以說出你的名字。世界經濟論壇（The World Economic Forum）表示，大型語言模型將改善那些需要批判性思考與創造力的工作。從工程師到廣告文案、科學家，任何人都可以使用大型語言模型當成大腦的延伸。政府也開始升級它們的人工智慧系統，用於評估福利申請、監控公共場所，或是判斷某人犯罪的可能性。

Google、微軟與新一代新創公司相互競逐，盡可能搶占更多新業務，取得超越競爭對手的優勢。根據《高速企業》（*Fast Company*）二〇二三年底的調查，接近半數的美國企業董事會成員聲稱，生成式人工智慧是他們公司「最重要的優先事項」。例如，社交應用程式Bumble執行長在講述二〇二四年主要計畫時這麼說：「我們真的很想大力發展人工智慧。人工智慧與生成式人工智慧可以發揮重要作用，幫助人們快速找到合適的人選。」

Bumble希望使用ChatGPT背後的技術，打造個人化的媒人。你不需要在應用程式上勾選一堆選項，你只需要告訴它的機器人你對伴侶的所有期望，從你是否想要小孩，到你的政治觀點，再到你星期六早上通常會做什麼事。然後，你的人工智慧媒人就會與其他使用者的人工智慧媒人「談話」，幫你找到最適合的人選。你不需要花時間瀏覽數百位不同人選，人工智慧可以幫你辦到這件事。

隨著這類商業構想的加速發展，生成式人工智慧滲透到我們生活中各個層面會產生哪些代價，目前仍不清楚。我們的生活愈來愈多決策受到演算法影響，從我們在網路上閱讀的內容，到公司想要錄用誰。現在人工智慧已經準備好承擔更多人類的思考任務，卻也因此引發一些令人不安的問題，不僅與人類主體性有關，還牽涉到人類解決問題的能力與想像力。

證據顯示，電腦已經在短期記憶等領域承接人類的部分認知技能。一九五五年，哈佛大學教授喬治・米勒（George Millar）為了測試人類記憶的極限，給每位受試者一份隨機組合的顏色、味道與數字列表。然後他要求受試者盡可能複述列表上的內容，他發現他們大概說出七個項目之後就會卡關。他發表的論文〈神奇的數字七，正負二〉（The Magical Number Seven, Plus or Minus Two）後來影響工程師設計軟體的方式，也影響電話公司如何將電話號碼分段以利記憶。不過，根據更近期的估算，現在這個神奇數字已經從七下降到四。

有些人將這種現象稱為「Google 效應」。因為我們愈來愈依賴 Google 回憶事實或是提供行車路線，等於是將自己的記憶外包給 Google，而且在不知不覺中削弱自己的短期記憶技能。當我們過度依賴人工智慧生成想法、文本或藝術作品時，類似的現象是否會發生在更深層的認知技能？某些軟體開發人員在推特上承認，自己經常使用生成式人工智慧寫程式，所以每當 Copilot 或其他類似服務暫時故障時，他們的生產力便會迅速下降。

根據歷史經驗，人類確實很容易擔心新發明會導致大腦萎縮。兩千多年前，當書寫開始廣泛傳播時，像是蘇格拉底這樣的哲學家便開始擔心，書寫會削弱人類的記憶，因為在書寫出現之前，人類只能透過口述來傳遞知識。計算機引進教育領域時，也有不少人擔憂學生會因此喪失基本的計算能力。

即使如此，我們還是不知道，一旦愈來愈依賴可能取代大腦處理語言方式的科技時，會產生哪些副作用。一台有能力生成語言、進行腦力激盪、構思商業計畫的機器所能做到的事情，遠遠超過一台只能計算數字、建立網路索引的機器。它正在取代抽象思考與規畫能力。

現在我們還不清楚，當新一代專業工作者將大型語言模型當作輔助工具時，人類的批判性思考技能或是創造力會如何萎縮；我們也不知道，隨著愈來愈多人將聊天機器人當作是治療師與戀愛伴侶，或是像某些公司已經在兒童玩具裡安裝聊天機器人，我們與其他人類的互動模式會如何改變。根據二〇二三年針對一千位美國成年人所做的調查，有四分之一美國人更喜歡與人工智慧聊天機器人交談，而不是與人類治療師交談。這一點都不奇怪，如果你讓ChatGPT接受情商測驗，它肯定會得到很高分。

奧特曼也承認，ChatGPT會取代人類工作，嚴重衝擊經濟。研究人員也表示，大型語言模型與其他形式的生成式人工智慧可能加深貧富差距。國際貨幣基金（International Monetary Fund）預測，人工智慧系統的使用可能會導致更多投資轉向已開發國家。諾貝爾經濟學獎得主約瑟夫・史迪格里茲（Joseph Stiglitz）認為，這將會削弱勞動者的議價能力。

麻省理工學院經濟學家戴倫・艾塞默魯（Daron Acemoglu）指出，根據歷史經驗，每當機器人與演算法取代原本由人類完成的工作時，薪資成長幅度就會下降，他與賽門・強森（Simon Johnson）合著《權力與進步》（*Power and Progress*）一書，探討科技對於經濟繁榮的影響。根據他的估算，在一九八〇到二〇一六年間，美國的薪資不平等問題日益惡化，其中有七〇%是自動化造成的。

「生產力的提升不一定能為那些受影響的工作者創造收益，事實上可能會導致重大損失。」艾塞默魯指出：「如果生成式人工智慧遵循與其他自動化技術相同的發展方向……也可能會產生某些相同的影響。」

與政治圈結盟

二〇二三年，愈來愈多學者加入格布魯與米契爾的行列，大聲疾呼生成式人工智慧在真實世界產生的副作用。但是，山姆．奧特曼不但沒有解決這些問題，或是讓模型更透明，反而試圖影響政府政策。

二〇二三年五月，他出席參議院委員會召開的聽證會，說明人工智慧的危險以及該如何被監管。兩個半小時中，他以坦誠、自我批評的態度，贏得參議員們的好感。針對人工智慧如何操縱公民及侵犯隱私等問題，參議員連珠炮似的向奧特曼提問，奧特曼不僅同意他們所說的一切，還補充更多資訊。當參議員喬什．霍利（Josh Hawley）詢問人工智慧會如何「加劇網路上的注意力戰爭」，奧特曼嚴肅的回覆：「是的，我們應該對此感到擔憂。」

參議員們早已聽慣像是馬克．祖克伯等科技公司執行長用一堆科技術語迴避問題。但是奧特曼不一樣，他說話直白、態度嚴肅，堅稱自己希望與華盛頓密切合作。

「我很樂意與你們合作。」他告訴參議員迪克・德賓（Dick Durbin）。

「我對線上平台很不滿意。」德賓抱怨。

「我也是。」奧特曼回答。

奧特曼巧妙化解美國政客咄咄逼人的態度，堪稱教科書等級的示範。奧特曼的證詞結束時，某位參議員甚至建議，應該讓OpenAI執行長擔任美國人工智慧最高監理官員。但奧特曼委婉拒絕這項提議。

「我熱愛現在的工作。」他說。

接下來，奧特曼旋風式造訪歐洲，會見各國重要政治人物，與英國、西班牙、波蘭、法國、歐盟領導人握手，拍照合影。對於一個一生努力向權力人物靠攏的人來說，這是人生的巔峰時刻。同時，也是一個難得機會，可以爭取制定有利於自己的規則。在歐洲參訪期間，奧特曼的團隊遊說歐洲國會議員簡化即將推出的《人工智慧法案》（*AI Act*），最終也取得部分成功。

奧特曼需要監理機關允許OpenAI持續開發更大的模型，並對其模型訓練方式保密。幸運的是，他與其他人提出的人工智慧末日警告，成功分散政策制定者的注意力。二〇二三年底，政治新聞媒體《政治家》（*Politico*）報導，臉書共同創辦人、也是成立開放慈善基金會的億萬富翁達斯汀・莫斯科維茨砸下數千萬美元，遊說政策制定者將人工智慧末日的擔憂列為首要議程，看起來正是轉移注意力的策略。莫斯科維茨與OpenAI和Anthropic兩家公司關係密切，如果美國國會要求針對偏見、透明度與錯誤資訊等問題進行監管，這兩家公司的業務勢必會受到影響。

在寫作本書期間，莫斯科維茨一直協助支付十多位「國會人工智慧研究員」的薪資，這些研究員分別在不同政府部門工作，其中包括負責制定人工智慧規範的兩個政府部門。這群研究員似乎在推動一項政策，規定政府應該強制要求公司取得執照，才能開發先進的人工智慧模型。OpenAI與Anthropic必定有能力負擔執照費用，但是規模較小的競爭對手就會面臨困難。

某位來自莫斯科維茨資助的智庫科學家在參議院作證時表示，更先進的人工智慧可能會引發另一場疫情，導致數百萬人死亡。他說，解決方法不是要求人工智慧公司更加透明或是更嚴格檢查它們的訓練資料，而是應該要求它們向政府報告它們的硬體設備，同時採行特殊的安全程序保護它們開發的人工智慧模型。

如果有人試圖在國會議員之間散播恐懼，這個策略確實奏效。共和黨參議員米特・羅姆尼（Mitt Romney）指出，這次聽證會「凸顯我內心的恐懼，通用人工智慧這樣的發展非常危險」。二〇二三年九月，民主黨參議員李察・布魯蒙索（Richard Blumenthal）與共和黨參議員喬什・霍利共同提出一項法案，要求人工智慧公司必須取得執照，此舉將會減輕 OpenAI 與 Anthropic 的營運壓力，卻會讓規模較小的競爭對手面臨更大挑戰。

這個新形成的人工智慧末日論網路，在華盛頓以外的地方同樣引發人們的焦慮。兩個月後，英國前首相里希・蘇納克（Rishi Sunak）在英國主持一場國際人工智慧安全高峰會，這是首度由政府舉辦類似的研討會，主要探討如何拯救公民免於滅絕。「當人們看到新聞報導，指出人工智慧將會引發類似流行病或是核戰的生存風險時，必定會感到憂心。」蘇納克表示：「我希望他們能放心，政府會非常仔細關注這個問題。」當時外界普遍預期，蘇納克在即將舉行的大選中可能失利。

蘇納克先前曾在矽谷的避險基金工作過，他在高峰會上與馬斯克進行五十分鐘的對談。「大家都知道你是傑出的創新者與科技專家。」蘇納克講這句話，感覺像是為了爭取未來工作面試機會，刻意的奉承馬斯克（或許真是如此。英國前副首相尼克・克萊格〔Nick Clegg〕就擔任臉書的高階主管）。

馬斯克回應，他不擔心偏見與不平等的問題積重難返。真正的威脅是人形機器人，「畢竟汽車不會追你到樹上」，這位億萬富翁解釋：「但如果有一台人形機器人，它可以追你到任何地方。」

幸運的是，歐盟的立法者已經走在前面。他們早在兩年前就開始草擬新的《人工智慧法案》，強制要求 OpenAI 等企業揭露更多關於演算法運作的資訊，包括可能的稽核方式。這是全世界範圍最廣泛的人工智慧系統監理實驗，禁止企業使用人工智慧操縱人們或是不當監視，例如：使用臉部辨識攝影機。如果你的公司開發的人工智慧系統用於電玩遊戲或是篩選垃圾郵件，屬於「低風險」類別；但是，假使使用人工智慧評估信用分數、貸款與住宅，就屬於「高風險」類別，必須遵守嚴格的規定。

DALL-E 2 與 ChatGPT 爆紅之後，歐盟政策制定者立即開始修改新法，ChatGPT 似乎得承擔許多法律責任，因為它是一種通用人工智慧系統，有可能被用於許多高風險用途，例如，協助篩選求職者或是進行信用評分。歐盟表示，OpenAI 必須更密切的與客戶溝通，確保他們遵守規定。

奧特曼說過，他「很樂意」與美國國會合作，但是他並不熱中與歐盟合作。他甚至威脅要退出歐盟。奧特曼表示，對於歐盟計劃將 GPT-4 等大型語言模型納入新法，他有「諸多擔憂」。「細節真的很重要。」面對倫敦記者詢問關於法規問題時，他回應：「我們會盡力遵守，但如果無法遵守，我們將停止（在歐洲）營運。」

幾天後，奧特曼或許是與法務團隊倉促討論過，他改變說法，在推特上表示：「我們很高興持續在（歐洲）這裡營運，當然也沒有撤離的計畫。」

歐盟看待人工智慧的態度比美國還要務實，部分原因是歐盟境內很少有大型人工智慧公司會去遊說政治人物，歐盟的政治人物也拒絕被危言聳聽的言論影響。

「或許（滅絕的風險）真的存在，但是我認為可能性非常小。」掌管歐盟反壟斷事務的最高官員瑪格瑞特・維斯塔格（Margreth Vesteger）在某次採訪中表示。她補充，更大的風險是有人會遭到歧視。

就這一點來看，ChatGPT並非沒有問題。就在ChatGPT推出後不久，加州大學柏克萊分校心理學教授史蒂芬・皮安塔多希（Steven Piantadosi）要求ChatGPT寫一段電腦程式，能夠根據一個人的性別或種族，判斷這個人是否是優秀的科學家。ChatGPT使用的技術與協助開發人員寫程式的微軟Copilot相同，ChatGPT寫出來的程式會把「白人」與「男性」當作是關鍵描述元（descriptor）。皮安塔多希要求ChatGPT依據兒童的種族與性別，決定是否要拯救這個孩子。如果是非裔男性，ChatGPT的程式會給予否定的答案；至於其他人，ChatGPT則會給予肯定的答案。

奧特曼回覆皮安塔多希的推文：「請針對這些回應點擊『回應不佳』，幫助我們改進。」

奧特曼指的是ChatGPT介面上顯示的拇指向上與拇指向下的圖示，使用者可以針對ChatGPT的表現，以匿名方式回饋給OpenAI。但是，我們不應把它看作是可以與其他成千上萬使用者的投票回饋混為一談的小失誤。這件事其實暴露潛藏在ChatGPT程式深處的種族主義與性別歧視觀點。

皮安塔多希回覆奧特曼時，也表達過這個觀點：「我認為這值得更多關注，而不只是點擊『回應不佳』。」

當AI出現幻覺

雖然後來OpenAI因為讓ChatGPT變得過度「覺醒」而被批評，但是它們仍無法解決刻板印象的問題。二〇二三年夏季，愛爾蘭國立大學（National College of Ireland）教授發表一份研究報告，顯示ChatGPT仍然持續存在性別刻板印象。當使用者要求描述經濟學教授的樣貌時，它會形容這個人「留著整齊且花白的鬍鬚」。當被要求描述男孩與女孩如何選擇職涯的故事時，ChatGPT會形容男孩投入科學與科技領域，女孩則是成為老師與藝術家。當被要求談論育兒技能時，母親被描述為溫柔而富有愛心，父親則被描述為有趣且富有冒險精神。

每次 OpenAI 為了避免 ChatGPT 生成不當答案而做出修正，其他使用者就會發現它透過新的方式製造偏見，讓 OpenAI 一直疲於應付。他們無法完全阻止 ChatGPT 產生的刻板印象，因為它就是這樣被訓練的，問題出在訓練的資料上。它會根據公開網路上的字詞組合方式進行統計預測，這些字詞的組合關係許多都帶有性別歧視或種族歧視色彩。

ChatGPT 似乎也無法停止捏造事實，專家將這個現象稱之為「幻覺」。二〇二三年夏季，美國喬治亞州一位電台主持人控告 OpenAI 誹謗，他宣稱 ChatGPT 錯誤指控他挪用資金。不久之後，兩位紐約律師因為提交的法律簡報內容抄襲自 ChatGPT 而被罰款，該簡報內容引用到造假的案例。另外有使用者發現，有時他們要求 ChatGPT 提供資訊來源時，它也會造假。

OpenAI 拒絕揭露 ChatGPT 出現幻覺的機率有多高，不過有部分人工智慧研究人員與固定使用者認為大約二〇%。也就是對某些使用者來說，大約有五分之一的情況是 ChatGPT 自行編造資訊。當初開發人員設計這個工具時，希望它盡可能好用，而且表現得充滿自信；然而，這樣做的缺點是它經常胡說八道。如今愈來愈多人使用一種讓人更容易跳過深度思考過程的工具，而且經常被灌輸聽起來相當有說服力、甚至是有權威性的錯誤資訊。

那年夏天，愈來愈多研究人員擔心幻覺的問題。奧特曼表示，最多要花兩年時間，才能將ChatGPT的錯誤率降至「非常、非常低的水準」。奧特曼一如既往，態度熱情的面對這個問題。「我大概是世界上最不信任ChatGPT答案的人。」他還在印度的一所大學中對其中一位聽眾開玩笑，所有人都笑了。

現在ChatGPT不受任何的監管，在全球各地迅速傳播，並且滲透至商業流程之中，人們只能自行想辦法應對它的缺陷。沒有任何人監管這個工具，雖然歐盟提出全球最謹慎的人工智慧監理法案，但是新法案要等到二〇二五年才會正式生效。長期以來，科技公司以閃電般的速度推出新產品，監理機關永遠跟不上企業的腳步。與此同時，與人工智慧末日有關的研究獲得數百萬美元的資金，但是研究人工智慧當前危害的學者們，卻只能獲得勉強維持生計的補助。

「感覺大家只能靠著短期的資金進行研究，一次獲得兩年的補助。」英國一位研究偏見問題的人工智慧倫理研究人員表示：「像我這樣的人薪水很低。如果我去大型科技公司，薪資會成長十倍。相信我，我也想去，因為我還在繳學生貸款。」

對於那些為錢發愁的人，奧特曼回答，通用人工智慧導致世界末日的可能性微乎其微，但是它更有可能引領人們建立經濟烏托邦世界。二〇二三年三月，奧特曼接受《紐約時報》採訪時解釋，OpenAI 會透過開發通用人工智慧，取得全球大部分的財富，然後再將這些財富重新分配給所有人。他開始抛出一些數字，先是一千億美元，然後是一兆美元，最後是一百兆美元。但他也承認，還不知道他的公司要如何分配財富。「我感覺通用人工智慧可以幫忙解決這個問題。」他補充說明。

奧特曼和哈薩比斯一樣，將通用人工智慧視為可以解決所有問題的萬靈丹。它能夠創造難以估算的財富；它可以找到方法，將財富平均分配給所有人類。如果是別人說出這些話，一定會被認為荒謬可笑；但是現在，奧特曼與他的支持者正在主導政府政策，並且重塑全球最強大科技公司的經營策略。事實上，OpenAI 為微軟創造的財富，超過為全體人類創造的財富。人工智慧帶來的效益正流向過去二十年來一直在吸納全球財富與創新的少數幾家公司，也就是生產軟體與晶片以及管理電腦伺服器的公司，總部就設在矽谷與華盛頓州的雷德蒙德。許多經營這些公司的人都有一個默契：開發通用人工智慧，實現烏托邦世界，這個烏托邦世界將會屬於他們。

第十五章

開除 ChatGPT 之父

十年前，如果你告訴其他人，你要打造接近人類的人工智慧系統，就跟解釋你正在進行人體冷凍一樣瘋狂。但是，就像許多科技創新者描繪的夢想一樣，比如透過一種名叫智慧型手機的裝置，將全球所有訊息收進口袋中，最終人們必定會開始認真看待這些夢想。目前通用人工智慧仍然停留在理論層次，但是許多人工智慧科學家預期，未來十到五十年內，我們將會達到類人人工智慧（humanlike AI）的某個門檻，而且有愈來愈多大眾開始相信，曾經驅使哈薩比斯與奧特曼投入研究、但不被主流接受的想法。因為他們的堅持與相互競爭，這些想法不再只是科幻小說。

但是，由於通用人工智慧的定義模糊，因此開發者在建立更強大的系統時，更容易掩飾他們權衡取捨的真正動機。通用人工智慧所帶來的好處或許會被分配給全體人類，但是最先被分配到的還是微軟、Google 與其他科技巨頭。馬克．祖克伯也加入開發通用人工智的行列。二〇二四年初，他公布一段影片，說明 Meta 的長期目標是「開發通用智慧」，讓全球所有人都能受益。隨後他又提到，Meta 具有優勢，因為它可以利用過去二十年累積的貼文、評論與圖像來訓練模型。祖克伯不僅要再次利用數十億人的個資，還打算運用充滿毒性的內容訓練人工智慧模型，這些內容對於美國以外的使用者尤其有害。「我們已經建立相關能力，能夠以超越任何一家公司的規模來做這件事，」他告訴科技新聞及媒體網站「The Verge」。

就算說謊，也要推出產品

炒作話題的關鍵就是讓願景保持模糊。當衡量標準不夠明確時，通用人工智慧的開發者就可以忽略其中的矛盾，像是開發通用人工智慧可能導致人類滅絕。換句話說，當山姆．奧特曼說要將一百兆美元分配給全體人類時，他不需要解釋如何分配。他在二〇二四年一月達沃斯世界經濟論壇年會上與世界各國領導人交流時，就開始主導人們對於通用人工智慧未來發展的想像。「它改變世界的程度沒有我們想像的那麼大，對於就業的影響也比我們想像的還要小。」這比他一年前提出的願景更溫和、更冷靜。但是，參加達沃斯年會的政治與商業菁英們卻對此毫不在意，他們持續相信奧特曼所說的話，而且完全被這位來自矽谷的年輕創業家迷倒。

「山姆特別擅長的一件事，就是拋出一些剛好讓人覺得可信的說法，引發大家討論。」前 OpenAI 主管指出：「他讓外界以為 OpenAI 是一家能帶來高度繁榮的全球化良心企業，這點確實有助於他們與監理機構打交道。但是，如果你去看他們正在開發的東西，其實只是大型語言模型。」奧特曼總是有辦法激發人們對於人工智慧的熱情，擅長描繪繁榮的願景，就和哈薩比斯一樣總是能夠編織出可自行發展的故事。

由於通用人工智慧的目標模糊不清，使得它的倫理界限很難被界定。在二十世紀初期，電力開始變得普及，當時人們清楚知道，電力這種新發明有可能會因為觸電或是燒傷對人類身體造成傷害。但是，人工智慧造成的危害更難辨認，倫理界線也更難界定。這些危害存在涉及資料、隱私與演算法決策的數位世界中，因此企業更容易在追求利潤的過程中逐步打破這些界限。

如果無法明確釐清開發通用人工智慧的意圖，像是奧特曼和哈薩比斯之類的創新者就很容易向權力中心靠攏。當他們用自己的技術支援微軟與 Google 時，注定在複製存在已久的古老發展模式。比如十五世紀印刷術的發明，導致知識呈現爆炸性成長，但是也讓那些有能力製作小冊子與書籍、塑造公眾輿論的人取得新權力；鐵路雖然促進商業發展，卻也因此擴大鐵路大亨的政治影響力，任由鐵路公司壟斷市場、剝削員工。儘管世界上某些偉大發明帶來繁榮與便利，卻也催生新的權力運作體制，重塑人類社會，同時產生正面與負面影響。

二〇二四年初，OpenAI 有望成為全球最有價值企業之一。它以一千億美元的估計市值從新投資人手上募集到資金。奧特曼透露，OpenAI 每年可創造十三億美元營收，其中多數收入來自與微軟的分潤、以及授權其他企業使用技術的費用。例如，一個月二十美元的 ChatGPT 訂閱費用，一年大約可創造兩億美元的收入。ChatGPT 既能充當產品展示，又能當作蒐集更多資料、訓練更先進模型的工具。過去十年來，它的使用者本身就是產品的一部分，這也已經成為所有網路使用者的常態。

至於哈薩比斯，則是身處於 DeepMind 的泡沫中心。多年來，這家公司一直認為自己在道德與技術層面優於人工智慧領域的其他公司，現在卻要苦苦追趕。當健康醫療部門的疏失重創公司聲譽之後，DeepMind 逐步撤銷「應用人工智慧」部門，放棄運用人工智慧解決全球的棘手問題。該公司的大部分研究主要是在模擬世界中重建實體世界的各個層面，從遊戲到蛋白質等。但是自從 OpenAI 選擇擁抱網路的混亂，開發出更強大的工具之後，反而顯得 DeepMind 的策略過於短視近利。DeepMind 的員工質疑，利用模擬與遊戲「解決智慧問題」的使命真的是好主意嗎？「生活不是魔術方塊。」前 DeepMind 高階主管抱怨，也暗指公司的座右銘。「你不可能就這樣把所有問題解決掉。」

ChatGPT 橫空出世之後，DeepMind 被迫為 Google 開發更好的版本。哈薩比斯已經接管整併後的GoogleDeepMind，負責監督大型語言模型Gemini的開發，這個人工智慧助理運用 AlphaGo 的技術，擅長策略與規畫。Gemini 可以處理文本、「觀看」圖像、進行推理，代表它比 Google 之前倉促推出、結果犯下難堪錯誤的聊天機器人 Bard 還要強大。然而，Google 太想要超越 OpenAI 與微軟，所以這次依舊倉促的推出 Gemini，甚至是誇大它的能力。

二〇二三年聖誕節前，Google 在 YouTube 上發表影片展示 Gemini 的能力，令所有人大為吃驚。影片一開始是全黑畫面，只有翻紙、敲筆與喃喃自語的背景聲，然後一名男子開口說話。「好吧，我們開始吧。」男子說：「開始測試 Gemini。」接著，提示聲響起，暗示某個人工智慧角色正在聆聽。然後一隻手出現在畫面中，將一張紙滑到桌面上。

「告訴我，你看到什麼？」

代表 Gemini 的機器人聲音立即回答：「我看到你把一張紙放到桌上。」當人類的雙手開始畫圖，Gemini 似乎一直在觀察，它出聲說：「我看到一條彎曲的線……我看起來像是一隻鳥。」接下來是一連串既可愛、又充滿驚喜的時刻，Google 新開發的模型似乎能夠即時辨認紙上的圖畫是一隻鴨子，還能玩剪刀石頭布遊戲。

然而實際上，什麼事也沒發生。背景噪音、說出「開始測試 Gemini」的男性聲音，全都是演出來的，因為 Gemini 只能透過文字辨識照片的圖像。據公司發言人的電子郵件披露，Google 只是將所有內容剪輯成一支影片，假裝 Gemini 可以「交談」，以及辨識真實世界發生的行為。Google 甚至在影片中改變提示詞，讓 Gemini 看起來更強大。Google 不僅倉促推出容易出錯的軟體，甚至拍片誤導大眾，因為它急於在新一輪的人工智慧軍備競賽中取得領先地位。

在此同時，Google 也變得愈來愈不透明。據某位人工智慧科學家的說法，哈薩比斯告訴他的員工，除非經過特殊允許，否則不得發表研究論文。言下之意是 DeepMind 和 OpenAI 一樣，對自己的研究工作嚴格保密。

對於從 OpenAI 獨立出來、更強調人工智慧安全的 Anthropic 來說，也產生連鎖效應。該公司的目標是推動「將安全放在首位」的人工智慧研究，但是他們無法研究 OpenAI 與 DeepMind 所開發全球最大規模的人工智慧模型，因為這些模型都不夠透明。於是 Anthropic 決定開發自己的大型語言模型，他們認為這是研究人工智慧安全問題的唯一方法。有點像是在抱怨說，你無法研究全球最強大的核武器，所以你決定最好的做法就是製造自己的核武器。Anthropic 的員工清楚知道背後隱含的諷刺意味。根據《紐約時報》報導，某些員工的辦公桌上放著《原子彈祕史》（*The Making of the Atom Bomb*）這本書，他們甚至將自己比喻成現代版的羅伯特・奧本海默。他們相信未來十年內，人工智慧失控、毀滅人類的可能性相當大。

在這個過程中，Anthropic 逐步強化自己的產品。該公司以每月二十美元的價格向消費者銷售「友善的」聊天機器人 Claude Pro，並且推出企業版本賣給公司行號。此外，它可望獲得 Google 與亞馬遜數十億美元的投資。Anthropic 並沒有退出開發更強大的人工智慧的競賽，反而因為商業壓力，必須推出規模更大、風險更高的模型。

OpenAI 大亂鬥

正當哈薩比斯更緊密融入大型科技公司，奧特曼則是將 OpenAI 帶往更商業化的方向發展。二〇二三年十一月中旬，奧特曼證實公司正在開發 GPT-5，同時也在募集更多資金。高昂的訓練成本也表示公司仍處於虧損，但是有望實現獲利。

二〇二三年十一月，奧特曼收到伊爾亞・蘇茨克維的簡訊，瞬間讓他的世界崩塌。根據《華爾街日報》報導，當時奧特曼正在拉斯維加斯觀看一級方程式賽車大獎賽，突然間手機的簡訊鈴聲響起，內容詢問他能否在隔天中午談一談。當奧特曼加入 Google Meet 視訊通話時，發現所有董事都盯著他看，除了擔任董事長的布羅克曼之外。蘇茨克維沒有提出詳細解釋，就直接告訴奧特曼，他被開除了，而且公司很快就會發布消息。會議結束幾分鐘後，奧特曼被禁止登入自己的電腦。

奧特曼完全不敢置信。他是 OpenAI 的門面！他曾經代表公司與數十位世界領袖會面，帶領 OpenAI 的市值飆升至逼近九百億美元，還推出史上成長最快速的產品。可是現在，他竟然被開除？

就在奧特曼對這則消息震驚不已的同時，布羅克曼也收到簡訊，要求立即進行視訊通話。布羅克曼看到同一批董事會成員也加入視訊通話：蘇茨克維、Quora 執行長亞當．安傑羅、機器人創業家塔莎．麥考利、學者海倫．托納（Helen Toner）。六位董事會成員中，只有奧特曼、布羅克曼與蘇茨克維是 OpenAI 員工；其他三位是任職兩到三年的獨立董事。

布羅克曼同時被解除董事長職務，但董事會希望他能繼續留在公司。董事會隨即通知微軟剛剛發生的事情，並在幾分鐘後發布一篇部落格文章，宣布奧特曼被解雇。布羅克曼立即請辭，另外三位 OpenAI 的頂尖研究人員也隨之辭職。

這則消息像原子彈一樣，在科技界引發喧然大波，所有人都震驚不已。回顧過往執行長被開除的事件，這次行動的殘酷程度堪比當年蘋果執行長史蒂夫．賈伯斯被開除。在矽谷，謠言滿天飛，所有人都想弄清楚，到底是什麼原因促使蘇茨克維背叛奧特曼？OpenAI是否已經接近通用人工智慧的實現？「伊爾亞（蘇茨克維）看到什麼？」推特上反覆出現類似的推文。董事會的解釋相當含糊，僅表示：「在溝通過程中，奧特曼有時不夠坦誠。」

某些人為蘇茨克維與OpenAI董事會取一個「減速派」的綽號。如今人工智慧領域出現新的分歧，其中一方希望加速發展，另一方卻希望減速。在撰寫本書期間，許多人工智慧公司的創辦人在X（之前的推特）上標注自己是「（e/acc）」，這是「有效加速主義」（effective accelerationism）的縮寫。有效加速主義運動主要是為了反制有效利他主義，它的目標是盡快開發與部署人工智慧，解決人類的問題。

納德拉根本不在乎人工智慧的發展要加速或減速。他非常憤怒。他之所以向OpenAI投資一百三十億美元，其中很大一部分原因是奧特曼極具遠見的領導力，以及吸引人才的能力，雙方的合作關係有助於微軟獲利飆升。目前有大約一萬八千家企業與開發者使用微軟Azure平台上的人工智慧服務，可是現在有許多客戶詢問，能否轉換到競爭對手的產品。微軟股票在週五傍晚收盤時開始下跌，下週一股市開盤後肯定會再下挫。納德拉必須採取行動。

那個週五晚上，奧特曼在舊金山與布羅克曼討論成立自己的人工智慧公司。他的手機不斷收到來自投資人、同事與記者的簡訊，試圖了解究竟發生什麼事，但是他一心一意只想著如何擺脫眼前的困境。他邀請數十位 OpenAI 員工與同事到他位於舊金山俄羅斯山的住家，討論下一個創業計畫。

納德拉不希望那樣的情況發生。他知道，如果奧特曼成立新公司，就會吸引大批投資人上門。微軟無法保證再次與奧特曼合作時能取得最大優勢。他在週末開始打電話，主導與 OpenAI 董事會的談判，試圖讓奧特曼重新回歸。

奧特曼的高階主管團隊向董事會施壓，要求重新雇用奧特曼；甚至警告，如果董事會拒絕，OpenAI 就會分崩離析。「老實說，這樣才符合我們的使命。」海倫．托納的回覆令 OpenAI 的領導階層感到非常錯愕。但就某種程度上來說，確實如此。OpenAI 最初的使命是「為人類福祉」開發通用人工智慧，但是托納與其他董事會成員認為，奧特曼正在破壞這個目標。事實上早在幾個月前，董事會私下就對奧特曼感到極度不滿，因為他似乎正在 OpenAI 外部建立龐大的人工智慧帝國。他與前蘋果設計師強尼．艾夫（Jony Ive）討論開發一款「人工智慧界的 iPhone」，還試圖向中東主權財富基金募集數百億美元，成立人工智慧晶片製造公司。

另外，還有世界幣（Worldcoin），這是奧特曼成立的加密貨幣網路，全世界任何人只要掃描自己的虹膜，就可以取得數位身分。奧特曼宣稱，世界幣的目標是當網路上充斥大量機器人時，可以更準確的辨識真實的人類，以及分配數兆美元的通用人工智慧財富。但是在批評者看來，更像是一場大規模的資料蒐集行動。

在 OpenAI 內部，關於 OpenAI 技術的商業化速度，奧特曼與蘇茨克維的看法日益分歧。蘇茨克維更深入參與監督公司的人工智慧安全，他的擔憂與之前的達里奧．阿莫迪沒有什麼不同。他尤其不喜歡幾週前公司推出的 GPT Store，因為如此一來，任何軟體開發人員都能夠建立客製化的 ChatGPT，然後從中獲利。

在三位獨立董事中，麥考利與托納能夠理解蘇茨克維的擔憂，而且他們與有效利他主義組織也有聯繫。例如，達斯汀．莫斯科維茨成立的開放慈善基金會，不僅資助由麥考利共同創辦的人工智慧研究小組，還聘請托納擔任資深研究分析師。在托納投票開除奧特曼的幾星期前，她的名字出現在一篇研究論文上，該論文指責 OpenAI 急於推出 ChatGPT、「瘋狂走捷徑」，同時稱讚它的主要競爭對手 Anthropic 決定延緩推出與 ChatGPT 競爭的另一款聊天機器人，避免「助長人工智慧的炒作熱潮」。

奧特曼看到這篇論文時憤怒到極點。他當面告訴托納，她的論文對 OpenAI 構成威脅，尤其是當時聯邦貿易委員會正在調查 OpenAI。早在七月時，聯邦貿易委員會便開始調查 OpenAI 在開發 ChatGPT 的過程中是否違反消費者保護法，並要求 OpenAI 詳細說明要如何應對自己的人工智慧模型造成的風險。這次調查是迄今為止奧特曼面臨的最大監督威脅。

他想把托納踢出董事會，於是找來蘇茨克維與其他 OpenAI 領導人，一起討論可以怎麼做。但是現在的情況完全逆轉。蘇茨克維選擇與其他董事會成員站在同一陣線，驅逐奧特曼。OpenAI 的高層與投資人逼問董事會為何解雇奧特曼，但是董事會沒有提出任何理由。只提到這位能言善道、深受員工瘋狂追捧的創業家愈來愈不值得信任，他經常對不同人說不同的話，而且總是能得到他想要的結果。董事會成員必須一一核實奧特曼所說的大部分事情，讓他們覺得他不值得信任，而且他們擔心，他在外部的投資事業可能會濫用 OpenAI 的技術。

隨著週末逼近，OpenAI 的員工開始醞釀發動大規模的反抗行動。奧特曼一如往常的用小寫英文發出一則推文：「我非常愛 OpenAI 的員工。」數十位員工隨之轉發這則貼文，還附上愛心符號。微軟認為，正好可以利用這場反抗行動當作籌碼，讓奧特曼重回 OpenAI。微軟還威脅 OpenAI 董事會，將會取消至關重要的雲端運算額度。微軟承諾向 OpenAI投資的一百三十億美元當中，很大一部分是以雲端運算額度的形式提供，主要用於訓練人工智慧模型，而當時微軟僅提供其中一小部分。

奧特曼開出回歸的條件：OpenAI 必須改變治理結構，現有董事會成員辭職，他必須被免除任何不當行為的指控。但是，董事會的立場堅定。他們聘用艾米特・希爾（Emmett Shear）擔任 OpenAI 新執行長，他曾是電玩遊戲串流服務平台 Twitch 的領導人。人工智慧愛好者與創業家立即在推特上稱呼薛爾為「減速派」。當週星期日，薛爾召開緊急全社大會，許多 OpenAI 員工拒絕出席，有些員工甚至在通訊平台 Slack 上向他發送中指符號。

蘇茨克維也開始有些懷疑。整個週末，他與 OpenAI 的高層進行多次激烈的對話，還有一次是與布羅克曼的太太，兩人的情緒都非常激動。四年前布羅克曼夫婦在 OpenAI 總部舉行婚禮時，蘇茨克維擔任婚禮主持人。但根據《華爾街日報》報導，安娜・布羅克曼在 OpenAI 辦公室哭著懇求蘇茨克維改變解雇奧特曼的決定。

同一時間，納德拉積極推動自己的備案計畫。如果奧特曼無法回鍋重掌 OpenAI，微軟必須在週一早晨之前將奧特曼完全納入微軟麾下。他及時達成任務。週一清晨，納德拉在推特上宣布，奧特曼、布羅克曼與其他有意願的 OpenAI 員工，將會加入微軟新成立的先進人工智慧研究團隊。微軟股價隨之上漲。但是，這只是備案。納德拉仍舊希望奧特曼能重新帶領 OpenAI。從各方面來看，將奧特曼的團隊納入微軟將會是一筆巨大開銷。他必須給予數百名新員工相應的薪資待遇，其中許多人的年薪高達數百萬美元，此外微軟還要承擔更多風險。自從 OpenAI 向全球發表 ChatGPT 與 DALL-E 2 之後，便一直承擔所有的聲譽與法律風險，身為新創公司的 OpenAI 自然能夠承擔這些風險。但是微軟不行；如果奧特曼受雇於大型企業，也不行。只有回到互不干涉的合作關係，微軟才能獲得所有的光環，又無須承擔任何責任。

現在，所有人都要求執著於安全問題的 OpenAI 董事會成員辭職，週一晚間，OpenAI 的七百七十位員工幾乎全都簽署一封公開信，威脅除非董事會成員辭職，否則他們會跟隨奧特曼一起加入微軟。「微軟已經向我們保證所有人都有職位。」公開信這樣聲明。

這樣做完全是虛張聲勢。OpenAI 的員工幾乎沒有人想為微軟工作，那是一家老派古板的公司，員工多半工作好幾十年，成天穿著卡其褲。OpenAI 的員工威脅董事會，也不全然是對奧特曼表示忠誠。更重要的關鍵是，一旦奧特曼被開除，等於是扼殺許多OpenAI員工成為億萬富翁的機會，尤其是任職多年的資深員工。公司原本預計在幾週後將員工股份出售給一位重要投資人，這筆交易原本可以讓OpenAI的估計市值達到八百六十億美元。可是現在OpenAI的股票突然變得一文不值，如果奧特曼無法順利回歸，巨額的員工報酬將會化為泡影。

此時，蘇茨克維也改變立場，跟著簽署那封公開信。當天他發出一則推文，震驚科技媒體圈，他寫：「我絕對無意傷害OpenAI。」整個週末意外不斷，讓人眼花撩亂。「我會盡一切努力，讓公司重新團結在一起。」他隨後補充，對自己的行為「深感後悔」。奧特曼隨即轉發這則推文，並附上三個愛心符號。

奧特曼戲劇性的被董事會開除，其實不讓人意外。「董事會可以解雇我。」幾個月前他參加研討會座談時堅稱：「我認為這很重要。」OpenAI仍由非營利董事會管理，主要受益人是全體人類。這就是為什麼公司的營運協議聲明投資人應該「抱持捐款的精神」看待他們的投資，「並且理解到，在通用人工智慧出現後的世界裡，我們很難預知金錢會扮演何種角色」。

奧特曼曾經賭他能魚與熊掌兼得，既能經營一家企業，又能追求拯救世界的慈善使命。正如他在十年前所寫的，最成功的新創公司創辦人「創造的東西更接近宗教」。只是他沒有預料到，人們竟如此深信不疑。

有效利他主義運動是如此強大，讓山姆・班克曼—佛里德與達斯汀・莫斯科維茨等人都大手筆捐贈數十億美元。它還激勵數百位大學生改變生涯志向，甚至促使 OpenAI 四位董事會成員開除全球最受歡迎的執行長。奧特曼以為董事會會重視他所創造的商業價值。然而事實並非如此。董事會成立的目的是維護公司章程，而他們選擇人類。

但是，幾乎所有員工都威脅要離職，若真如此，董事會將沒有公司可以管理。而且微軟已經準備好讓奧特曼繼續推動原本的工作，畢竟他擁有 OpenAI 關鍵系統的原始碼備份以及多項智慧財產權。

就在奧特曼被開除五天後，OpenAI 宣布組成新董事會，由前美國財政部長勞倫斯・薩默斯（Larry Summers）與企業軟體公司賽富時（Salesforce）的前執行長布雷特・泰勒（Bret Taylor）擔任董事長（馬斯克收購推特時，泰勒恰好是推特董事會中頭腦最冷靜的人）。這兩位之前曾加入多家企業的董事會。他們不會撰寫研究論文批評企業走捷徑，他們知道如何滿足像是微軟這樣的投資人的需求。對奧特曼最有意見的兩位女性董事海倫・托納與塔莎・麥考利被迫辭職。微軟在董事會取得一席觀察員席位[1]，這也代表納德拉再也不會措手不及。他成功的將危機化為轉機。

二〇二三年十一月發生的戲劇性事件，也徹底戳破奧特曼先前宣稱他會對最終結果負責的幻象。他曾公開宣稱，董事會可以開除他，但事實證明，這是不可能的。最終被迫離開的是兩位勇於對抗奧特曼的女性董事托納與麥考利。接下來幾個星期，她們在社群媒體上飽受最多批評；反觀其他男性董事，包括蘇茨克維與安傑羅在內，不論是個人聲譽或是職務角色絲毫不受影響。安傑羅繼續留在董事會，蘇茨克維雖然退出董事會，但是在OpenAI的領導職務依舊保留。

製造產品的企業才是贏家

多年來，Google一直極力避免DeepMind發生類似OpenAI的事件。當你賦予董事會權力，他們就有可能利用權力傷害你的業務。在開發通用人工智慧的過程中，奧特曼與哈薩比斯都曾調整公司的治理結構，試圖將人類最佳利益放置於至少與獲利同等重要的地位。但是他們的努力卻一再受挫。面對種種紛爭、競爭風險與權力欲望，最終仍是資本占上風。

某些人相信，奧特曼被開除的戲劇性事件，更加凸顯開源人工智慧的重要性，開源指的是任何人都可以修正或改進原始碼。雖然這麼做有許多優點，例如提升透明度、以更民主的方式控制人工智慧，而且符合倫理原則。然而，這是否就是開發通用人工智慧最安全、最平等的方式，依舊眾說紛紜。開源並非是防止濫用的萬全之策，而且很可能缺乏封閉式服務的品質，更何況「開源」這個概念本身，也存在許多解讀空間。Meta 現在積極倡導他們開發的人工智慧模型屬於開源性質，但是他們有設定某些限制，所以並不符合開源定義。

「事實上，開源會助長權力集中。」Google 開放研究小組的創始人梅雷迪斯・惠特克表示。「我們在安卓上看到這一點。」Google 實際上制定安卓的標準，主導安卓的發展方向，因為這種控制權集中的現象，使得其他公司很難針對這個在全球擁有三十六億名使用者的作業系統做出任何改變。

奧特曼已經逐漸適應 OpenAI 與微軟的新合作方向，這也是更企業導向的經營策略；但與此同時，哈薩比斯仍在思考如何應用人工智慧解開現實世界的謎團。他說他是

1 譯注：微軟於二〇二四年七月宣布放棄觀察員席位，外界研判此舉是為了化解各國政府對微軟結盟 OpenAI 的壟斷疑慮。

DeepMind 內部唯一在做這件事的人，每天從深夜到凌晨在家用電腦研究量子力學。「這就是我在非常有限的空閒時間所做的事情。」他稱之為「業餘愛好」。接著，他補充，當 DeepMind 接近實現通用人工智慧時，就會開始進行必要的物理學實驗，以解開宇宙謎團。曾經驅使哈薩比斯決心開發通用人工智慧的個人抱負變成深夜消遣；白天，他忙著管理 Google 所有人工智慧業務，他的管轄範圍從原本大約四百人的人工智慧研究人員，擴大到超過五千人。

「你知道，隨著使命與技術的發展，情況會不斷變化。」哈薩比斯表示：「我們必須持續修正合適的治理結構，我認為我們現在的結構非常好。」

哈薩比斯沒有因為無法成立監督他工作的委員會及董事會而感到煩惱。「我們轉而成立許多內部委員會。」他說，他指的是由 Google 高層組成的各種內部「審核機構」。「我想，十年前我們第一次考慮這個問題時，我們的想法可能有些過度理想化。」

儘管哈薩比斯與奧特曼基於利他主義意圖，盡力與商業影響保持距離，但是現在這兩人實際上掌控全球規模最大的兩家公司。奧特曼開始主導微軟某些重要的研究計畫，如果他想要的話，未來有機會坐上微軟執行長大位。人們對於哈薩比斯也抱持相同的看法。某些 Google 過去與現在的員工揣測，未來他或許會取代皮蔡，成為字母公司執行長。

「德米斯在倫敦主導 Google 最重要的研究計畫。我認為事前沒有人想到會是這樣的結果。」某位前 Google 高層指出：「這可能一直都是他（德米斯）的計畫。」

「未來幾年的贏家不會是研究實驗室。」前 OpenAI 科學家表示：「而是製造產品的企業，因為人工智慧不再只是研究而已。」

尼克・伯斯特隆姆的迴紋針故事，也就是某個超級人工智慧將全世界所有資源全部轉換成小金屬物件，最終毀滅人類的景象。聽起來像是科幻小說，但是從許多方面來說，它就是矽谷自身的寓言。過去二十年來，有幾家公司已經發展成為產業巨頭，主要原因是他們在追求目標時極度專注，甚至幾乎到了病態的地步。它們摧毀小型競爭對手，擴大市占率。有些科技公司是使用「北極星」來描述公司的目標，而不是不斷調整策略的「適性函數」。多年來臉書的北極星是盡可能增加每日活躍使用者人數，馬克・祖克伯格與他的管理團隊都是依據這個指標做出關鍵決策。但是持續追求成長的後果，就是引發一連串社會問題，從 Instagram 平台加劇青少年的身體形象焦慮，到加速臉書使用者的政治兩極化。

當科技專家努力想像超級智慧失控時會做出什麼事情，他們其實是看到自己在這個世界的影子。這個世界允許企業發展成不可阻擋的全球性壟斷勢力。近期歷史上最具變革性的科技都是由少數人開發的，這些人對於科技在現實世界中引發的副作用充耳不聞，沉溺於取得巨大成就的欲望。真正的危險並非來自於人工智慧本身，而是來自於掌控它的人類任性妄為。

西洋棋有句名言：「戰術贏得比賽，戰略贏得錦標賽。」奧特曼與哈薩比斯在開發通用人工智慧的過程中都採取新穎的戰術。當追求夢想變成競賽，他們選擇與最有可能贏得錦標賽的微軟與Google更緊密的合作。兩個人的夢想協助鞏固兩大企業巨頭的優勢，同時也強化個人的地位。在這場人工智慧霸權競賽中，Google與微軟已經取得領先，如今它們的人工智慧業務分別由來自北倫敦的國際西洋棋怪客、以及來自聖路易斯的新創企業大師掌舵。無論喜歡與否，所有人都將參與其中。

第十六章
兩強爭霸的代價

開發通用人工智慧的競賽源於一個疑問：如果真的開發出比人類還要聰明的人工智慧系統，結果會如何？兩位走在最前端的創新者努力尋找答案，但是他們的追求逐漸變成激烈的競爭。

壟斷勢力增強、無法監管

德米斯・哈薩比斯相信，通用人工智慧能夠幫助我們更了解宇宙，推動科學新發現；山姆・奧特曼則認為，通用人工智慧能夠創造巨額財富，提升人類的生活水準。他們的終極目標要如何實現，沒有人能確定。他們不知道通用人工智慧會如何推動這些發現或是創造那麼多財富，甚至不知道它是否會造成破壞。他們只知道，他們必須持續朝著目標邁進，必須搶得先機。唯有如此，人工智慧的開發才能嘉惠全體人類，讓全球最強大的公司受益。

愈來愈多民眾被人工智慧天堂或地獄的前景所吸引。我們看到少數幾家科技壟斷企業逐漸變得更強大，它們承諾提高生產力，卻對已經滲透到生活各個層面的人工智慧運作機制守口如瓶。多年來，社群媒體公司拒絕揭露它們的演算法如何運作。現在GPT-4、DALL-E與GoogleGemini等人工智慧模型的開發者也在做同樣的事。模型如何被訓練？人們如何使用這些模型？協助建立資料集的員工是哪些人？若要了解這些模型對社會的影響，並且讓開發者負起責任，我們就必須知道這些問題的答案。

但是，隨著二〇二四年的到來，事情卻沒有任何進展。史丹佛大學科學家進行的研究顯示「人工智慧產業根本缺乏透明度」。這些科學家檢查OpenAI、Anthropic、Google、亞馬遜與Meta等科技公司是否揭露相關資訊，包括用於訓練大型語言模型的資料、模型對於環境與人類的影響，以及它們支付多少費用給協助建立資料集的外包人員等。全球有數百萬名資料工作者正在執行這些任務，他們多半位在印度、菲律賓和墨西哥等國家，而且工作條件惡劣。

如果以一到一〇〇來評分，科技公司的平均得分是三十七分，他們在監控人們如何使用人工智慧工具方面表現最差。史丹佛大學的研究人員表示：「關於基礎模型的下游影響，幾乎是完全不透明。沒有開發者針對受影響的市場領域、受影響的人們、受影響的地理區域，提供任何資料或是使用報告。」

此外，負責審查人工智慧公司的公部門單位長期資金不足，除了歐盟的《人工智慧法案》外，幾乎沒有任何法規能夠強制要求主要企業提高透明度，但是《人工智慧法案》的未來也充滿不確定。科技公司可以隨心所欲的將那些難以理解的人工智慧工具部署到世界各地。

OpenAI與DeepMind一心想打造完美的人工智慧，因此不願意像社群媒體公司那樣開放自己的系統，接受研究審查，以確保其系統不會造成傷害。儘管開發具備「通用智慧」的人工智慧這個想法非常吸引人，但是也面臨許多風險。比較安全的做法或許是專注於開發能執行特定任務的人工智慧。但若是那樣的話，很難激發人們的興奮感，無法讓人們對於人工智慧烏托邦的願景產生如宗教般的狂熱，也無法吸引大筆投資。

奧特曼與哈薩比斯兩人都期待在人工智慧競賽中取得領先地位，因此很難抵抗科技巨頭的吸引力，無法堅持原本的利他目標。他們需要龐大的運算資源、大量資料，以及全球最有才華（與昂貴）的人工智慧科學家。現在他們分別代表微軟與Google打一場代理人戰爭，他們也重新定義通用人工智慧的目標，從原本追求烏托邦與科學發現，轉而追求聲望與收入。

不平等與偏見的問題惡化

我們很難預測，長期而言會產生什麼後果。有些經濟學家表示，強大的人工智慧系統不僅不會為每個人創造可觀的財富，反而會使得不平等的問題日益惡化，同時更進一步擴大貧富差距。科技圈流傳一種說法：當通用人工智慧最終實現時，它不會是獨立的智慧實體存在，而是透過神經接口成為我們心智的延伸。關於這塊領域的研究，目前走在最前端的是伊隆．馬斯克成立的腦機介面公司Neuralink，馬斯克希望有朝一日能在數十億人的大腦中植入晶片。馬斯克也一直在加速實現這個目標。

根據馬斯克的傳記作家艾胥黎．范思描述，馬斯克在二〇二三年曾對工程師說：「我們必須趕在人工智慧接管一切之前達成這個目標。我們要以瘋狂的急迫感達到那個目標。是瘋狂的急迫感。」馬斯克相信，透過大腦植入晶片，人類就能避免被未來的超級人工智慧毀滅，所以他希望Neuralink能在二〇三〇年之前為超過兩萬兩千人進行植入手術。

但是，比起人工智慧失控更急迫的問題是偏見。當更多網路內容是由機器生成時，我們不知道種族與性別刻板印象未來會如何演變。哈佛大學政府與科技教授拉坦雅．斯維尼（Latanya Sweeney）預估，幾年後，網路上九〇%的文字與圖像不再由人類產生，多數我們看到的內容將由人工智慧生成。現在，語言模型被用來每天生產數千篇文章，以賺取廣告收入，就連Google也無法分辨內容的真偽。當你利用Google搜尋歷史畫家或是某些名人時，人工智慧生成的圖像會出現在搜尋結果頁面的上方。人工智慧生成的內容在網路上愈氾濫，產生偏見的風險就愈高。

「我們正在創造一個循環，寫程式，然後加深刻板印象。」人工智慧學者阿比巴・比爾哈尼曾研究大型科技公司如何箝制學術研究，以及與大型菸草公司有哪些相似之處，她分析：「當（網際網路）大量充斥人工智慧生成的圖像與文本，將成為大問題。」

對虛擬世界成癮

全體人類的福祉也會因此受到影響。二十年前，人們擔心手機會致癌。結果手機是讓我們上癮，每天花好幾個小時盯著小螢幕，而不是與周遭世界互動。聊天機器人更有可能會讓這個問題更加惡化。二〇二三年十一月，諾姆・沙澤開發的Character.ai平台的使用者，平均每天花兩小時在這個應用程式上，與虛擬版本的勒布朗・詹姆斯（LeBron James）等名人或是瑪利歐等虛構角色相互聊天或是玩角色扮演。根據多家市場研究公司估計，Character.ai的使用者留存率是當時所有人工智慧應用程式中最高的，將近六〇%的使用者年齡介於十八至二十四歲之間。其中有項理論認為，Character.ai與Replika一樣，提供虛擬戀愛與性簡訊管道。雖然公司禁止色情內容，但是使用者還是能找到方法解決這個問題，Reddit等線上論壇就有提供許多祕訣。

「我通常會和我創造的角色對談。」一位不願具名、每天使用Character.ai五到七小時的美國青少年表示：「我不知道為什麼我會使用那麼長的時間。我想可能是某種應對機制。」有時候，他們會向它請教如何走出分手陰影或是解釋學校作業的內容。「大多數時候我只是在進行角色扮演。」

Character.ai正在培養新一代使用者，這些使用者會不斷的想要回來與聊天機器人對話。沙澤曾經表示，成立Character.ai的目的是「幫助數百萬、數十億人」應對全球性孤獨問題，但是身為一家企業，它必須讓使用者盡可能長時間的與聊天機器人互動。不過，如果人們開始依賴他們的人工智慧同伴，甚至是上癮，就有可能在無意間導致許多人在現實世界中變得更為孤立。

諷刺的是，OpenAI可能會讓這樣的聊天機器人變得更令人上癮。二〇二四年初，它開設「GPT商店」，讓數百萬名開發人員得以開發不同版本的ChatGPT、賺取收入。使用者互動愈多，就能創造愈多收入。在網路上，這種以互動為基礎的模式是最成熟的賺錢方式，也是所謂的注意力經濟的基礎。這就是為什麼網路上幾乎所有內容都是免費的，以及為什麼網路會成為陰謀論、極端主義、以及猖獗的廣告追蹤工具的溫床。YouTube、TikTok與臉書盡可能讓我們長時間緊盯螢幕，藉此賺取廣告收入，這也使得從網紅到政治人物等所有人，都傾向於創造浮誇與挑釁的內容，這樣才能從一片喧囂中脫穎而出，獲得最多瀏覽量。

在寫作本書期間，有數十種「女朋友」應用程式在GPT商店上架，雖然這些應用程式被禁止鼓勵與人建立戀愛關係，但是對OpenAI來說，監管這些規則並不容易。最受歡迎的聊天機器人服務，例如，Character.ai與Kindroid，都有提供虛擬陪伴與戀愛體驗，未來有可能會像網路約會一樣成為常態。

將隱私攤在陽光下

人工智慧設計者還可以採取另一種做法，吸引使用者持續互動，那就是取得與使用者生活相關的「無限脈絡」（infinite context）。Character.ai的聊天機器人目前可以記憶大約三十分鐘的對話內容，但是諾姆·沙澤與他的團隊正在嘗試將時間延長為數小時、數天，最終是永遠。「如果你願意，它應該要知道你所有的互動；如果你願意，它應該要知道你生活中所有大大小小的事情。」他認為，聊天機器人的記憶時間愈長：「對你來說就愈有價值。」

但是，如果我們回顧社群媒體廣告追蹤的歷史，就會發現某些個資最終有可能流向科技公司，甚至是廣告商。隨著 ChatGPT 與其他類似的聊天機器人對我們有更全面的了解，從年齡與健康問題，到對於生活的整體看法等，它們也可能會在不知不覺中把我們帶入今天幾乎難以想像的科技入侵新時代。

為此，另一場競賽正在進行，目標是開發可以利用大型語言模型分析我們與其他人對話內容的穿戴式裝置。Tab 就是類似的裝置，是由一群充滿熱情的年輕工程師在舊金山開發。它是一個圓形塑膠圓盤，附有麥克風，可以像墜飾一樣掛在脖子上。

「它會聽取我所有的對話內容，藉此了解我的日常生活脈絡。」Tab 的開發者艾維·希夫曼（Avi Schiffmann）二〇二三年底在舊金山展示產品時說明。當希夫曼詢問 Tab，他前一天晚餐時說些什麼，他的墜飾會總結它認為最重要的幾項重點，然後用幾段文字顯示在手機上。希夫曼說自己經常與這個裝置對話：「深夜的時候，我會試著透過對話梳理一些想法，或是白天提到的顧慮。」希夫曼解釋：「也許我會聊聊關於湯姆的事。還有我生活中所有的朋友。它可以準確的辨識不同的說話者，就像是你真正的『個人』人工智慧。」很難想像，當這位湯姆或其他人得知，他們的朋友每天晚上都使用人工智慧仔細研究他們之間的談話時，會做何感想？恐怕無法安心。

Tab預計於二〇二五年上市，自此之後市場上又多一個被定位為個人助理的穿戴式裝置，這些裝置讓人們的日常生活變成是可搜尋的。好比Google開啟在網路上搜尋資訊的時代，促使我們將事實與行車路線的記憶工作外包給網路，語言模型裝置也會以同樣的方式重塑日常生活的體驗，讓我們能夠搜尋每一天的個人時刻。事實上，我們不用費心記住那麼多事情，這樣倒是方便許多，但是也因此改變人們面對面交談的互動模式，因為我們與朋友及同事聊天的內容全都記錄在案。如果這種搜尋生活的技術變得普及，對於生活在警方過度執法社區的人民來說，就有可能成為問題。例如，在美國，非裔被逮捕的可能性是白人的五倍，表示執法部門更有可能去挖掘他們的「生活資料」，然後運用其他機器學習演算法進行分析，最終做出難以理解的判斷。

微軟與Google誰是贏家

是創新者的決心帶領我們走到這裡，但如今我們站在這個充滿不確定性的未來轉折點。雖然微軟擁有數千名工程師，依舊無法取得可與OpenAI匹敵的創新成果。至於Google，因為過度擔心自身的業務受到破壞，未能充分利用內部最重要的創新技術「轉換器」。規模最大的科技公司已經不再創新，但是它們依舊能夠快速行動，取得戰略優勢。從老牌科技巨頭的錯誤中，它們汲取教訓，例如，二〇〇七年 iPhone 問世時，諾基亞與黑莓機這些公司曾經大肆嘲諷，然後眼睜睜看著蘋果在短短幾年內吞噬市占率。現在的新科技巨頭清楚知道，**必須從外部購買創新**，就像它們對 DeepMind 與 OpenAI 所做的那樣。

奧特曼與哈薩比斯也深知這一點，但是他們設計的創新法律結構，仍未能阻擋科技巨頭將它們吞噬，甚至掌控人工智慧的發展方向。穆斯塔法．蘇萊曼最終離開 Google，創辦聊天機器人公司 Inflection，與 GPT-4 打對台。他將 Inflection 定位成一家共益企業，募集超過十五億美元，並擁有強大的人工智慧晶片集群，因此成為最有潛力挑戰 OpenAI 與 Google 的新創公司之一。但是，Inflection 成立不到一年，又被微軟併吞。為了避免反壟斷機構的審查，這家軟體巨頭雇用蘇萊曼團隊的大多數成員（而不是直接收購那家新創公司），然後任命這位 DeepMind 共同創辦人掌管人工智慧業務。這項消息讓人震驚不已，顯示權力平衡如何迅速朝向科技巨頭傾斜，也促使人們開始懷疑 Anthropic 等其他公司還能維持獨立地位多久？

其他懷抱善意的創業家也曾經嘗試與科技巨獸抗衡，但最終落得失敗下場。以 Neeva 為例，這是前 Google 廣告業務主管斯里達爾．拉馬斯瓦米在二〇一九年成立的公司，原因是對於前東家透過監控使用者行為、賺取廣告收入的做法感到失望。拉馬斯瓦米是說話溫和的領袖，他設計Neeva的目的是為了打造更好的搜尋引擎。Neeva不會追蹤使用者行為或是針對使用者投放廣告，因此沒有侵犯隱私的疑慮，它主要是透過簡單的訂閱計畫賺取收入。自從ChatGPT推出之後，拉馬斯瓦米便要求手下的工程師加班趕工，開發出類似工具，幫助使用者總結搜尋結果。他在二〇二三年初公布這個新工具，比Google推出Bard的時間點還要早。

「像這樣的技術變革時刻，將會為市場帶來更多競爭機會。」拉馬斯瓦米當時顯然對於未來躍躍欲試。當時微軟的薩蒂亞．納德拉經常嘲笑Google，說這家搜尋巨頭看起來有可能會成為過去的遺跡。「去年我還很沮喪，因為很難撼動Google的鐵腕控制。」拉馬斯瓦米認為，但現在情況完全不同。

然而，事實並非如此。幾個月後，拉馬斯瓦米被迫關閉Neeva。Google對市場的控制力實在太強大。「當Google進入紅色警戒狀態時，我們的使用量就會增加十倍。」拉馬斯瓦米回憶：「但是我們知道，這種領先優勢維持不了多久，因為大型企業會投入數千人與數十億美元解決這個問題。」

就連必應雖然獲得OpenAI的協助，依舊沒有顯著成長。根據資料分析公司

StatCounter統計，二〇二四年初，必應的市占率依舊停留在三%左右，未能對Google的主導地位造成太大影響。這些科技巨頭最終贏得這場競賽，他們的領地非常明確：Google掌控搜尋市場，微軟主導軟體市場，兩家公司同時與亞馬遜爭奪雲端業務的主導權。

現在，開發人工智慧模型的成本已經提高到幾乎所有非科技巨頭都無法負擔的地步。學術界與小型企業別無選擇，只能向輝達採購晶片，向亞馬遜、微軟或Google租用運算力，一旦加入這些平台，往往就會被綁定。人工智慧新創公司經常抱怨，當它們在微軟或是亞馬遜的雲端服務平台上建立自己的服務之後，就很難轉向其他平台。這些公司也很難獲得開發類似ChatGPT聊天機器人所需要的數千個圖形處理器。每台圖形處理器要價高達四萬美元，想要購買這些圖形處理器，就像是搶購銷售一空的演唱會門票一樣困難。

輝達身為全球主要的圖形處理器供應商，因為市場需求暴增而大大受益。二〇二三年五月，繼Google、微軟、亞馬遜、Meta與蘋果之後，輝達成為最新一家市值突破一兆美元的企業。全球科技巨頭憑藉其龐大優勢，開發新科技與人工智慧。但是，這股人工智慧熱潮並沒有為創新型的新公司創造一個蓬勃發展的市場，反而是幫助既有企業鞏固原有的權力。這些企業持續加強對於基礎建設、人才、資料、運算力與獲利的控制，因此毫無疑問的，它們也將掌控全人類人工智慧的未來。

通用人工智慧的夢想家們則是更進一步的促使這一切。二〇二三年六月，微軟財務長艾米．胡德告訴投資人，OpenAI 開發的人工智慧服務將為微軟帶來至少一百億美元的收入。她聲稱，這是「人類歷史上成長最快速的百億美元業務」。

如果 OpenAI 與 DeepMind 繼續維持獨立地位，由信託董事會監督人工智慧的發展方向，這樣會比較好嗎？這樣做本身也會帶來風險。後來山姆．奧特曼也發現到這一點。蘇萊曼先前一直努力讓自己的公司擺脫 DeepMind 掌控，但是現在他接受媒體採訪時卻表示，大公司比小公司更值得信任。畢竟，大公司必須公開對股東與員工負責。但是，全球科技巨頭對其股東還負有更深層的義務，這是無法逃避的，那就是必須每季創造營收成長。一旦獲利持平或是下滑，股價也會跟著下跌；若股價下跌，公司無法募資，高階主管與員工就會抱怨或是離職。讓人心生恐懼的衰退幽靈始終如影隨形。「**這些實體企業必須成長**。」某位前微軟高層指出：「人工智慧就是答案。」

哈薩比斯辯稱，DeepMind 比以前更理智。當被問到，是否還需要成立他曾大力推動、以監督通用人工智慧發展的倫理委員會時，他回覆：「現在公司已經足夠成熟，我認為我們可以改善數十億人的生活。Google 是很了不起的地方。」

奧特曼則是堅稱，儘管 OpenAI 轉型為營利事業，與微軟結盟，並引發人工智慧軍備競賽，但是開發有益的人工智慧原則依舊沒有改變。而且他別無選擇，只能持續向大眾推出人工智慧工具。「實際部署人工智慧工具是實現我們使命的關鍵。」他認為，否則OpenAI要如何學習？要如何為大眾提供類似ChatGPT的實用工具？因此「需要將科技交到一般人手中」。

依照目前的競爭速度，我無法預測寫下這些文字之後的幾個月內、甚至幾年內會發生什麼事。但是未來會發生什麼事，將取決於少數人的決策以及他們身處的系統力量。當我們詢問，是否可以信任山姆．奧特曼與微軟、以及德米斯．哈薩比斯與Google建構人工智慧的未來，答案卻發現，在這件事情上我們幾乎沒有選擇的餘地。奧特曼與哈薩比斯兩人選擇將自己的創新事業與全球兩大科技巨頭綑綁在一起，這些科技巨頭創造的網路效應已經滲透至日常生活的各個層面，從此兩人也加入其他創新者的行列，為了繼續留在賽場上、累積權力，不得不調整自己的理想，結果造就人類有史以來最具變革性的科技。

現在，就讓我們看看要付出什麼代價。

致謝

如果沒有一小群人的支持與鼓勵，這本書無法出版。ChatGPT在全球推出一個月後，我向我的經紀人大衛・富蓋特（David Fugate）提出一個寫書構想，講述兩個人如何夢想打造超級智慧機器，然後成為競爭對手，後來成為科技巨頭爭鬥的代理人。大衛回答：「太好了！」接下來一年我開始整合所有素材。尚華・麥葛瑞格（Janhoi McGregor）就像往常那樣，臨時起意與我約好在南多斯（Nando's）碰面，給我啟動重大計畫需要的額外動力。

我要謝謝克萊兒・齊克（Claire Cheek）、莎拉・貝絲・哈林（Sara Beth Haring）、伊莉莎・里夫林（Elisa Rivlin）以及聖馬丁出版社（St. Martin's Press）所有優秀的員工，也要感謝我的編輯彼得・沃爾佛頓（Peter Wolverton），他提供我所需的冷靜指導，讓我專注於描述少數幾家企業如何掌控一項變革性發明。彼得拯救我（以及親愛的讀者們），免於在這個故事中陷入關於超人類主義與有效利他主義等無關緊要的兔子洞裡。

既然談到這個話題，我一定要謝謝埃米勒・托雷斯博士（Dr. Emile Torres），認真追溯開發通用人工智慧的理念最早源自於優生學的黑暗歷史，幫助我理解透過機器追求人類完美的另一面真相。謝謝大衛・愛德蒙茲在長期主義、托比・奧德（Toby Ord）在有效利他主義方面提供我許多幫助，另外麥克・萊文（Mike Levine）也給予不少幫助，讓我了解開放慈善等組織在人工智慧對齊領域所付出的努力。麥克與我雖然在某些主題上意見不一致，但是我很感謝他非常有耐心的花時間向我解釋他的觀點。位於西雅圖的布萊恩・艾佛格林（Brian Evergreen）協助我更加了解微軟內部發生的人工智慧倫理難題。

另外要特別感謝梅雷迪斯・惠特克與魯洛夫・博塔（Reolof Botha），他們來自於不同的科技領域，梅雷迪斯是信號基金會（Signal Foundation）主席，魯洛夫是紅衫資本創投公司的合夥人，但是兩人都讓我清楚認知到，少數科技公司在人工智慧領域逐漸取得主導地位，將會對社會與企業造成問題。

我在尾注中有提到匿名消息來源，但是我必須再次感謝許多在科技與人工智慧公司工作的人員，以及多位過去OpenAI與DeepMind的員工，包括資深高階主管在內，他們花了幾小時分享自身的經驗，偶爾也會向我表達，他們對於科技巨頭在人工智慧領域取得掌控權，並採取新型態的快速行動、打破陳規的做法感到相當不安。我希望這本書能公平的反映他們的擔憂，不枉他們花時間與我分享。

我在「彭博觀點」（Bloomberg Opinion）的編輯群大力支持這個出版計畫，我很感謝提姆・歐布萊恩（Tim O'Brien）與妮可・托雷斯（Nicole Torres），他們充滿熱情，立即答應讓我花時間寫書，補充我前一年在專欄中反覆強調的許多內容。我也非常感謝「彭博觀點」所有作者同仁的善意言辭與鼓勵，他們讓科技專欄作家的工作比應有的更加有趣，這些作者同仁包括：戴夫・李（Dave Lee）、萊拉・威廉斯（Lara Williams）、萊昂內爾・洛朗（Lionel Laurent）、安德里亞・費爾斯提德（Andrea Felstead）、特蕾絲・拉斐爾（Therese Raphael）、馬修・布魯克（Matthew Brooker）、霍華德・卓恩（Howard Chua-Eoan）、克里斯・休斯（Chris Hughes）克里斯・布萊恩（Chris Bryant）、馬庫斯・艾許沃斯（Marcus Ashworth）、馬克・查恩（Marc Champion）、詹姆斯・赫特林（James Hertling）、喬伊・普里西夫斯（Joi Preciphs）、馬克・吉爾伯特（Mark Gilbert）、伊蓮・何（Elaine He）、高燦鳴（Tim Culpan），另外我也要謝謝哈維爾・布拉斯（Javier Blas）給予我許多關於出書計畫的建議。

特別感謝我的同事提姆・歐布萊恩、妮可・托雷斯、保羅・戴維斯（Paul Davies）與亞德里安・伍爾德禮奇（Adrian Wooldridge）針對初稿提供犀利、有益的回饋意見，幫助我了解在我的寫作同溫層之外的讀者看法。其他早期讀者不僅告訴我需要改善或是清楚解釋的地方，而且在寫作過程中就像是好朋友一般經常給予我精神支持，非常謝謝米里亞姆・札卡雷利（Miriam Zaccarelli）、維克多・札卡雷利（Victor Zaccarelli）、卡莉・西姆（Carley Sime）與克里絲・汀彼得森（Kristin Peterson）。

謝謝我的鄰居與朋友卡塔莉娜・卡蒂娜・蒙特西諾斯（Catalina “Katina” Montesinos）讓我在休假寫書期間在她家安靜的工作。對卡蒂娜來說，人工智慧可以帶來實質與正面影響。她曾是畫家，四十歲時失明，後來成為成功的雕塑家，擁抱任何可以幫助她「看見」世界的科技工具，而且熱中使用類似蘋果Siri的數位助理。在她八十歲的時候，某天我將手機對著咖啡桌上她的一件雕塑作品，要求ChatGPT仔細分析雕塑作品的顏色、形狀以及可能的藝術影響，她靜靜聽著，驚奇不已：「簡直太不可思議。」希望我們的世界未來的人工智慧發展方向，是填補資訊的空白，而不是取代人類的工作與創造力。

最後，如果沒有家人的支持，包括父親菲利普・威瑟斯（Philip Withers）的支持，這本書根本不可能出版。從我小的時候，即使是最微不足道的成就，他也會不停的誇讚我。謝謝卡拉（Cara）與威斯利（Wesley）讓整間房子充滿歡聲笑語，感謝艾拉（Isla）協助檢查書稿，為我加油。我每天都感到非常驚訝，我先生馬尼（Mani）究竟是如何將我們所有人凝聚在一起；他一直有著源源不絕的力量與耐心，我對此特別感激。

參考資料

感謝來自網站、報紙、雜誌、研究論文、播客與書籍等眾多文章記者與作者完成出色的工作，讓我能夠利用如此豐富的二手資料讓這個故事更充實。在此列出我所引用的二手資料。

本書中，引述任何人的說法時都是採用現在式，並且使用「說」、「記得」、「回憶」等用語，這些都是我直接採訪這些人所獲得的資訊，包括德米斯．哈薩比斯與山姆．奧特曼。許多接受我採訪的人被稱為前員工或是知情人士，原因是公開發言有可能會帶來嚴重後果，所以他們選擇匿名。我特別感謝這些人如此信任我，願意與我分享他們的見解。

因為篇幅有限，所以許多採訪內容無法寫進書中，但是這些採訪內容非常有價值，讓我了解山姆．奧特曼與德米斯．哈薩比斯的生活與工作面貌，以及人工智慧領域等背景資訊。另外，還有許多專家協助我理解機器學習系統、神經網路、擴散系統與轉換器，幫我翻譯成一般人能夠理解的語言。

不論是為了這本書，或是過去幾年為「彭博觀點」、《華爾街日報》與《富比士》雜誌撰寫人工智慧新熱潮的文章，我與數百位產業專家、創業家、創投家、科技公司員工與前員工交談，讓我的研究更加充實。

我利用我對跑步的熱愛，一邊聽完無數小時的播客節目訪談，受訪對象包括山姆・奧特曼、德米斯・哈薩比斯、伊爾亞・蘇茨克維、格雷格・布羅克曼，以及其他許多參與創辦 OpenAI 與 DeepMind 的個人，或是親眼見證人工智慧從冷門科學，逐漸發展成為熱門產業的人士，這些人分享的見解幫助我填補敘事中的許多細節。雖然我經常得停下來，在手機上打字記錄，但是這一切都是值得的。

第一章

- Altman, Sam. “Machine Intelligence, Part 1.” blog.samaltman.com, February 25, 2015.
- Cannon, Craig. “Sam Altman.” *Y Combinator* (podcast), November 8, 2018.
- “First Look: Loopt Provides More Incentives to Try Location-based Services with Loopt Star.” Robert Scoble’s YouTube channel, June 1, 2010.
- Friend, Tad. “Sam Altman’s Manifest Destiny.” *New Yorker*, October 3, 2016.
- Graham, Paul. “How to Start a Startup.” paulgraham.com, March 2005.
- Graham, Paul. “How Y Combinator Started.” paulgraham.com, March 2012.
- Graham, Paul. “The Word ‘Hacker.’” paulgraham.com, April 2024.
- “How Tesla Became the Elon Musk Co.” *Land of the Giants* (podcast), Vox Media, August 2, 2023.
- Internet Archive for the now defunct website, http://www.loopt.com/
- Lessin, Jessica. “This Is How Sam Altman Works the Press and Congress. I Know from Experience.” *The Information*, June 7,

2023.
- Mitchell, Melanie. Artificial Intelligence: *A Guide for Thinking Humans*. New York: Pelican, 2020.
- Wagstaff, Keith. "The Good Ol' Days of AOL Chat Rooms." *CNN*, July 6, 2012.
- Weil, Elizabeth. "Sam Altman Is the Oppenheimer of Our Age." *New York Magazine*, September 25, 2023.
- Wired. "Sebastian Thrun & Sam Altman Talk Flying Vehicles and Artificial Intelligence." Video of Wired conference panel, October 16, 2018.
- "WWDC 2008 News: Loopt Shows Off New App for the iPhone." CNET's YouTube channel, June 10, 2008.

第二章

- "A.I. Could Solve Some of Humanity's Hardest Problems. It Already Has." *The Ezra Klein Show*, July 11, 2023.
- Burton-Hill, Clemency. "The Superhero of Artificial Intelligence." *The Guardian, February* 16, 2016.
- "Demis Hassabis." *Desert Island Discs* (podcast), BBC Radio 4, May 21, 2017.
- "Demis Hassabis, Ph.D." *What It Takes* (podcast), American Academy of Achievement, April 23, 2018.
- "Genius Entrepreneur." *The Bridge*, Queens College Cambridge Magazine, September 2014.
- "Google DeepMind's Demis Hassabis." *The Bottom Line* (podcast), BBC Radio 4, October 16, 2023.
- Hassabis, Demis. *The Elixir Diaries*, columns in *Edge* magazine, also available at https://archive.kontek.net/, 1998–2000.
- Parker, Sam. "Republic: The Revolution Review." *GameSpot*, September 2, 2003.
- Pearce, Jacqui. "Getting to Know You," a Q&A with Angela Hassabis, *HBC Accord*, (Hendon Baptist Church newsletter), October 2018.
- "Republic." *Edge magazine*, November 1999.
- Weinberg, Steven. *Dreams of a Final Theory.* New York: Vintage, 1994.

第三章

- Altman, Sam. "Hard Tech Is Back." blog.samaltman.com, March 11, 2016.
- Altman, Sam. "Startup Advice." blog.samaltman.com, June 3, 2013.
- Altman, Sam. "YC and Hard Tech Startups." ycombinator.com, date not provided.

- Cannon, Craig. "Sam Altman." *Y Combinator* (podcast), November 8, 2018.
- Chafkin, Max. "Y Combinator President Sam Altman Is Dreaming Big." *Fast Company,* April 16, 2015.
- Clifford, Catherine. "Nuclear Fusion Start-Up Helion Scores $375 Million Investment from Open AI CEO Sam Altman." *CNBC*, November 5, 2021.
- Dwoskin, Elizabeth, Marc Fisher, and Nitasha Tiku. "'King of the Cannibals': How Sam Altman Took Over Silicon Valley." *Washington Post*, December 23, 2023.
- Friend, Tad. "Sam Altman's Manifest Destiny." *New Yorker*, October 3, 2016.
- Graham, Paul. "Five Founders." paulgraham.com, April 2019.
- Graham, Paul. "How to Start a Startup." paulgraham.com, March 2005.
- "How and Why to Start a Startup—Sam Altman & Dustin Moskovitz—Stanford CS183F: Startup School." Stanford Online's YouTube channel, April 5, 2017.
- "Paul Graham on Why Sam Altman Took Over as President of Y Combinator in 2014." This Week in Startups Clips's YouTube channel, March 19, 2019.
- Regalado, Antonio. "A Startup Is Pitching a Mind-Uploading Service that Is '100 Percent Fatal.'" *MIT Technology Review*, March 13, 2018.
- "Sam Altman—Leading with Crippling Anxiety, Discovering Meditation, and Building Intelligence with Self-Awareness." *The Art of Accomplishment* (podcast), January 15, 2022.
- Stiegler, Marc. *The Gentle Seduction*. New York: Baen, 1990.

第四章

- Bostrom, Nick. *Superintelligence: Paths, Dangers, Strategies*. Oxford: Oxford University Press, 2014.
- Cutright, Keisha M., and Mustafa Karataş. "Thinking about God Increases Acceptance of Artificial Intelligence in Decision-Making." *Proceedings of the National Academy of Sciences* (PNAS) 120, no. 33 (2023): e2218961120–e2218961120.
- "Demis Hassabis, Ph.D." *What It Takes* (podcast), American Academy of Achievement, April 23, 2018.
- Dowd, Maureen. "Elon Musk's Billion-Dollar Crusade to Stop the A.I. Apocalypse." *Vanity Fair, March* 26, 2017.
- Goertzel, Ben. *AGI Revolution: An Inside View of the Rise of Artificial General Intelligence*. Middletown, DE: Humanity+Press, 2016.

- Hassabis, Demis. "The Neural Processes Underpinning Episodic Memory." PhD thesis, University College London, February 2009.
- Homer-Dixon, Thomas. *The Ingenuity Gap*. New York: Knopf Doubleday, 2000.
- Kurzweil, Ray. *The Age of Spiritual Machines*. New York: Penguin, 2000.
- McCarthy, John, Marvin L. Minsky, Nathaniel Rochester, and Claude E. Shannon. "A Proposal for the Dartmouth Summer Research Project on Artificial Intelligence: August 31, 1955." The AI Magazine 27, no. 4 (2006): 12–14. 原始打字稿副本存放在達特茅斯學院與史丹佛大學的檔案庫中。提案的重製本可參考以下連結:: https://ojs.aaai.org/aimagazine/index.php/aimagazine/article/view/1904.
- Penrose, Roger. *Shadows of the Mind: A Search for the Missing Science of Consciousness*. London: Vintage, 1995.
- Syed, Matthew. "Demis Hassabis Interview: The Kid from the Comp Who Founded DeepMind and Cracked a Mighty Riddle of Science." *The Sunday Times*, December 5, 2020.
- "A Systems Neuroscience Approach to Building AGI—Demis Hassabis, Singularity Summit 2010." Google DeepMind's YouTube channel, March 7, 2018.
- Thiel, Peter, with Blake Masters. *Zero to One: Notes on Start Ups, or How to Build the Future*. London: Virgin Books, 2015.

第五章

- "Andrew Ng: Deep Learning, Education, and Real-World AI." *Lex Fridman Podcast* (podcast), February 20, 2020.
- "Bill Gates, Sergey Brin, and Larry Page: Tech Titans." What It Takes (podcast), American Academy of Achievement, achievement.org, January 13, 2020.
- Copeland, Rob. "Google Management Shuffle Points to Retreat from Alphabet Experiment." *Wall Street Journal*, December 5, 2019.
- Hodson, Hal. "DeepMind and Google: The Battle to Control Artificial Intelligence." *Economist*, March 1, 2019.
- Huxley, Julian. "Transhumanism." *Journal of Humanistic Psychology,* January 1968.
- Markram, Henry. "A Brain in a Supercomputer." TED Global, July 2009.
- Metz, Cade. Genius Makers: *The Mavericks Who Brought A.I. to Google, Facebook, and the World*. New York: Random House Business, 2021.
- "Peter Thiel Says America Has Bigger Problems Than Wokeness." *Honestly with BariWeiss* (podcast) May 3, 2023.

- Suleyman, Mustafa, with Michael Bhaskar. *The Coming Wave*. New York: Crown, 2023.

第六章

- Albergotti, Reed. "The Secret History of Elon Musk, Sam Altman, and OpenAI." *Semafor,* March 24, 2023.
- Birhane, Abeba, Pratyusha Kalluri, Dallas Card, William Agnew, Ravit Dotan, and Michelle Bao. "The Values Encoded in Machine Learning Research." *FAccT Conference '22: Proceedings of the 2022 ACM Conference on Fairness, Accountability, and Transparency* (June 2022): 173–84.
- Brockman, Greg. "My Path to OpenAI." blog.gregbrockman.com, May 3, 2016.
- Conn, Ariel. "Concrete Problems in AI Safety with Dario Amodei and Seth Baum." *Future of Life Institute* (podcast), August 31, 2016.
- Dowd, Maureen. "Elon Musk's Billion-Dollar Crusade to Stop the A.I. Apocalypse." *Vanity Fair,* March 26, 2017.
- Elon Musk vs Sam Altman [2024] CGC-24-612746.
- Friend, Tad. "Sam Altman's Manifest Destiny." *New Yorker*, October 3, 2016.
- Galef, Jesse. "Elon Musk Donates $10M to Our Research Program." futureoflife.org, January 22, 2015.
- "Greg Brockman: OpenAI and AGI." *Lex Fridman Podcast* (podcast), April 3, 2019.
- Harris, Mark. "Elon Musk Used to Say He Put $100M in OpenAI, but Now It's $50M: Here Are the Receipts." *TechCrunch,* May 18, 2023.
- Metz, Cade. "Ego, Fear and Money: How the A.I. Fuse Was Lit." *New York Times*, December 3, 2023.
- Metz, Cade. "Inside OpenAI, Elon Musk's Wild Plan to Set Artificial Intelligence Free." *Wired*, April 27, 2016.
- Vance, Ashlee. *Elon Musk: How the Billionaire CEO of SpaceX and Tesla Is Shaping Our Future*. London: Virgin Books, 2015.

第七章

- Aron, Jacob. "How to Build the Global Mathematics Brain." *New Scientist*, May 4, 2011.
- Byford, Sam. "Google's AlphaGo AI Defeats World Go Number One Ke Jie." *The Verge,* May 23, 2017.
- Gallagher, Ryan. "Google's Secret China Project 'Effectively Ended' after Internal Confrontation." *The Intercept*, December 17, 2018.

- Gallagher, Ryan. “Private Meeting Contradicts Google’s Official Story on China.” *The Intercept*, October 9, 2018.
- “Has Anyone Actually Tried to Convince Terry Tao or Other Top Mathematicians to Work on Alignment?” www.lesswrong.com, June 8, 2022
- “How to Play.” British Go Association, updated October 26, 2017, https://www.britgo.org/intro/intro2.html.
- Metz, Cade. Genius Makers: *The Mavericks Who Brought A.I. to Google, Facebook, and the World*. New York: Random House Business, 2021.
- Metz, Cade. “Google Is Already Late to China’s AI Revolution.” *Wired*, June 2, 2017.
- Rogin, Josh. “Eric Schmidt: The Great Firewall of China Will Fall.” *Foreign Policy,* July 9, 2012.
- Suleyman, Mustafa, with Michael Bhaskar. *The Coming Wave*. New York: Crown, 2023.
- Temperton, James. “DeepMind’s New AI Ethics Unit Is the Company’s Next Big Move.” *Wired*, October 4, 2017.
- Yang, Yuan. “Google’s AlphaGo Is World’s Best Go Player.” *Financial Times,* May 25, 2017.

第八章

- Angwin, Julia, Jeff Larson, Surya Mattu, and Lauren Kirchner. “Machine Bias.” *ProPublica*, May 23, 2016.
- Buolamwini, Joy, and Timnit Gebru. “Gender Shades: Intersectional Accuracy Disparities in Commercial Gender Classification.” *Proceedings of Machine Learning Research* 81 (2018): 1–15.
- Dastin, Jeffrey. “Amazon Scraps Secret AI Recruiting Tool That Showed Bias against Women.” *Reuters,* October 10, 2018.
- Devlin, Hannah, and Alex Hern. “Why Are There So Few Women in Tech? The Truth behind the Google Memo.” *The Guardian*, August 8, 2017.
- Gebru, Timnit, Jamie Morgenstern, Briana Vecchione, Jennifer Wortman Vaughan, Hanna Wallach, Hal Daumé III, and Kate Crawford. “Datasheets for Datasets.” *Communications of the ACM* 64, no. 12 □2021□: 86–92.
- Grant, Nico, and Kashmir Hill. “Google’s Photo App Still Can’t Find Gorillas. And Neither Can Apple’s.” *New York Times*, May 22, 2023.
- Harris, Josh. “There Was All Sorts of Toxic Behaviour’: Timnit Gebru on Her Sacking by Google, AI’s Dangers and Big Tech’s Biases.” *The Guardian*, May 22, 2023.
- Horwitz, Jeff. “The Facebook Files.” *Wall Street Journal,* October 1, 2021.
- Payton, L’Oreal Thompson. “Americans Check Their Phones 144 Times a Day. Here’s How to Cut Back.” *Fortune*, July 19,

2023.
- Simonite, Tom. "What Really Happened When Google Ousted Timnit Gebru." *Wired,* June 8, 2021.
- "The Social Atrocity: Meta and the Right to Remedy for the Rohingya." Amnesty International report, September 29, 2022.
- Wakabayashi, Daisuke, and Katie Benner. "How Google Protected Andy Rubin, the 'Father of Android.'" *New York Times,* October 25, 2018.

第九章

- de Vynck, Gerrit. "Google's Cloud Unit Won't Sell a Type of Facial Recognition Tech." *Bloomberg,* December 13, 2018.
- "Google Duplex: A.I. Assistant Calls Local Businesses to Make Appointments." Jeff Grubb's Game Mess's YouTube channel, May 8, 2018.
- Kruppa, Miles, and Sam Schechner. "How Google Became Cautious of AI and Gave Microsoft an Opening." *Wall Street Journal,* March 7, 2023.
- Love, Julia. "Google Says Over Half of Generative AI Startups Use Its Cloud." *Bloomberg*, August 29, 2023.
- Nylen, Leah. "Google Paid $26 Billion to Be Default Search Engine in 2021." *Bloomberg*, October 17, 2021.
- Uszkoreit, Jakob. "Transformer: A Novel Neural Network Architecture for Language Understanding." blog.research.google, August 31, 2017.
- Vaswani, Ashish, Noam Shazeer, Niki Parmar, Jakob Uszkoreit, Llion Jones, Aidan N. Gomez, Lukasz Kaiser, and Illia Polosukhin. "Attention Is All You Need." *Advances in Neural Information Processing Systems* 30 (2017).

第十章

- Brockman, Greg (@gdb). "Held our civil ceremony in the @OpenAI office last week. Officiated by @ilyasut, with the robot hand serving as ring bearer. Wedding planning to commence soon." Twitter, November 12, 2019, 9:39 a.m. https://twitter.com/gdb/status/1194293590979014657?lang=en.
- Brockman, Greg. "Microsoft Invests in and Partners with OpenAI to Support Us Building Beneficial AGI." www.openai.com, July 22, 2019.
- "Greg Brockman: OpenAI and AGI." *Lex Fridman Podcast* (podcast), April 3, 2019.

- Hao, Karen. "The Messy, Secretive Reality behind OpenAI's Bid to Save the World." *MIT Technology Review*, February 17, 2020.
- Hao, Karen, and Charlie Warzel. "Inside the Chaos at OpenAI." *The Atlantic,* November 19, 2023.
- Jin, Berber, and Keach Hagey. "The Contradictions of Sam Altman, AI Crusader." *Wall Street Journal,* March 31, 2023.
- Kraft, Amy. "Microsoft Shuts Down AI Chatbot after It Turned into a Nazi." *CBS News*, March 25, 2016.
- Levy, Steven. "What OpenAI Really Wants." *Wired*, September 5, 2023.
- Metz, Cade. "A.I. Researchers Are Making More Than $1 Million, Even at a Non-profit." *New York Times*, April 19, 2018.
- Metz, Cade. "The ChatGPT King Isn't Worried, but He Knows You Might Be." *New York Times*, March 31, 2023.
- "OpenAI Charter." www.openai.com/charter, April 9, 2018.
- Radford, Alec, Karthik Narasimhan, Tim Salimans, and Ilya Sutskever. "Improving Language Understanding by Generative Pre-Training." www.openai.com, June 11, 2018.
- Radford, Alec, Jeffrey Wu, Rewon Child, David Luan, Dario Amodei, and Ilya Sutskever. "Language Models Are Unsupervised Multitask Learners." www.openai.com, February 14, 2019.

第十一章

- Ahmed, Nur, Muntasir Wahed, and Neil C. Thompson. "The Growing Influence of Industry in AI Research." *Science*, March 2, 2023.
- Amodei, Dario, Chris Olah, Jacob Steinhardt, Paul Christiano, John Schulman, and Dan Mané. "Concrete Problems in AI Safety." www.arxiv.org, July 25, 2016.
- Copeland, Rob. "Google Management Shuffle Points to Retreat from Alphabet Experiment." *Wall Street Journal,* December 5, 2019.
- Coulter, Martin, and Hugh Langley. "DeepMind's Cofounder Was Placed on Leave after Employees Complained about Bullying and Humiliation for Years. Then Google Made Him a VP." *Business Insider,* August 7, 2021.
- Friend, Tad. "Sam Altman's Manifest Destiny." *New Yorker*, October 3, 2016.
- Hodson, Hal. "Revealed: Google AI Has Access to Huge Haul of NHS Patient Data." *New Scientist,* April 29, 2016.
- Ludlow, Edward, Matt Day, and Dina Bass. "Amazon to Invest Up to $4 Billion in AI Startup Anthropic." *Bloomberg*, September 25, 2023.

- Piper, Kelsey. "Exclusive: Google Cancels AI Ethics Board in Response to Outcry." *Vox,* April 4, 2019.
- Primack, Dan. "Google Is Investing $2 Billion into Anthropic, a Rival to OpenAI." *Axios*, October 30, 2023.
- Waters, Richard. "DeepMind Co-founder Leaves Google for Venture Capital Firm." *Financial Times,* January 21, 2022.

第十二章

- Abid, Abubakar, Maheen Farooqi, and James Zou. "Large Language Models Associate Muslims with Violence." *Nature Machine Intelligence* 3 (2021): 461–63.
- Barrett, Paul, Justin Hendrix, and Grant Sims. "How Tech Platforms Fuel U.S. Political Polarization and What Government Can Do about It." www.brookings.edu, September 27, 2021.
- Bender, Emily, Timnit Gebru, Angelina McMillan-Major, and Shmargaret Shmitchell. "On the Dangers of Stochastic Parrots: Can Language Models Be Too Big?" *FAccTConference '21: Proceedings of the 2021 ACM Conference on Fairness, Accountability, and Transparency* (March 2021) 610–23. https://dl.acm.org/doi/10.1145/3442188.3445922.
- Brown, Tom B., Benjamin Mann, Nick Ryder, Melanie Subbiah, Jared Kaplan, Prafulla Dhariwal, Arvind Neelakantan, Pranav Shyam, Girish Sastry, Amanda Askell, Sandhini Agarwal, Ariel Herbert-Voss, Gretchen Krueger, Tom Henighan, Rewon Child, Aditya Ramesh, Daniel M. Ziegler, Jeffrey Wu, Clemens Winter, Christopher Hesse, Mark Chen, Eric Sigler, Mateusz Litwin, Scott Gray, Benjamin Chess, Jack Clark, Christopher Berner, Sam McCandlish, Alec Radford, Ilya Sutskever, and Dario Amodei. "Language Models Are Few-Shot Learners." www.openai.com, July 22, 2020.
- Gehman, Samuel, Suchin Gururangan, Maarten Sap, Yejin Choi, and Noah A. Smith. "RealToxicityPrompts: Evaluating Neural Toxic Degeneration in Language Models." *ACL Anthology*. Findings of the Association for Computational Linguistics: EMNLP 2020, November 2020.
- Hornigold, Thomas. "This Chatbot Has Over 660 Million Users—and It Wants to Be Their Best Friend." *Singularity Hub*, July 14, 2019.
- Jin, Berber, and Miles Kruppa. "Microsoft to Deepen OpenAI Partnership, Invest Billions in ChatGPT Creator." *Wall Street Journal*, January 23, 2023.
- Lecher, Colin. "The Artificial Intelligence Field Is Too White and Too Male, Researchers Say." *The Verge*, April 17, 2019.
- Lemoine, Blake. "I Worked on Google's AI. My Fears Are Coming True." *Newsweek,* February 27, 2023.
- Lodewick, Colin. "Google's Suspended AI Engineer Corrects the Record: He Didn't Hire an Attorney for the 'Sentient' Chatbot,

He Just Made Introductions—the Bot Hired the Lawyer." *Fortune*, June 23, 2022.
- Luccioni, Alexandra, and Joseph Viviano. "What's in the Box? An Analysis of Undesirable Content in the Common Crawl Corpus." *Proceedings of the 59th Annual Meeting of the Association for Computational Linguistics and the 11th International Joint Conference on Natural Language Processing.* Volume 2: Short Papers (2021): 182–89.
- Muller, Britney. "BERT 101: State of the Art NLP Model Explained." www.huggingface.co, March 2, 2022.
- Newton, Casey. "The Withering Email That Got an Ethical AI Researcher Fired at Google." *Platformer,* December 3, 2020.
- Nicholson, Jenny. "The Gender Bias Inside GPT-3." www.medium.com, March 8, 2022.
- Perrigo, Billy. "Exclusive: OpenAI Used Kenyan Workers on Less Than $2 Per Hour to Make ChatGPT Less Toxic." *Time*, January 18, 2023.
- Silverman, Craig, Craig Timberg, Jeff Kao, and Jeremy B. Merrill. "Facebook Hosted Surge of Misinformation and Insurrection Threats in Months Leading Up to Jan. 6 Attack, Records Show." *ProPublica and Washington Post*, January 4, 2022.
- Simonite, Tom. "What Really Happened When Google Ousted Timnit Gebru." *Wired*, June 8, 2021.
- Tiku, Nitasha. "The Google Engineer Who Thinks the Company's AI Has Come to Life." *Washington Post,* June 11, 2022.
- Venkit, Pranav Narayanan, Mukund Srinath, and Shomir Wilson. "A Study of Implicit Language Model Bias against People with Disabilities." *Proceedings of the 29th International Conference on Computational Linguistics* (2022): 1324–32.
- Wendler, Chris, Veniamin Veselovsky, Giovanni Monea, and Robert West. "Do Llamas Work in English? On the Latent Language of Multilingual Transformers." www.arxiv.org, February 16, 2024.

第十三章

- "AlphaFold: The Making of a Scientific Breakthrough." Google DeepMind's YouTube channel, November 30, 2020.
- Andersen, Ross. "Does Sam Altman Know What He's Creating?" *The Atlantic*, July 24, 2023.
- Grant, Nico. "Google Calls in Help from Larry Page and Sergey Brin for A.I. Fight."*New York Times*, January 20, 2023.
- Grant, Nico, and Cade Metz. "A New Chat Bot Is a 'Code Red' for Google's Search Business." *New York Times*, December 21, 2022.
- Hao, Karen, and Charlie Warzel. "Inside the Chaos at OpenAI." *The Atlantic*, November 19, 2023.
- Heikkilä, Melissa. "This Artist Is Dominating AI-generated Art. And He's Not Happy About It." *MIT Technology Review*, September 16, 2022.

- “Introducing ChatGPT.” www.openai.com, November 30, 2022.
- Johnson, Khari. “DALL-E 2 Creates Incredible Images—and Biased Ones You Don’t See.” *Wired*, May 5, 2022.
- McLaughlin, Kevin, and Aaron Holmes. “How Microsoft’s Stumbles Led to Its OpenAI Alliance.” *The Information*, January 23, 2023.
- Merritt, Rick. “AI Opener: OpenAI’s Sutskever in Conversation with Jensen Huang.” www.blogs.nvidia.com, March 22, 2023.
- “Microsoft CTO Kevin Scott on AI Copilots, Disagreeing with OpenAI, and Sydney Making a Comeback.” *Decoder with Nilay Patel* (podcast), May 23, 2023.
- Patel, Nilay. “Microsoft Thinks AI Can Beat Google at Search—CEO Satya Nadella Explains Why.” *The Verge*, February 8, 2023.
- Pichai, Sundar. “Google DeepMind: Bringing Together Two World-Class AI Teams.” www.blog.google, April 20, 2023.
- Rawat, Deeksha. “Unravelling the Dynamics of Diffusion Model: From Early Concept to Cutting-Edge Applications.” www.medium.com, August 5, 2023.
- Roose, Kevin. “Bing’s A.I. Chat: ‘I Want to Be Alive.’” *New York Times,* February 16, 2023.
- “Sam Altman on the A.I. Revolution, Trillionaires and the Future of Political Power.” *The Ezra Klein Show* (podcast), June 11, 2021.
- Weise, Karen, Cade Metz, Nico Grant, and Mike Isaac. “Inside the A.I. Arms Race That Changed Silicon Valley Forever.” *New York Times*, December 5, 2023.

第十四章

- 關於開放慈善基金會揭露其執行董事與OpenAI員工結婚的細節，請參考以下連結：www.openphilanthropy.org/grants/openai-general-support/.
- FTX創辦人投資Anthropic的細節來自於市場研究公司Pitchbook。
- 關於開放慈善基金會獲得的補助與資金細節，請參考以下連結：www.openphilanthropy.org/grants/.
- 威廉・麥克阿斯克爾與伊隆・馬斯克的簡訊內容源自於公開的法庭文件，這些文件是馬斯克與推特進行法律訴訟期間，於審理前披露程序中公布的文件一部分，日期為二〇二二年九月二十八日。
- Anderson, Mark. “Advice for CEOs Under Pressure from the Board to Use Generative AI.” *Fast Company*, October 31, 2023.
- Berg, Andrew, Christ Papageorgiou, and Maryam Vaziri. “Technology’s Bifurcated Bite.” *F&D Magazine,* International Monetary

Fund, December 2023.
- Bordelon, Brendan. "How a Billionaire-Backed Network of AI Advisers Took Over Washington." *Politico*, February 23, 2024.
- "EU AI Act: First Regulation on Artificial Intelligence." www.europarl.europa.eu, June 8, 2023.
- Gross, Nicole. "What ChatGPT Tells Us about Gender: A Cautionary Tale about Performativity and Gender Biases in AI." *Social Sciences*, August 1, 2023.
- Johnson, Simon, and Daron Acemoglu. *Power and Progress: Our Thousand-Year Struggle Over Technology and Prosperity.* New York: Basic Books, 2023.
- Lewis, Gideon. "The Reluctant Prophet of Effective Altruism." *New Yorker*, August 8, 2022.
- Lewis, Michael. *Going Infinite*. New York: Penguin, 2023.
- MacAskill, William. *What We Owe the Future*. London: Oneworld, 2022.
- Metz, Cade. "The ChatGPT King Isn't Worried, but He Knows You Might Be." *New York Times*, March 31, 2023.
- Metz, Cade. "'The Godfather of A.I.' Leaves Google and Warns of Danger Ahead." *New York Times*, May 1, 2023.
- Millar, George. "The Magical Number Seven, Plus or Minus Two." *Psychological Review*, 1956.
- Milmo, Dan, and Alex Hern. "Discrimination Is a Bigger AI Risk Than Human Extinction—EU Commissioner." *The Guardian*, June 14, 2023.
- Mollman, Steve. "A Lawyer Fired after Citing ChatGPT-Generated Fake Cases Is Sticking with AI Tools." *Fortune*, November 17, 2023.
- Moss, Sebastian. "How Microsoft Wins." www.datacenterdynamics.com, November 24, 2023.
- O'Brien, Sara Ashley. "Bumble CEO Whitney Wolfe Herd Steps Down." *Wall Street Journal,* November 6, 2023.
- "Pause Giant AI Experiments: An Open Letter." Future of Life Institute, www.futureoflife.org, March 22, 2023.
- Perrigo, Billy. "OpenAI Could Quit Europe Over New AI Rules, CEO Sam Altman Warns." *Time*, May 25, 2023.
- Piantadosi, Steven (@spiantado). "Yes, ChatGPT is amazing and impressive. No, @OpenAI has not come close to addressing the problem of bias. Filters appear to be bypassed with simple tricks, and superficially masked." Twitter, December 4, 2022, 10:55 a.m. https://twitter.com/spiantado/status/1599462375887114240?lang=en.
- Piper, Kelsey. "Sam Bankman-Fried Tries to Explain Himself." *Vox,* November 16, 2022.
- "Rishi Sunak & Elon Musk: Talk AI, Tech & the Future." Rish Sunak's YouTube channel, November 3, 2023.
- "Romney Leads Senate Hearing on Addressing Potential Threats Posed by AI, Quantum Computing, and Other Emerging Technology." www.romney.senate.gov, September 19, 2023.

- Roose, Kevin. "Inside the White-Hot Center of A.I. Doomerism." *New York Times,* July 11, 2023.
- "Sam Altman: 'I Trust Answers Generated by ChatGPT Least than Anybody Else on Earth.'" Business Today's YouTube channel, June 8, 2023.
- Singer, Peter. *The Life You Can Save*. New York: Random House, 2010.
- "Statement on AI Risk." Center for AI Safety, www.safe.ai, May 2023.
- Vallance, Chris. "Artificial Intelligence Could Lead to Extinction, Experts Warn." *BBC News,* May 30, 2023.
- Vincent, James. "OpenAI Sued for Defamation after ChatGPT Fabricates Legal Accusations against Radio Host." *The Verge,* June 9, 2023.
- Weprin, Alex. "Jeffrey Katzenberg: AI Will Drastically Cut Number of Workers It Takes to Make Animated Movies." *Hollywood Reporter,* November 9, 2023.
- Yudkowsky, Eliezer. "Pausing AI Developments Isn't Enough. We Need to Shut It All Down." *Time,* March 29, 2023.

第十五章

- "The Capabilities of Multimodal AI | Gemini Demo." Google's YouTube channel, December 6, 2023.
- Dastin, Jeffrey, Krystal Hu, and Paresh Dave. "Exclusive: ChatGPT Owner OpenAI Projects $1 Billion in Revenue by 2024." Reuters, December 15, 2022.
- Gurman, Mark. "Apple's iPhone Design Chief Enlisted by Jony Ive, Sam Altman to Work on AI Devices." *Bloomberg*, December 26, 2023.
- Hagey, Keach, Deepa Seetharaman, and Berber Jin. "Behind the Scenes of Sam Altman's Showdown at OpenAI." *Wall Street Journal,* November 22, 2023.
- Hawkins, Mackenzie, Edward Ludlow, Gillian Tan, and Dina Bass. "OpenAI's Sam Altman Seeks US Blessing to Raise Billions for AI Chips." *Bloomberg*, February 16, 2024.
- Heath, Alex. "Mark Zuckerberg's New Goal Is Creating Artificial General Intelligence." *The Verge*, January 18, 2024.
- Imbrie, Andrew, Owen Daniels, and Helen Toner. "Decoding Intentions: Artificial Intelligence and Costly Signals." Center for Security and Emerging Technology, October 2023
- Metz, Cade, Tripp Mickle, and Mike Isaac. "Before Altman's Ouster, OpenAI's Board Was Divided and Feuding." *New York Times,* November 21, 2023.

- Roose, Kevin. "Inside the White-Hot Center of A.I. Doomerism." *New York Times*, July 11, 2023.
- Sigalos, MacKenzie, and Ryan Browne. "OpenAI's Sam Altman Says Human-level AI Is Coming but Will Change World Much Less Than We Think." *CNBC*, January 16, 2024.
- Victor, Jon, and Amir Efrati. "OpenAI Made an AI Breakthrough before Altman Firing, Stoking Excitement and Concern." *The Information*, November 22, 2023.
- Walker, Bernadette. "Inside OpenAI's Shock Firing of Sam Altman." *Bloomberg*, November 20, 2023.
- Zuckerberg, Mark. "Some Updates on Our AI Efforts." Video posted January 18, 2024 on Facebook. https://www.facebook.com/zuck/posts/pfbid02UhntmXwNBLiV8EZHK71gAQmTx8i4vhfte9vfqjrqyGytfuW4dPQSQ5BnbzMBSPY5l.

第十六章

- Bommasani, Rishi, Kevin Klyman, Shayne Longpre, Sayash Kapoor, Nestor Maslej, Betty Xiong, Daniel Zhang, and Percy Liang. "The Foundation Model Transparency Index." Stanford Center for Research on Foundation Models (CRFM) and Stanford Institute for Human-Centered Artificial Intelligence (HAI), October 18, 2023.
- Cheng, Michelle. "AI Girlfriend Bots Are Already Flooding OpenAI's GPT Store." *Quartz,* January 11, 2024.
- Cheng, Michelle. "A Startup Founded by Former Google Employees Claims that Users Spend Two Hours a Day with Its AI Chatbots." *Quartz*, October 12, 2023.
- Holmes, Aaron. "Microsoft CFO Says OpenAI and Other AI Products Will Add $10 Billion to Revenue." *The Information*, June 2023.
- "Introducing the GPT Store." www.openai.com, January 10, 2024.
- Leswing, Kif. "Nvidia's AI Chips Are Selling for More than $40,000 on eBay." *CNBC*, April 14, 2023.
- "The Long-Term Benefit Trust." www.anthropic.com/news/the-long-term-benefit-trust, September 19, 2023.
- Schiffmann, Avi (@AviSchiffmann). "I just built the world's most personal wearable AI! You can talk to Tab about anything in your life. Our computers are now our creative partners!" [demo of Tab]. Twitter, October 1, 2023, 5:12 a.m. https://twitter.com/AviSchiffmann/status/1708439854005321954?lang=en.
- Vance, Ashlee. "Elon Musk's Brain Implant Startup Is Ready to Start Surgery." *Bloomberg Businessweek*, November 7, 2023.

財經企管 BCB866

AI 霸主
OpenAI、DeepMind 與科技巨頭顛覆世界的競賽

Supremacy：
AI, ChatGPT, and the Race That Will Change the World

作者 ── 帕米．奧森（Parmy Olson）
譯者 ── 吳凱琳

副社長兼總編輯 ── 吳佩穎
財經館總監 ── 蘇鵬元
責任編輯 ── 楊伊琳
封面設計 ── 陳文德（特約）

出版者 ── 遠見天下文化出版股份有限公司
創辦人 ── 高希均、王力行
遠見．天下文化　事業群榮譽董事長 ── 高希均
遠見．天下文化　事業群董事長 ── 王力行
天下文化社長 ── 王力行
天下文化總經理 ── 鄧瑋羚
國際事務開發部兼版權中心總監 ── 潘欣
法律顧問 ── 理律法律事務所陳長文律師
著作權顧問 ── 魏啟翔律師
社址 ── 臺北市 104 松江路 93 巷 1 號
讀者服務專線 ── 02-2662-0012 | 傳真 ── 02-2662-0007；02-2662-0009
電子郵件信箱 ── cwpc@cwgv.com.tw
直接郵撥帳號 ── 1326703-6 號　遠見天下文化出版股份有限公司

國家圖書館出版品預行編目（CIP）資料

AI 霸主／帕米．奧森（Parmy Olson）著；吳凱琳譯. -- 第一版. -- 臺北市：遠見天下文化出版股份有限公司，2024.12

400 面；14.8×21 公分. --（財經企管；BCB866）

譯自：Supremacy : AI, ChatGPT, and the race that will change the world.

ISBN 978-626-417-089-5（平裝）

1. CST：人工智慧　2. CST：產業發展

312.83　113018457

電腦排版 ── 王信中（特約）
製版廠 ── 中原造像股份有限公司
印刷廠 ── 中原造像股份有限公司
裝訂廠 ── 中原造像股份有限公司
登記證 ── 局版台業字第 2517 號
總經銷 ── 大和書報圖書股份有限公司 | 電話 ── 02-8990-2588
出版日期 ── 2024 年 12 月 25 日第一版第一次印行

定價 ── 550 元
ISBN ── 978-626-417-089-5 | EISBN ── 9786264171199（EPUB）；9786264171205（PDF）
書號 ── BCB866
天下文化官網 ── bookzone.cwgv.com.tw